U0299313

国际精神分析协会《当代弗洛伊德:转折点与重要议题》系列

弗洛伊德的
《论自恋:一篇导论》

Freud's "On Narcissism: An Introduction"

(英)约瑟夫·桑德勒(Joseph Sandler)
(美)埃赛尔·S.珀森(Ethel Spector Person) 著
(英)彼得·冯纳吉(Peter Fonagy)

陈小燕 译

全国百佳图书出版单位

·北京·

Freud's "On Narcissism：An Introduction" by Joseph Sandler，Ethel Spector Person，Peter Fonagy

ISBN 978-1-78049-108-0

© the International Psychoanalytical Association 1991，2012. All rights reserved.

This edition published by KARNAC BOOKS LTD Publishers，represented by Cathy Miller Foreign Rights Agency，London，England.

Chinese language edition © Chemical Industry Press 2018

北京市版权局著作权合同登记号：01-2017-5844

图书在版编目（CIP）数据

弗洛伊德的《论自恋：一篇导论》/（英）约瑟夫·桑德勒（Joseph Sandler），（美）埃塞尔·S. 珀森（Ethel Spector Person），（英）彼得·冯纳吉（Peter Fonagy）著；陈小燕译 . —北京：化学工业出版社，2018.8（2023.9重印）

（国际精神分析协会《当代弗洛伊德：转折点与重要议题》系列）

书名原文：Freud's "On Narcissism：An Introduction"

ISBN 978-7-122-32122-0

Ⅰ . ①弗… Ⅱ . ①约…②埃…③彼…④陈… Ⅲ . ①弗洛伊德（Freud，Sigmmund 1856-1939）-精神分析-研究 Ⅳ . ①B84-065

中国版本图书馆 CIP 数据核字（2018）第 096818 号

责任编辑：赵玉欣　王新辉　　　　　　装帧设计：关　飞
责任校对：王素芹

出版发行：化学工业出版社（北京市东城区青年湖南街 13 号　邮政编码 100011）
印　　装：北京建宏印刷有限公司
710mm×1000mm　1/16　印张 15¼　字数 230 千字　2023 年 9 月北京第 1 版第 7 次印刷

购书咨询：010-64518888　　　　　　　售后服务：010-64518899
网　　址：http://www.cip.com.cn
凡购买本书，如有缺损质量问题，本社销售中心负责调换。

定　　价：59.80 元　　　　　　　　　　　　版权所有　违者必究

中文版推荐序

PREFACE

这套书的出版是一个了不起的创意。 发起者是精神分析领域里领袖级的人物，参与写作者是建树不凡的专家。 在探索人类精神世界的旅途上，这些人一起做这样一件事情本身，就是一个奇迹。

每本书都按照一个格式：先是弗洛伊德的一篇论文，然后各领域的专家发表自己的看法。 弗洛伊德的论文都是近百年前写的，在这个期间，伴随科学技术的日新月异，人类对自己的探索也取得了卓越成就，这些成就，体现在一篇篇对弗洛伊德的继承、批判和补充的论文中。

如果细读这些新的论文，就会发现两个特点：一是它们都没有超越弗洛伊德论文的大体框架，谈自恋的仍然在谈自恋，谈创造性的仍然在谈创造性；二是新论文都在试图发掘弗洛伊德的理论在新时代的新应用。 这两个特点，都反映了弗洛伊德的某种不可超越性。

紧接着就有一个问题，弗洛伊德的不可超越性究竟是什么。 当然不可超越有点绝对了，理论上并不成立，所以我们把这个问题改为，弗洛伊德难以超越的究竟是什么。 答案也许有很多种，我的回答是：弗洛伊德的无与伦比的直觉。

大致说来，探索人的内心世界有三个工具。 第一个工具是使用先进的科学仪器，了解大脑的结构和生化反应过程。 在这个方向，最近几年形成了一门新型的学科，即神经精神分析。弗洛伊德曾经走过这个方向，他研究过鱼类的神经系统，但那时总体科技水平太低下，不足以用以研究复杂如大脑的对象。

第二个工具是统计学，即通过实证研究的大数据，获得关于人的心理规律的结论。各种心理测量的正常值范围，就是这样得出的。目前绝大部分心理学学术期刊的绝大部分论文，都是这个方向的研究成果展示。同样的，在弗洛伊德时代，这个工具还不完备。

第三个工具，也是最古老的工具，即人的直觉。直觉无关科技水平的高低，而关乎个人天赋。斯宾诺莎说，直觉是最高的知识，从探索的角度说，它也是最好的工具。弗洛伊德的直觉，有惊天地泣鬼神的魔力；他凭借直觉得出的那些结论，一次次冲击着人类传统的对人性的看法。

我尝试用弗洛伊德创建的理论，解释直觉到底是什么。直觉或许是力比多和攻击性极少压抑的状态，它们几无耗损地向被探索的客体投注；从关系角度来说，直觉的使用者既能跟被探索者融为一体，又能抽离而构建出旁观者的"清楚"；直觉还可能是一种全无自恋的状态，它把被探索者全息地呈现在眼前，不对其加以任何自恋性的修正，或者换句话说，直觉"允许"其探索的对象保持其真实面孔。这些特征一出来，我们就知道要保持敏锐而精确的直觉是多么不容易。

精神分析建立在弗洛伊德靠直觉得出的一些对人性的看法基础上。让人觉得吊诡的是，很多人在使用精神分析时，却是反直觉的。他们从理论到理论，从一个局部到另外一个局部，这显然是在防御使用直觉之后可能产生的焦虑：自身压抑的情感被唤起的焦虑，以及面对病人整体（直觉探索的对象是呈整体性的）而可能出现的失控的焦虑（整体过于巨大难以控制）。在纯粹使用分析方法的治疗师眼里，病人只是一堆零散的功能"器官"。所以，我经常对我的学生强调两点：一是在你分析之前、分析之后甚至分析之中，都别忘了使用你的直觉，来整体地理解病人的内心；二是把"人之常情"作为你做出一切判断的最高标准。后者其实也是在说直觉，因为何为"人之常情"，也是使用直觉后才得出的结论。

本丛书的编撰者精心挑选了弗洛伊德的五篇论文。 这些论文所论述的问题，对我们身处的新时代应该也有重要意义。 弗洛伊德曾经说，自从精神分析诞生之后，父母打孩子就不再有任何道理。 在《一个被打的小孩》一文中，详尽描述了被打孩子的内心变化，相信任何读过并理解了弗洛伊德的观点的人，会放下自己举起的手。 遗憾的是，在我们的文化土壤上，在精神分析诞生了118年（以《释梦》出版为标志）后的今天，仍然有人把"棍棒底下出孝子"视为育儿圭臬。

《创造性作家与白日梦》论述了创造性。 目前的大背景是，中国制造正在转型为中国创造，这俨然已是国家战略最重要的一部分。 但是，与此相关的很多方面都没有跟上来。 弗洛伊德，以及该论文的评论者会告诉我们，我们实现国家梦想需要在何处着力。

在《群体心理学与自我分析》中，弗洛伊德论述了群体中的个体智力下降、情绪处于支配地位、容易见诸行动等"原始部落"特征，明眼人一看就知道，对这些特征的警惕，事关社会基本安全。

《论自恋》把我们带到了一个人类心灵的新的开阔地，后继者们在这片土地上建树颇丰。 病理性自恋向外投射，便形成了千奇百怪的人际关系和社会现象。 理解它们，有利于建构更加适宜子孙后代居住的精神家园。

《移情之爱的观察》，讲述了一个常见的临床问题，但又不仅仅是一个临床问题。 它相当靠近终极问题，即一个人如何觉察和摆脱过去的限定，更充分地以此身此口此意活在此时此地。

在本书众多的作者中，我看到了一个熟悉的名字：哈罗德·布卢姆（Harold Blum）教授。 他1997年到武汉旅游，参观了中德心理医院，到我家做客，我还安排了一个医生陪他去宜昌看三峡大坝。 一直到9·11事件前后，我们都偶有电子邮件联系，再后来就"相忘江湖"了。 专业人员不是相遇在现实，就是相遇在书中，这是交流正在发生的好现象，毕竟，真正的创造，只会发生在不同大脑的碰撞之中。

希望中国的精神科医生都读读这本书。 我从不反对药物治疗，但我反对随意使用药物。 医生们读了本书就会知道，理解病人所带来的美感，比使用药物所获得的控制感，更人性也更有疗愈价值，当然也更符合医患双方的利益。 一个美好的社会不是建立在化学对大脑的改变上，而是建立在"因为懂得所以慈悲"的基础上。

稍改动一位智者的话作为结尾：症状不是一个待解决的问题，而是一个正在展开的谜。

曾奇峰
2018 年 5 月 31 日于洛阳

前　言

这是《当代弗洛伊德：转折点与重要议题》（*Contemporary Freud：Turning Points and Critical Issues*）系列的第二册，其中第一册是《论弗洛伊德的"有止尽与无止尽的分析"》（*On Freud's "Analysis Terminable and Interminable"*）。该系列由罗伯特·沃勒斯坦（Robert Wallerstein）建议，成立了一个国际精神分析协会（IPA）出版委员会（Committee on Publications），由约瑟夫·桑德勒（Joseph Sandler）担任主席；这个提案的初衷是希望借此给 IPA 会员提供一个知识交流的新模式。因为世界不同地区的精神分析发展日益迅速，各自拥有其独特而重要的观点，这样的知识交流显得具有前所未有的急迫性。

该系列的每一分册开篇都呈现一篇弗洛伊德的经典论文，然后由来自不同理论学派与地域背景的多位杰出精神分析学者对该论文进行评论。与单纯的文献回顾不同，每位撰稿者还被要求阐明评论的重点，厘清评论中可能的模糊不清的部分，并且建立原始论文与当今学界重要观点之间的连结。所有的来稿都采用教学性态度，撰稿者如同主持一场学术研讨会般地表达自己的观点。每一分册都不仅可以用作教学文本，对任何阅读或重读弗洛伊德的人，或探索一个特定主题（本书的主题是自恋）的人来说也都有重要的参考价值。IPA 出版委员会的期待是，每一册书都可以将读者带入与撰稿者的内在对话状态，因而可以形成一种个人化的学习小组。

考虑到自恋在当今理论体系中的重要性，将弗洛伊德的经典论文《论自恋：一篇导论》(*On Narcissism：An Introduction*) 作为本册的焦点似乎是一个很好的选择。这归功于约瑟夫·桑德勒 (Joseph Sandler)，当决定出版这一系列书籍时，作为出版委员会的主席，他参考顾问委员会的建议挑选出了这一册的撰稿者们，而撰稿者们也都毫无保留地参与了这个项目，带来的丰硕成果是不言自明的。

我要特别感谢 IPA 办公室林恩·迈克洛瑞 (Lynne Mcllroy) 在确认同意以及协调这样的跨国性合作时给予的有力协助；还有哥伦比亚精神分析中心 (Columbia Psychoanalytic Center) 的多丽丝·帕克 (Doris Parker)，她负责核对英文参考文献。我也要感谢格莱迪斯·托普金斯 (Gladys Topkis)、伊丽莎·查尔兹 (Eliza Childs) 以及塞西·伦哈特·沃特斯 (Cecile Rhinehart Watters)，他们不可或缺的编辑以及他们的耐心和细致共同促成了本书的问世。

埃塞尔·S. 珀森 (Ethel Spector Person)

目 录

CONTENTS

001　**导　论**

约瑟夫·桑德勒（Joseph Sandler），埃塞尔·S. 珀森（Ethel Spector Person），

彼得·冯纳吉（Peter Fonagy）

015　**第一部分　论自恋：一篇导论**（1914）

西格蒙德·弗洛伊德（Sigmund Freud）

017　论自恋：一篇导论

041　**第二部分　《论自恋：一篇导论》的讨论**

043　弗洛伊德的《论自恋》：一篇教学文本

克利福德·约克（Clifford Yorke）

062　《论自恋：一篇导论》：本文与脉络

奥拉西奥·埃切戈延（R. Horacio Etchegoyen）

083　《论自恋》：导论

尼古拉斯·特鲁尼特（Nikolaas Treurnite）

103　写给弗洛伊德的一封信

利昂·格林贝格（Lenó Grinberg）

114 弗洛伊德的自恋

威利·巴朗热（Willy Baranger）

136 "论自恋"的当代解释

奥托·克恩伯格（Otto F. Kernberg）

153 弗洛伊德和克莱茵著作中的自恋理论

汉娜·西格尔（Hanna Segal）& 大卫·贝尔（David Bell）

178 从自恋到自我心理学再到自体心理学

保罗·奥恩斯坦（Paul H. Ornstein）

196 作为一种关系型态的自恋

海因茨·亨斯勒（Heinz Henseler）

217 自恋与分析情境

贝拉·格伦伯格（Béla Grünberger）

229 **专业名词英中文对照表**

导　论

约瑟夫·桑德勒（Joseph Sandler）❶

埃塞尔·S. 珀森（Ethel Spector Person）❷

彼得·冯纳吉（Peter Fonagy）❸

---

❶　约瑟夫·桑德勒，伦敦大学弗洛伊德精神分析纪念教授，伦敦学院精神分析学部主任。英国精神分析学会培训和督导分析师，国际精神分析协会主席。

❷　埃塞尔·S. 珀森，哥伦比亚大学精神分析培训和研究中心主任、培训和督导分析师，哥伦比亚大学内科和外科学院临床精神科教授。她还是国际精神分析协会出版委员会的主要成员。

❸　彼得·冯纳吉，伦敦学院心理学高级讲师；汉普斯特德安娜·弗洛伊德中心研究协调员；伦敦大学指定弗洛伊德纪念教授，英国精神分析协会成员。

即使对于非正式的精神分析观察者而言，自恋议题近几年来已经跃上舞台中心，这再明显不过了。 自恋概念是修订理论的关键，而对病理性自恋的治疗是技术革新与技术理论演化的核心。 对自恋日益增长的兴趣也使它进入了大众文化领域，这个词带着一种轻蔑的意味，被用来指称自我关注（self-preoccupation）和描述现代生活的某些侧面（即便这与临床工作者使用这个词汇时的用意有很大的差异）。 然而，不管对自恋的兴趣是多么当代的事，首先暗示其在病理学、日常生活、情爱和正常发展中的重要性的，是弗洛伊德 1914 年的这篇开创性文章。

即使在弗洛伊德写下《论自恋：一篇导论》 之前，有充分的证据表明他已经凭直觉捕捉到自恋这个议题，甚至尝试建构自恋理论，直到这篇文章他才第一次考量自恋在精神分析中的广泛意义。 的确，这篇文章被公认是弗洛伊德思想中的一系列转折点之一，开启了我们对于源自某些有别于本能满足（instinctual gratification）的动机的理解，预示了结构理论和客体关系理论，与自我相对的自体概念的重要性，以及许多其他后续的理论发展。在本文中弗洛伊德清晰地意识到他发起的是一个旷日持久的讨论，并不是先占一个话题——比如，当时他列举了许多特定的“建议搁置不谈的议题，将它们当作有待探索的重要工作领域”。 我们很中肯地认为，弗洛伊德将他这篇自恋论文命名为《一篇导论》是经过深思熟虑的；这是他的先见之明，而非矫揉造作。

第一次读《论自恋》 会被它的简单所蒙蔽，因为它就像弗洛伊德的所有散文一样浅显易读； 但是，事实上它却是一篇浓缩凝练、高度理论化的论文，它所提出的某些观点至今还能引起争议。 弗洛伊德在第一部分开门见山地声明“自恋” 这个词汇借自奈克尔（Näcke）——他用这个词来描述一种人，他们对待自己的身体的态度如同通常人们对待一个性客体的样子。根据弗洛伊德的观察，这样的态度常见于同性恋，他还认为自恋阶段可能是正常人类发展的一部分。 再者，他感觉到某些病人也存在自恋态度，这削弱了他们对于精神分析性干预的感受性。 在这些案例中，他建议自恋不应该被视为一种性倒错，而是一种“出于自我保存（self-preservation）本能的利己性（egoism）的力比多补充物（libidinal complement）”。

弗洛伊德解释说，某种程度上是他对于精神分裂症的兴趣引导他进一步探索自恋的。精神分裂症显现出两种根本特征：自大狂，以及与此相对应的对外在世界兴趣的撤回。精神分裂症退缩的类型和程度与神经症有所不同。在分析中，如果没有真实客体的话，神经症患者显现出与幻想客体维持一种性关系；而相对地，精神分裂症患者从外在世界撤回兴趣后并不投注于幻想客体上（某种程度上精神分裂症患者取代了客体，这应该被解释为继发性恢复过程的一部分）。将其临床观察用力比多术语来解释，弗洛伊德认为"客体力比多"（object-libido）被撤回并重新导向自体而成为"自我力比多"（ego-libido）。从外在世界被撤回且被如此重新导向的力比多构成了"自恋"，导致精神分裂症病人的自大狂现象。由于精神分裂症的自恋是一种继发现象，力比多是循着与原来相反方向的路径返回自我的，弗洛伊德假定肯定存在一个原始的婴儿自恋，以在儿童和原始人类身上观察到的全能思维为证。在其著名的阿米巴原虫隐喻中，他假定对于自我的原初力比多投注（original libidinal cathexis）以及随后将许多力比多能量重新导向客体，类似于阿米巴原虫的伪足自本体往外延伸，并改变其形状与方向。

此处他首先提出了两种力比多类型——客体力比多和自我力比多——由于力比多的量被视为固定的，其中一种类型的增加就会导致另一类型的减少。比如，在浪漫的恋爱中，客体被大量投注，自我力比多就减少；在精神分裂症中，客体投注几乎消失殆尽，自我则被投注更多的力比多（我们的许多撰稿人特别提到，在这篇论文中，弗洛伊德使用的"自我"相当于我们大部分人现在所使用的"自体"）。尽管弗洛伊德主张力比多是个单一体，但他依然坚持要在力比多和自我本能之间做区分（关于这点的原因——作为1914年争论中和理论上的当务之急——也是我们的几位撰稿者将会提到的议题）。光凭着本文的这一点，读者就可以很清晰地感受到，《论自恋》既是一篇视野广阔、意义深远的论文，同时也充斥着模棱两可和晦暗不明，部分原因是弗洛伊德试图将他的论点维持在更符合经济学观点的范畴之内。

弗洛伊德在第二段以一个评论作为开头，就好比研究移情神经症可以让他追溯力比多的本能冲动，精神分裂症则给了他进入自我心理学领域的洞见。 他形容自恋不只是精神分裂症、 性倒错和同性恋的显著特征，在器质性疾患和疑病症患者身上亦可见到（弗洛伊德所认为的疑病症和精神分裂症之间的紧密关系，受到了我们几位撰稿者的挑战）。 弗洛伊德提出的问题之一是，为何自我力比多的累积必然要与疾病联系在一起。 他试图通过暗示疑病症是个"真实的" 神经症来解决这个疑问。 与累积自我力比多的争议性本质有关的是弗洛伊德提出的另一个问题："是什么使得精神生活超越自恋的限制并将力比多依附于客体成为必须。" 他一再重申他所相信的，即对自我投注过多的力比多是危险的，并断定最终"我们为了避免得病而必须开始去爱，而如果因为挫折无法去爱，那么我们将注定得病"。

关于恋爱的研究——特别是男性与女性之间的不同表现——提供了看待自恋的另一种角度。 弗洛伊德将客体选择区分成两种类型，这可能沿袭于儿童原有的两种客体——他自己和照顾他的女性。 在自恋型客体选择中，个体可能爱上某个代表他现在的样子、他过去的样子、他想要成为的样子或曾经是他自己的一部分形象的人。 而在依赖型依附中，个体可能爱上养育他的女性，或是保护他的男性。 弗洛伊德的结论是，男性更可能挑选一个依赖型爱恋客体，但女性却经常选择一个自恋型爱恋客体。 在一段绝妙的即兴谈话中，他提到当我们观察父母亲对待孩子的感觉时，我们会注意到"那是他们本身早已舍弃的自恋的复活与再现"。 他总结为"自恋系统中最敏感的一点，即自我的不朽（immortality），因为被现实无情地压抑着，只有求助于孩子才能获得保障"。 尽管他试图维持一种经济学的、力比多的架构，但其心理学洞见却不可阻挡地推动了他的论文。

第三段是真正的精心杰作，弗洛伊德思考了儿童自大狂的命运，从此处他推导出了婴儿期原始自恋的假说。 当部分的原始自恋（自我力比多）最终被导向客体，另一部分则是受到压抑的。 弗洛伊德针对这一点提出的看法，预示了他在十年之后提出的结构理论。 他所假设的理想自我后来成为"儿童期被真实自我所享有的自我爱恋的目标"。 在一个无可非议的著名论述中，他说道："人总是不愿放弃儿童期的自恋性完美； 随着成长，人开始受到来自他人的训诫和严厉的自我批判的影响而无法再保有那份完美，他试图在一种自我理想的新形式中恢复那份感觉。 眼前被他投射为他的理想的形象，即为他在儿童期所失去的自恋的替代者，当时他就是他自己的理想。" 然而，弗洛伊德小心地将升华与理想化区分开来。 升华将客体力比多转移到除了性满足以外的其他目标； 相比之下，理想化则是夸大或抬高了力比多客体，并且能够像适用于客体范畴般轻易地适用于自体范畴。

弗洛伊德引进了特殊的心理部门这一概念，这个部门通过满足自我理想来确保自恋的实现。 他将这个部门等同于我们所体验到的"良知"。 他进一步说道："促使主体形成自我理想的，是来自父母的批判性影响，以良知所扮演的看守者为代表。" 这样的洞见使他有能力解释被监视妄想。 在此，他预示的不但有结构理论，还有客体关系理论，以及内化过程和父母与社会的影响的重要性。

最后，弗洛伊德着手处理自尊（self-regard）的议题，论证了它与自恋力比多之间的密切关系。 正如已经指出的，原始自恋通过下面两种方式的一种而减弱：力比多不是投注于一个客体，就是投注于一个理想。 因此，自尊有三种来源：利用残留的原始自恋、爱的相互性的功能、实现理想的功能。 自相矛盾的是，弗洛伊德谈到了妄想症（paraphrenia）患者自尊提升这一现象（我们多数认为这是一种补偿现象），不过他也承认当一个人无法去爱的时候自尊是降低的。

因此，弗洛伊德本质上是将自我的发展视为一个脱离原始自恋的过程，留给个体的是回到那幸福无比的状态的愿望。 在这篇独立而简短的论文中，他探索了正常发展中的自恋、爱恋关系中的自恋、病理性自恋，也探讨了自恋与自我理想、自尊调节以及群体心理学间的关系。 正如克恩伯格（Kernberg）的评价，仅有两个关于自恋的当代议题被遗漏："被视为性格病态（character pathology）的某种特定类型的病理性自恋（pathological narcissism），以及作为精神分析技术中的一个重要因素的自恋性阻抗（narcissistic resistances）。"

任何冗长的摘要或详细的论述，在我们撰稿者深思熟虑的注释、精心的论述、澄清和评论面前都会黯然失色，因为每位撰稿者都是杰出的精神分析学者。 每个人都用其独特的手法来解析弗洛伊德的论文，比如，援引这篇论文在 1914 年的辩证价值；梳理那些弗洛伊德提出过的疑问，过去不是未被提及，就是未获回答；或是将自恋主题放在当代精神分析的脉络中。

由约克（Yorke）担纲的第一章实际上是一篇教学文本，将弗洛伊德的论文摆在其思想演化的脉络中。对于初次阅读弗洛伊德的人而言，这是一种绝佳的引导，约克带领我们通读全文，未曾遗漏任何精妙之处。他指出弗洛伊德是用常态和病态并进的观点来阐述自恋问题的。就像性倒错，弗洛伊德的结论是，较晚出现的病理现象在早期发展中可能属于常态。他将自恋放在本能发展过程中介于自体性爱与客体选择之间的阶段。约克展现了弗洛伊德如何从概念上把力比多分成自我力比多和客体力比多，以及在病态的精神分裂症情况下和在正常陷入爱恋的情况下，这个平衡如何转换。最重要的是，他解释了这篇自恋论文所引发的思考为何会导致精神分析理论转向结构模型的必然性。

埃切戈延（Etchegoyen）将弗洛伊德的论文视为"精神分析理论主体的基本著作"之一。他援引琼斯（Jones）的说法，以说明这篇论文对本能理论带来的冲击，并且提醒我们弗洛伊德所提出的原始自恋仍然是当代精神分析中许多争议的核心问题。他概述和讨论了弗洛伊德这篇论文的三个段落，也提出了自己认为存在问题的方面。回顾第一段，他强调自恋被引入力比多理论是为了尝试解释精神分裂症。然而，自恋并不局限于精神分裂症，也并非总出现于病理状态，正如弗洛伊德对原始人类和儿童的讨论所证明的那样；而即使在这样正常的案例中，我们也能观察到如同精神分裂症患者那样的夸大自我和对魔法的笃信，这同样并不意味着病态或催生疾病。正相反，在精神分裂症中，自恋是过量的力比多由于病态而偏离客体、反流回自我的结果。通过这样的论述，埃切戈延认为弗洛伊德提出了一个力比多的新阶段：位于自体性爱与异体性爱（alloerotism）之间的自恋。埃切戈延提出了一个他认为弗洛伊德未能成功回答的疑问：既然自我从生命之初就接收力比多投注这种说法已被普遍认可，我们为何还要继续区分性本能和自我本能呢？埃切戈延指出，这本质上就是荣格（Jung）在 1912 年对力比多理论的异议的实质内容（弗洛伊德论文之背景政治争议的一部分），而弗洛伊德诉诸生物学（而不是心理学）论据是为了支撑本能的双重性

（duality）观点。 埃切戈延的看法是："将性本能从自我本能中区分出来的需要，并非力比多理论而是冲突理论（theory of conflict）——这是动力学的观点。" 在提出弗洛伊德为何认为疑病症与"妄想症" 关系如此密切的问题时，埃切戈延认为，不同于弗洛伊德提出的经济学解释，对疑病症的心理内容做出假设是有充分证据的。 他还看到了弗洛伊德论述中的更多局限——即弗洛伊德将力比多立基于一种摒弃了对客体的需求的自体性爱之上，而在他的理论中，客体的重要性仅通过自我本能得以确保。 埃切戈延还提到，在弗洛伊德的文章中对攻击性的考量是缺失的。 即便有这些质疑，埃切戈延依然认为，弗洛伊德的论文是精神分析史上的里程碑。

特鲁尼特（Treurniet）指出弗洛伊德所处时代的生物学不仅使他倾向于采纳水力学观点，还隔绝了研究的对象，仿佛环境是不重要的（本质上就是视个体为一个封闭系统）。 虽然如此，特鲁尼特还是认为在 1914 年的论文中，弗洛伊德"刻画出了即将到来的重要进展的轮廓，只是不太顾及概念清晰这一规则"。 他认为透过阿米巴原虫的隐喻，弗洛伊德展现出他对自恋病人情绪的脆弱性有种直觉性的理解，这与经济学观点大相径庭。 和埃切戈延（Etchegoyen）一样，特鲁尼特也相信弗洛伊德提出了一个有些晦涩难懂的论点，为的是保住自我本能的观点，同时，本质上也是为了用客体爱和自体爱之间的对比取代力比多和自我本能之间的对比，这再度表明向心理学理论转变的开始，而不再是经济学理论。 他指出，即使弗洛伊德谈到了"自我"，但真正所指的却是"自体"。 他相信即使这篇论文偏向经济学观点，但精神分析理论中许多分支的种子已经根植于这篇文章中。 弗洛伊德开始假定自我的发展在于脱离原始自恋； 这最终造成自我拼命试图通过自恋型客体选择、认同、尝试实现自我理想这样的（发展）顺序来回到原始自恋状态。 特鲁尼特（Treurniet）指出这些概念——客体选择、认同、理想自我——为后来的结构理论铺平了道路。 他也强调，即使阿米巴原虫的隐喻直觉性地概念化了个体情感的脆弱性，但这种洞见无法被深入论述，因为弗洛伊德当时依然在使用几乎排他性的经济学观点。 弗洛伊德后来在《压抑、症状与焦虑》（*Inhibitions，Symptoms and Anxiety*）一文中才将情感（affects）推至舞台中心，而此时已经是 1926 年了。 特鲁尼特（Treurniet）认为弗洛伊德 1914 年的敏锐直觉只有在进入后弗洛伊德时代的精神分析思想时才开花结果。他描述了日益宽广的精神分析视野（尤其对边缘型和自恋型人格的治疗）如何拓展我们与外在现实相联系的自体的一系列临床、技术和理论进行理论化的能力，尤其是在客体关系理论中。

格林伯格（Grinberg）则运用丰富的想象力设计了一封写给弗洛伊德的信，在一定程度上增强了我们对弗洛伊德论文中弦外之音的理解。他敬佩弗洛伊德的这篇论文，但也看到了它的局限性："它包含了根本的创新，例如自我理想、升华的价值、自尊、客体选择、自我观察部门以及良知的概念；但是这些也伴随着某些自我矛盾和可能备受争议的叙述，比如在解释自恋概念时，您毫不妥协地坚持力比多量（libidinal quantities）的重要性，几乎完全排除了客体关系和它们在这个概念中扮演的角色。"他也提及了弗洛伊德试图维持自我力比多和客体力比多之间的区别所造成的混淆，并且认为只有当弗洛伊德将性本能和自我保存本能整合进生本能时，这个问题才能得以解决，而他又将生本能和死本能做了对比。格林伯格（Grinberg）对"容器／内容物"（container/contained）模型作了一个有趣的概括，并进一步探讨了许多其他主题，包括疑病症。他的结论提到，我们关于自恋的概念，已经叠加了弗洛伊德过世之后的许多人所提出的观点——例如，自恋被概念化为对自体的投注，而非对自我的投注；客体关系理论的影响；以非本能的观点重新定义自恋；以及把自恋作为一种对抗情感的防御机制。

巴朗热（Baranger）也强调自恋在精神分析中具有关键性的重要地位，认为其重要性等同于认同的概念，两者都促进了理论的深刻重构。如他所见，自恋一旦完全被引入理论之后，"颠覆了本能理论，心理冲突的最终路径此刻变成了力比多和破坏性之间的争夺，即爱神（生本能）（Eros）与死神（死本能）（Thanatos）之间的争夺"。他仔细考量了弗洛伊德著作中自恋概念的发展历史，提到下列五个概念是如何不断地被重新概念化的——作为力比多一个阶段的自体性爱、作为一种力比多满足模式的自体性爱、继发性自恋、原始自恋和自我本能。他指出，即使弗洛伊德的论文集中于性倒错、恋爱中的状态、自我理想以及团体的研究，最终却激发了客体关系的研究。巴朗热的评论对弗洛伊德自恋观点的演进，以及它如何改变我们基本的精神分析规则做了一次非常富有洞见性的检视。

在克恩伯格（Kernberg）的文章中，认为弗洛伊德最卓越的论述是他关于自体投注和客体投注之间紧密关系的见解。根据克恩伯格的看法，"用当代语言来说，我们可以说力比多投注摆荡在自体与客体之间，产生于内投和投射机制，决定了对自体和重要他人的情感投注的彼此强化，内在和外在世界的客体关系得以同时建立，并彼此增强"。他也表示，在当今的科学领域中，我们会对弗洛伊德关于精神源自于一个封闭系统的假设提出质疑。基于精神分析工作和婴儿观察，他提出自体和客体关系很早就同时开始发展；因而他对自体性爱状态和原始自恋状态这两个概念都有质疑。在他的架构中，情感与驱力有着密切的关系；驱力是发展的，而非在生命最早期就有一个分化好的驱力。回顾弗洛伊德的论文后，克恩伯格转向于他自己对于正常自恋和病理性自恋的分类。他认为"病理性自恋反映的力比多投注并非发生在一个正常整合后的自体结构上，而是在一个病态的自体结构上"。

西格尔（Segal）与贝尔（Bell）感兴趣的不仅仅是详细阐述弗洛伊德自恋理论的发展，也包括后弗洛伊德时代的理论性阐述，特别是克莱茵学派的。他们的文章是一篇重要评论，因为它为弗洛伊德所做的注释和它为梅兰妮·克莱茵（Melanie Klein）著作的一些基本原则所做的清晰概括，这对于不熟悉这一精神分析思想学派发展的人来说是相当有用的。克莱茵旗帜鲜明地反对弗洛伊德所坚持的客体关系出现之前存在着自体性爱和自恋阶段这一说法。她认为"自恋性退缩"（narcissistic withdrawal）是退缩到内在客体。从她的观点出发，不管如何退行，并不会出现这样一种精神状态，即精神组织要么是无客体的（objectless），要么是无冲突的（conflict-free）。放弃阶段（stage）的区分，她提出了偏执-分裂位和抑郁位（position）的假设。在她的参考架构中，自恋性客体关系正是偏执-分裂位的特征，此时世界被分裂成为好客体与坏客体。这种分裂发生于内部，但也是被投射的结果。"最显著的焦虑具有偏执性的本质，而防御是为了保护自体和理想化客体免受谋杀性客体的攻击，这个谋杀性客体包含了婴儿自体分裂继而被投射出去的攻击性。"西格尔和贝尔讨论了克莱茵《对一些分裂机制的评论》

（*Notes on Some Schizoid Mechanisms*），这是她描述自恋的主要论文，在这篇论文中她也第一次详细解释了投射性认同机制。 正如西格尔和贝尔所指出的，"过度使用投射性认同机制的病人会受困在一个他们自己投射的观点所建构的世界里"。 这样的过度使用弱化了自我，使得自我难以应付焦虑，并导致了更进一步的分裂与投射。 西格尔和贝尔也描述了某些把爱体验成对自体的威胁的病人。 和许多评论者一样，他们也提到了客体关系观点的必要性。 他们的结论是，强调神话中的纳齐苏斯并非无客体，而是深陷于他坚信已经失去了爱的客体，而事实上却是理想化了的自体的一部分。 坚信自己身陷于恋爱中，使得他不忍离去，因而死于饥饿，因为他缺乏"一个可能真正满足其需求的真实客体"。

奥恩斯坦（Ornstein）从自体心理学的观点出发，透过科胡特（Kohut）的研究精髓回溯弗洛伊德论文中的自恋概念。 他指出，通过临床观察所引发的问题已经两度引导精神分析师慎重思考自恋这个议题，每一次都动摇精神分析理论最根本的基础。 第一次观察迫使弗洛伊德在 1914 年修订了力比多理论。 根据奥恩斯坦的说法，弗洛伊德新的自恋理论与后来科胡特的观点都对现存的精神分析冲突理论构成了威胁。 他描述了弗洛伊德在写自恋论文时的教学式背景，尤其是反击阿德勒（Adler）1911 年和荣格（Jung）1913 年对其背叛的需要。 从这一点出发，他继续解释了弗洛伊德自恋理论的关键元素，并讨论了后弗洛伊德时代文献中这一概念的命运。这一章节的独特之处是，他回溯了从弗洛伊德到科胡特的发展轨迹。 如他所言，科胡特一开始并未将自恋理论化，而是将他的注意力集中在临床观察，以及他治疗自恋型人格障碍病人时所观察到的两种移情类型。 这两种移情，也就是"镜映移情"（mirror transference）和"理想化移情"（idealizing transference），对于我们而言已经耳熟能详。 通过移情细节中的相关工作，科胡特有能力重建因婴儿和儿童期创伤造成的心智结构化不充分，也就是自恋的病理。 镜映移情对应的是婴儿期的"夸大自体"（grandiose self）；理想化移情则对应的是"理想化父母意象"（idealized parent imago）。 奥恩斯坦指出，科胡特第一个理论方面的革新是提出了自恋和客体爱恋的发展路径是各自独立的。 他讨论了这项理论革新在临床和技术上的应用，以及它如何推动了发展理论的修订。 他为自体心理学所做的澄清，就像西格尔和贝尔为克莱茵学派理论所做的一样。

亨斯勒（Henseler）注意到弗洛伊德以经济学考量来描述自恋现象时遭遇了困境。于是他在1914年的文章中，特别是第二段和第三段，转向了源自经验世界的关系的情绪状态和幻想，以便解释自恋——举个例子，在他对自大狂、思想全能、姿势的魔力、幻想以及其他类似因素的讨论中，每一项都意味着与客体的关系。亨斯勒于是寻求将原始自恋概念扩展为一个古老的关系型态。比如，关于弗洛伊德对父母的爱（parental love）的注释，亨斯勒认为父母认同的不只是婴儿，还有整个的与婴儿间的互动。他提到："实际上，父母的努力都是为了创造这样一种关系，即法律不再适用、界线消融、主体和客体相互渗透——在这样的关系中，单一体（oneness）的极乐体验和永恒的和谐发出了召唤。"接下来他引入了一段关于神秘感（unio mystica）的心理学的精彩讨论，他将其形容为一种原始自恋经验。接下来他又提到了一些相关现象，如"海洋似的感觉"（oceanic feeling）、某些宗教经验和对艺术的反应。亨斯勒认为共情或许是基于原始认同。他讨论了原始认同和继发认同之间的差异，这在1914年的论文和《群体心理学与自我分析》（*Group Psychology and the Analysis of the Ego*，1921）中都有所阐述。运用弗洛伊德为客体爱恋和认同所做的区分，亨斯勒特别强调，这样的区分强制承认了本能满足的乐趣和与所认同客体融合的乐趣之间的区分。他的结论是：原始自恋是一个神话故事，其"组成元素有精神生理状态的记忆痕迹、令人满意的客体经验和渴望快乐与和谐的幻想——这些可被理解为对令人挫败的现实的反向形成（reaction formations）。因此，原始自恋和后来因它而产生的自恋集群（narcissistic constellations）是人类的杰出成就，随之而来的发明使我们得以从残酷的现实中全面退缩"。

不同于亨斯勒，格伦伯格（Grünberger）认为原始自恋并不是一种神话的形成（mythical formation）或是重建（reconstruction），而是有产前起源的一种真正的实体（real entity）。依据格伦伯格的观点，自给自足的愿望在子宫内的生活中是现实的，而自体有可能被认为是无所不能的，在此状态下时空是不存在的。他认为是子宫内生活的记忆所遗留的痕迹，在日后重现于我们所创造的上帝形象中。也许在他的评论中最重要的观点是，投射到分析师身上的失去的全能感，有别于真正的移情（transference proper）。他这样解释：

***

对我而言，分析情境的特征，相比移情带来的，更多地是由自恋退行带来的。我的意思是移情——此处我忠实于弗洛伊德——是一种普遍的现象：人们对他们的心脏科医师会产生移情，对送牛奶的服务生、对公寓管理员都会产生移情。的确，分析情境俨然建构了一个实验室，在这里各种移情表征被以一种享有特权的、冷漠的方式观察着（凭借分析师的中立原则，他们"不回答"而只作解释）。但是，分析性坐标（analytic coordinates）比其他任何因素更能启动精神世界中的自恋部分。

***

他探索了许多他认为是子宫内生活经验的现象，包括对身心双重性、宗教和神秘体验的笃信。基本上，他认为这些经验并非一种一厢情愿的想象（就像亨斯勒已经提议的那样），而是源自于曾经体验过的某些事件的记忆痕迹，即便短暂。因此，他的见解是一种引人注目的原创。他在文章结尾处提问，弗洛伊德是否没有将胎儿期丧失的、又在与母亲的融合中复原的那种自给自足的状态投射给女性，这种状态被看作是在子宫内体验到的单一体感觉的延续。

我们为这些极为复杂和精彩的文章所做的简要概括不足以展现其精妙。撰稿者们不但展现出了研读弗洛伊德文本的卓越能力，同时也描绘出精神分析的最新发展，并指出了尚未解决的问题。他们确证，自恋在所有当代精神分析理论中都是一个关键元素。

第一部分

论自恋：一篇导论

（1914）

西格蒙德·弗洛伊德（Sigmund Freud）

论自恋：一篇导论

I

自恋这个词汇起源于临床描述，在 1899 年被保罗·奈克尔❶（Paul Näcke）选中用来描述一个人对待自己身体的态度，就像通常情况下对待性客体的身体一样——注视、轻触和爱抚，直到他通过这些行为达到完全的满足为止。发展至这个程度，自恋具有的性倒错特性已经贯穿于个体整个的性生活，因而将会展现出我们在所有有关性倒错的研究中所发现的特征。

精神分析观察家后来惊讶地发现一个事实，即自恋态度所具有的个别特征竟然也可见于许多罹患其他疾患的人——比方萨德格尔（Sadger）所指出的同性恋——最终，一种可被称为自恋的力比多（libido）配置，其存在的范围很可能远比人们已知的更广泛，而且可能在人类正常的性发展过程中占有一席之地❷。从对神经症病人进行的精神分析工作中所遇到的困境可以得出相同的推论，似乎这类自恋心态是造成病人不容易受到（精神分析）影响的原因之一。就这个意义而言，自恋并非一种性倒错，而是一种出于自

---

❶ 弗洛伊德在 1920 年为《性学三论》（*Three Essays*）（1905d，S. E. 7，218 n.）所加的注脚中说，他错误地在当前的论文中指出"自恋"这一术语是由奈克尔（Näcke）提出的，其实应该归功于哈夫洛克·埃利斯（Havelock Ellis）。随后，1928 年埃利斯本人在自己的一篇小论文中修正了弗洛伊德的观点，他认为事实上这个殊荣应该由他和奈克尔共享；他解释他本人曾经在 1898 年使用过"自恋样"（narcissus-like）这个词来描述一种心理态度，而奈克尔则是在 1899 年用"自恋"（Narcismus）描述了一种性倒错。弗洛伊德使用的德文单词是"*Narzissmus*"。在关于史瑞伯（Schreber）案例（1911c）的论文当中，接近第三部分的开头，他用这个单词发音更为悦耳，来抵制或许更为正确的"*Narzissismus*"。

❷ Otto Rank（1911c）。

我保存本能（instinct of self-preservation）的利己性（或称为利己主义）（egoism）的力比多补充物，一定程度的自恋可以正当地归属于每一个生命体。

当试图将我们所知的早发性痴呆（Kraepelin）或精神分裂症（Bleuler）纳入力比多理论的假设中，一种推动我们专注于原始（primary）自恋和正常（normal）自恋概念的动力油然而生。这一类我提议称之为妄想痴呆（paraphrenia）❶ 的病人展现出两种根本特征：自大狂（megalomania）、从外在世界即人和事物身上转移他们的兴趣。后者改变的结果是，他们变得无法受到精神分析的影响，不会因为我们的努力而被治愈。然而，妄想痴呆患者远离外在世界的情形必须被更精确地厘清。罹患歇斯底里（hysteria）或强迫性神经症（obsessional neurosis）的病人，随着病情的恶化也会与现实断绝关系，但是分析却显示他并没有切断与他人或事物的情欲关系（erotic relations），而是仍然将这些留存在幻想中；也就是说，他一方面从记忆中撷取假想客体来取代真实客体，或是将假想客体与真实客体混合，另一方面，他已然放弃了自发的以维持与这些客体的连结为目标的运动活动（motor activity）。只有在这种情况下的力比多，我们才可以正当地称之为力比多的"内投"（introversion），而荣格（Jung）却不加选择地使用这个术语❷。妄想痴呆患者则另当别论。这类病人似乎确实从外在世界的人和事撤回了他们的力比多，而且不会用幻想中的人或事替代他们。当他真的这样去替代的时候，这个过程似乎是继发性的（secondary），是尝试复原的一部分，用来引导力比多回归到客体❸。

问题出现了：精神分裂症患者的力比多自外在客体撤回之后又发生了什么呢？这些状态下的自大狂特征为我们指明了方向。毫无疑问，自大狂的产生是以客体力比多（object-libido）为代价的。从外部世界撤回的力比多被导向自我，因而产生了一种称为自恋的态度。但是，自大狂本身并非新的创

---

❶　为了讨论弗洛伊德对这一术语的使用，可参见《史瑞伯的分析》（1911c）第 3 部分近结尾处的编者长注脚。

❷　［参见《移情的动力学》（*The Dynamics of Transference*）（1912b）的注脚。］

❸　与之相关的可见于我在《全球史瑞伯的分析》（*the Analysis of Senatsprasident Schreber*）的第三部分中对于世界末日的讨论（1911c），以及亚伯拉罕（Abraham，1908）。

造，相反，如我们所知，它是之前早已存在的某种情形的放大和更清晰的呈现。这引导我们将通过客体投注（object-cathexis）而产生的自恋看成是继发性自恋（secondary narcissism），叠加在因为受到不同因素影响而变得模糊不清的原始自恋（primary narcissism）之上。

我强调一下，我并不打算在此解释或深入探讨精神分裂症的问题，仅仅只是汇总一下在别处陈述过的内容❶，以便证明引入自恋这个概念是正当的。

力比多理论的扩展——在我看来是种合理的做法——从第三类群体，也就是从我们对儿童和原始人类的精神生活的观察和观点中得到了支持。我们在原始人类中所发现的特征，假如是个别出现的，可能会被归入自大狂：高估其愿望和精神活动的力量、"思想全能"（omnipotence of thoughts）、一种对于词语的奇迹力量的信仰，以及一种应对外在世界的技巧——"魔法"（magic）——这显然是那些夸大前提的合乎逻辑的应用❷。现在的儿童的发展对我们来说更加模糊一些，但我们期待找到一种面对外部世界时恰好相似的态度❸。于是我们形成一种观念：力比多最初投注于自我，其中的一部分后来被分配到客体，但（对自我的力比多投注）基本上是持续的，它和客体投注（object-cathexis）之间的关系就像阿米巴原虫的躯体和它伸出的伪足（pseudopodia）之间的关系❹。在我们将神经症症状作为起始点的研究中，这部分的力比多配置必然从一开始就不为我们所知。我们所注意到的只是这个力比多的溢出，即客体投注，它可以被输送出去，也可以被再度撤回。大致来说，我们也观察到自我力比多（ego-libido）和客体力比多之间的对立

---

❶ 请特别参阅上一个注脚提及的著作。在下文中，事实上弗洛伊德更深入地洞察了这个问题。

❷ 比较：在《图腾与禁忌》（*Totem and taboo*）（1912-1913）有一篇短文阐述了这一议题（主要是在第三篇短文中，*S. E.* 13，第 83 页起）。

❸ 比较：费伦奇（Ferenczi，1913a）。

❹ 弗洛伊德不止一次使用这个术语及类似的术语，比如：在其《精神分析导论》（*Introductory Lectures*）（1916-1917）第二十六讲，以及在他评论《精神分析道路上的困难》（*A Difficulty in the Path of Psycho-Analysis*）（1917a，*S. E.* 17，139）中的一篇短文。他后来修订了此处发表的某些观点。参阅编辑手记的结尾处。

(antithesis)❶。其中一方越被使用，另一方就变得越匮乏。客体力比多有能力发展的最高阶段，即在恋爱（being in love）的状态中被观察到，此时个体似乎放弃了自己的人格而选择客体投注；而在妄想症患者的"世界末日"幻想❷（或自我知觉）中我们将观察到截然相反的情况。最后，关于心理能量的区分，我们得出这样一种结论：起初，在自恋状态下，它们一同存在，而我们的分析过于粗糙以至于无法区分它们；直到客体投注的出现，我们才有可能将性能量（sexual energy）——即力比多——与自我本能（ego-instincts）❸ 的能量区分开来。

在继续深入之前，我必须触及两个引领我们进入这个议题核心困境的问题。首先，我们正在谈论的自恋和被我们描述为力比多早期状态的自体性爱（或自体性欲）（auto-erotism）之间是什么关系呢？❹ 其次，如果我们承认自我是原始的力比多投注，为什么还有必要将性力比多和自我本能的非性能量（non-sexual energy）加以区分呢？单一种类的心理能量的假设，难道不能替我们省掉区分自我本能的能量和自我力比多、区分自我力比多和客体力比多的麻烦吗？❺

关于第一个问题，我认为，我们必须假设一个相当于自我的统一体不可能从一开始就存在于个体中，自我必须被发展出来。然而，自体性爱的本能打从一开始就存在，因此，为了产生自恋，必定有某种东西——一种新的精神活动——被加到了自体性爱上。

若要求明确回答第二个问题，这必定会在每个精神分析师心里引发可察觉的不安。我们厌恶舍弃观察而流于空洞的理论争议，但尽管如此我们也应试着去澄清。的确，像自我力比多、自我本能能量等这些概念，理解起来既不特别容易，内容上也不够丰富；对于这些讨论中的关系的推测性

---

❶ 弗洛伊德在此第一次做出这样的分。

❷ 请参阅上文第 19 页的注脚 1。这个"世界末日"的观点有两个机制：一方面，所有的力比多投注从爱的客体当中流出；另一方面，这些力比多又完全流回自我身上。

❸ 弗洛伊德关于本能的一部分的理论发展，出现在《本能及其变迁》（*Instincts and their Vicissitudes*）的编者按中。

❹ 参阅弗洛伊德的《性学三论》（1905d, *S. E.* 7, 181-3）的第二篇。

❺ 比较：在《本能及其变迁》的编者按中对于这一段落的评论。

理论，将以尝试得到一个定义明确的概念作为基础开始建立。然而，我认为那正是推测性理论和建立在实证解释基础上的科学之间的差异。后者不会忌妒推测（speculation）拥有流畅的、逻辑上不容怀疑的基础的特权，但会乐于使自己满足于模糊而极难想象的基本概念，并希望在其发展过程中能更清楚地去理解，甚至准备好随时被其他概念所取代。因为这些想法并不是科学的基础，而一切都取决于科学：那个基础只能是观察。它们并非整体结构的底层，而是上层，它们可以在不破坏结构的情况下被取代或废弃。同样的情况也出现在当今的物理科学中，这些关于物质、力量中心、引力等基本概念的争辩不见得比精神分析中的相应概念来得少❶。

"自我力比多"和"客体力比多"概念的真正价值在于，它们源于对神经症和精神病病程关系密切之特征的研究。将力比多区分为自我特有的力比多和依附于客体的力比多两种类型，是在区分性本能和自我本能的原始假设下不可避免的结果。无论如何，对纯粹的移情神经症（transference neurosis）（歇斯底里和强迫性神经症）的分析驱使我必须这样区分，而且我只知道用其他方法解释这些现象的尝试已全部失败。

在可能帮助我们找到方向的关于本能的理论完全缺乏的情况下，我们或许会被允许，或者说有义务，从某些假设入手尝试推导出其逻辑结论，直到它要么失败要么被证实。除了对移情神经症的分析有其适用性外，还有几种不同的观点支持这样的假设，即性本能和自我本能之间从最开始就有了区分。我承认单单考量这种区分对分析移情神经症的适用性是不够清晰的，因为问题可能在于一种中性的精神力量，而这种力量只有通过投注客体之后才转变成力比多。但是，首先，在这个概念上所做的区分相当于我们一般对饥饿和爱所做的通俗区分。其次，某些生物学考量支持这样的区分。个体事实上是一个双重的存在：一重是为了服务自身的目标；另一重是与违背个人意愿的或至少令人不情愿的束缚的一种连接。个体把性（sexuality）作为自己的目标之一；但从另一观点来看，他不过是其遗传物质的一个附属品，付出自己的能量供其支配，以换取愉悦作为犒赏。个体只是（可能）不朽物质的终

---

❶　弗洛伊德在其《本能及其变迁》（1915c）开头的一篇短文中更详细地阐述了这一思想。

有一死的传播媒介——好比是限定财产的继承人，只是暂时持有这笔不动产，却不可能活得比它长久。将性本能从自我本能中区分出来正反映了个体的这种双重功能❶。第三，我们必须记得，所有心理学中的暂时性观念可能在某一天会立基于一个有机的子结构（organic substructure）。因此，很可能是某些特殊物质或是化学程序在操控着性的运作，并将个体的生命延伸为种族的繁衍❷。我们正将用特殊的精神力量来取代特殊的化学物质的这种可能性考虑在内。

　　我大体上试着将心理学与其他本质上不同的理论清楚地区分开来，即使是生物学派的思想。基于这个理由，我愿意在这一点上明确承认，区分自我本能和性本能的假设（即力比多理论）几乎没有心理学根据，其主要支持力量反而来自生物学原理的支持。但是，如果精神分析实践可以为本能提出另一个更有用的假设，我绝对会秉持一贯的态度（我一向如此）放弃这个假设。到目前为止，这样的情形尚未发生。结果可能是，从最基本也是最长远的观点来看，性能量——即力比多——仅仅是将普遍的人类心智活动的能量加以区分后的产物。但是，这样的断言并不中肯。由于它与我们观察到的问题和我们已经获得的认知都相去甚远，对于这样的论述不管是去争论或去支持都毫无意义；这种原始的身份（primal identity）与我们分析的兴趣的关联性之遥远，犹如所有人类种族的原始血缘关系与获得法定继承权所需证明的血缘关系之间的距离一般。所有这些推测让我们毫无进展。既然我们无法等待另一种科学为我们提出本能理论的最终结论，更重要的是我们应该用综合心理现象的方式，试着去看看什么有可能阐明这样一个生物学基本问题。我们得坦然面对犯错的可能性，但不要因为可能犯错而延迟寻求我们首先采用的自我本能和性本能之间对立这一假说的逻辑应用（这一假设因对移情神经症的分析而被强行推导出来）❸，也不要因为可能犯错而不去检视其结果

---

❶　魏斯曼（Weismann）的遗传学说（germ-plasm theory）的心理学方向，弗洛伊德在《超越快乐原则》（*Beyond the Pleasure Principle*）（1920g，S. E.，18，45ff.）的第六章对此有很大篇幅的讨论。

❷　请见原书下文第125页的注脚2。

❸　1924年以前的版本"*Ersterwahlte*"这一德文词的意思是"首选的"（first selected）。后来的版本"*Ersterwahnte*"的意思是"首次被提及的"（first mentioned），而这似乎不如前面的词更好，可能是印刷错误。

是否毫无矛盾且成果斐然，以及它是否也适用于其他疾病，比如精神分裂症。

当然，如果力比多理论已被证实无法解释后面这个疾病（译注：精神分裂症），就又是另一回事了。这是荣格（Jung，1912）所坚持的，因为这个缘故我不得不进行这最后的讨论，真希望没有这个必要。我宁愿选择依循史瑞伯（Schreber）的案例分析所开启的过程来求得结论，舍弃任何关于其前提的讨论。不过，荣格的结论，不夸张地说，未免操之过急。他的立论基础太过贫乏。首先，他诉诸一个说法，说我自己已经承认，是因为史瑞伯的分析遇到困境，才不得不扩展力比多的概念（即放弃它的性内涵），将力比多等同于普遍的心理兴趣（psychical interest in general）。费伦奇（Ferenczi，1913b）在他对荣格的著作所提出的彻底批判中，已经充分说明了这个错误的解释该被修正的部分。我只能证实他的批判，并且重申我从未对我的力比多理论做过这样的反悔。荣格提出的另一个争论的点，即我们无法认定撤回力比多本身足以造成正常现实功能的丧失❶，并不是论据而是一个权威性的意见（dictum）。这"回避了问题的实质"❷，并省略了讨论；他提出的这一点不管是否可能或如何成为可能，应该是经过研究的。在他接下来的重要著作中，荣格（Jung，1913：339-40）恰恰遗漏了我早就提出的解决方案："同时"，他写道："这必须进一步列入考量［很凑巧，这一点在弗洛伊德谈史瑞伯案例的著作中也曾提及（1911c）］——性力比多（libido sexualis）的内投（introversion）导致了对'自我'的投注，而这有可能造成现实感的丧失。以这种方式来解释现实感丧失的心理学确实是种吸引人的可能性。"不过，荣格并未进一步深入探讨这种可能性。在这篇文章接下来的几行（lines）❸，他摒弃了这个观点，理由是这个决定因素的"结果是禁欲的隐士（ascetic anchorite）的心理学，而非早发性痴呆"。这种不恰当的类比对我们解决这个疑问的帮助极少，从以下的考量可以得知，这类"尝试抹去所有关于性的痕迹"（但仅止于一般概念中的"性"）的隐士，甚至不可能显露出

---

❶　这个词来自珍妮特（Janet，1909）的杜拉函数卷（*La fonction du réel*）。请参阅弗洛伊德的开头语，1911b。

❷　开始是以英文书写的。

❸　所有的德文版本都称"页"（*Seiten*），是"行"（*Zeilen*）的印刷错误。

任何引发病态的力比多分布。他或许已经将他对于性的兴趣从人类身上完全转移开，还可能已经将其升华成对宗教、大自然或动物王国的更高层次的关注，而不用将力比多内投至他的幻想或回到他的自我。这样的类比似乎事先排除了区分兴趣到底是源自于情欲还是其他的可能性。让我们进一步回想一下，瑞士学派（Swiss school）的研究，不管多么有价值，也只不过厘清了早发性痴呆表现的两种特征——呈现于此类病症的、我们已知的出现于正常人和神经症患者身上的情结（complexes），呈现于此类病症的幻想与出现于通俗神话中的情节的相似性——但是，他们仍未能更深入地阐明这种疾病的机制。于是，荣格认为力比多理论无法成功解释早发性痴呆，因而对其他神经症也无法解释，而对这一点我们是可以驳斥的。

Ⅱ

对我而言，在直接研究自恋的道路上似乎存在着某些特殊的困难。我们进入自恋研究的主要路径可能依然是关于妄想痴呆的分析。如同移情神经症让我们能够探索力比多的本能冲动（libidinal instinctual impulse），早发性痴呆和妄想症将为我们提供深入自我心理学的洞见。再一次，为了了解正常现象中看似简单的事物，我们必须转向存在扭曲和夸大的病理学领域。同时，其他研究路径仍然维持畅通，同样也可能获得更多关于自恋的学问。现在我将依下列顺序来讨论这些议题：器质性疾病的研究、疑病症（hypochondria）的研究，以及两性性生活（erotic life of the sexes）的研究。

在评估器质性疾病对于力比多分布的影响时，我采纳费伦奇给我的一个口头建议。众所周知且被视为理所当然的是，一个被器质性疼痛和不适所折磨的人往往会放弃对于外在事物的兴趣，只要这些事物与他所遭受的痛苦无关。更进一步的观察告诉我们，他也会从其爱恋客体（love-object）中将力比多兴趣（libidinal interest）撤回：只要还在遭受痛苦他就会停止爱恋。这一事实稀松平常的本质，不应成为我们不把它转译成力比多理论术语的理由。因此，我们可以这样表述：病人将其力比多投注撤回到他自己的自我，在复原之后又会再次向外释放。诗人威廉·布施（Wilhelm Busch）在牙齿剧痛时说道："在他臼齿的窄洞中，凝聚着他的灵魂。"❶ 此处，力比多与自我兴趣（ego-interest）具有相同的命运，并再一次难分彼此，两者都被病人熟悉的利己性（egoism）控制了。我们觉得它那么自然，是因为我们很确定在同样的情境下我们的表现也会是这样的。爱人的情感即使再浓烈，也会被身体疾病赶走，瞬间被完全的冷漠所替代，这样的主题已经被喜剧作家发挥得淋漓尽致。

睡眠的情况也类似疾病，意味着力比多因自恋性退缩而回到个体自己的自体（self），或者，更确切地说，回到睡眠的单纯愿望上。梦的利己性非常符合这个背景。暂且不论其他，我们在两种状态中都可以看到因自我的改变而引发力比多分布改变的例子。

疑病症类似器质性疾病，它表现出令人困扰而痛苦的身体感受，它对力比多分布所造成的影响与器质性疾病也是相同的。疑病症病人将对于外在世界客体的兴趣和力比多撤回，其中以力比多更为明显，并将两者集中于吸引他注意的器官上。疑病症和器质性疾病之间的一个差异现在清楚地呈现出来：器质性疾病令人困扰的感受基本上来自于明显的（器质性）变化；疑病症却不是这样。但是，如果我们认定疑病症一定是正确的，就完全符合我们对神经症病程的一般概念：器质性变化应该也会呈现出来。

然而，可能有哪些变化呢？在这一点上我们将由经验来导引，而经验显示，和疑病症类似，那些令人不悦的身体感觉也会发生在其他神经症患者身上。我曾经倾向于把疑病症与神经衰弱（neurasthenia）和焦虑型神经症归为一类，作为第三种"真实的"（actual）神经症❷。如果我们推测其他神经

---

❶ Einzig in der engen Hohle Des Backenzahnes weilt die Seele. *Balduin Bahlamm*，Chapter Ⅷ.

❷ 这个似乎已经在史瑞伯（Schreber，1911c）案例第二段接近末尾的一个注脚中第一次被暗示。弗洛伊德在维也纳精神分析协会（1912f）的讨论当中，就自慰（masturbation）这个话题做的结束性评论当中，曾再一次简短提出这个概念，但经过了更精确的思考。稍后，他在《精神分析导论》(1916-1917)的第二十四讲接近末尾时，又回到这个主题。弗洛伊德在更早的时候就已经开始探索疑病症与"真实的"神经症之间的关系。参阅他第一篇关于焦虑神经症（1895b）的文章的第一部分。

症中也会同时存在少许疑病症，或许也不至于太过离谱。我想，在具有歇斯底里上层结构（superstructure）的焦虑型神经症中可以找到最佳的范例。现在，我们所熟悉的器官的原型，那种柔嫩的、在某种状态下会发生改变的、通常意义上并非病态的，正是兴奋状态下的性器官。在此情形下，它充血、膨胀、湿润，并且存在多重感觉。现在，让我们将身体的任一部位向头脑传递性兴奋刺激的活动描述为"性感应性"（erotogenicity），并且进一步反思，我们的性理论所依据的考量早已使我们习惯于一种观念，即身体的某些其他部位——性感带（erotogenic zon）——可作为性器官的替代物，扮演类似于性器官的角色❶。接着，我们只需再多走一步。我们决定将"性感应性"视为所有器官的普遍特征，然后讨论它在身体某一特定部位上是增加还是减少。这些器官"性感应性"的每一次改变，都可能引起投注在自我的力比多的相应变化。我们相信这些因素构成了疑病症的基础，也可能对力比多分布产生类似的影响，就像器官罹患实质疾病对力比多分布造成的影响一样。

我们明白，如果沿着这个思路，我们面对的问题不只是疑病症，还会有其他"真实的"神经症——神经衰弱和焦虑型神经症。为此我们在这一点上先停一下。如此深入探究生理学研究的前沿，并不在纯粹的心理学研究所要求的范畴内。我只提一点，从这一观点出发，我们有理由怀疑，疑病症和妄想痴呆的关系，类似于其他"真实的"神经症和歇斯底里、强迫性神经症的关系：也就是说，我们有理由怀疑，疑病症依赖于自我力比多，犹如其他"真实的"神经症依赖于客体力比多一样，而源自于自我力比多的疑病性焦虑则与神经症性焦虑是对应的。此外，既然我们已经熟悉移情神经症的生病与症状形成的机制——由内投转到退行的路径——将会关系到客体力比多的堆积❷，我们可能也逐渐接近自我力比多的堆积这个观点，并且可能将这个观点与疑病症和妄想痴呆的现象联系起来。

在这一点上，我们的好奇心必然会引发一个疑问：为何力比多在自我的堆积必然会产生不愉快的感受？我自己较满意这个答案：不愉快始终是高度

---

❶ 比较：《性学三论》（1905d, S. E. 7, 183f.）。

❷ 比较：《神经症发作类型》（Types of Onset of Neurosis）（1912c）的开头几页。

紧张下的表现，因而事实就是，物质事件场域的一个量（quantity）在此被转化成了不愉快的精神的质（psychic quality of unpleasure），就像在别的地方那样。然而，导致不愉快的决定性因素可能并非物质事件的绝对数量，而是该绝对数量的某些特殊功能❶。在此，我们甚至可以冒险触及一个问题：究竟什么使我们的精神生命必须超越自恋的极限，将力比多依附于客体❷。依照我们的思路，答案将再一次是：当投注到自我的力比多超过某一特定量时，这种必要性就会产生。强大的利己性是对抗生病的一种保护，但是为了不生病，我们终究必须开始去爱，而如果我们因挫折而无法去爱，那么就注定会生病。这样的观点多少是依据了诗人海涅（Heine）关于《创世纪》（the Creation）的心理起源的描述：

病魔是推动创造力的最后底牌

经由创造，我病体痊愈；

经由创造，我健康复原。❸

我们已经认识到，我们的精神装置（mental apparatus）首先是一种用来支配兴奋状态的装置，否则可能会让人感到困扰或产生致病效果。让兴奋状态维持在精神层面运作，明显有助于将无法直接对外释放或释放得不恰当的兴奋状态转向内部释放。不过，首先，内部的运作过程是在真实的还是想象的客体中完成并不那么重要。两者的差异稍后才会显现——如果力比多转向非真实客体（内投）并已经造成了力比多堆积的话。在妄想痴呆中，自大狂允许已经返回自我的力比多进行类似的内部运作；或许，只有当自大狂失效，自我之中堆积的力比多才会致病并启动了复原过程，我们才能感受到疾

---

❶　这整个问题在《本能及其变迁》（1915c）当中有更完整的讨论。关于下面这个句子中"数量"（quantity）这个术语的使用，可见于弗洛伊德写于1895年的《计划》（Project）（1950a）第一部分第一段。

❷　关于这个问题更为精准详细的讨论同样可以在《本能及其变迁》（1915c）这篇文章中找到。

❸　想象中上帝好像在说："毫无疑问，疾病是激发创造的强烈欲望的最后因素，通过创造，我可以康复，我将变得健康。" *Neue Gedichte*，"*Schöpfungslieder Ⅶ*".

病的存在。

在此我将试着稍深入探讨一下妄想痴呆的机制，并汇总所有我认为值得考量的观点。在我看来，妄想痴呆和移情神经症之间的差异在于：在妄想痴呆中，因挫折而被释放出来的力比多并未依附于幻想中的客体，而是撤回到自我。因此，自大狂相当于是对撤回自我的力比多的精神掌控，这正好对应的是移情神经症中内投至幻想的部分；这类精神功能的失效就会产生妄想痴呆的疑病症现象，这类似于移情神经症的焦虑现象。我们知道这种焦虑可以通过进一步的精神运作而获得解决，例如反转（conversion）、反向形成（reaction formation）或是建构保护机制（恐惧症，phobias）。在妄想痴呆中其相应过程则是试图恢复原状，而这带来了显著的疾病表现。因为妄想痴呆经常，即便不是一直，造成仅仅部分的力比多与客体分离，我们从其临床表征中可以区分出以下三类现象：①呈现的仍是正常的或神经症水平的状态（残留现象）；②呈现病态过程的（力比多与客体分离，甚至出现自大狂、疑病症、情感障碍和各种形式的退行）；③呈现复原过程的，力比多再度依附于客体，仿效歇斯底里（在早发性痴呆或是妄想痴呆本身）或强迫性神经症（在妄想症中）的模式。这种全新的力比多投注与原始的不同，因为它起始于另一层次且发生在不同条件下❶。由这种新的力比多投注所带来的移情神经症，和正常自我条件下的相对应形态间的差异，应该会让我们对精神装置的构造产生最深刻的洞察。

我们研究自恋的第三种方式是观察人类的性爱生活，以及它在男性与女性之间存在的各种差别。就像客体力比多起初在我们的观察中掩盖了自我力比多，婴儿（以及成长中的儿童）的客体选择情况也一样，我们首先注意到的是他们的性客体源自满足的体验。第一次自体性欲的性满足被体验为与以自我保存为目标的重要功能有关。性本能起初维系于自我本能的满足，直到后来它们才真正独立出来，此时我们才从一些事实获得了关于这个原始依附关系的启示，即负责喂食、照顾及保护婴儿的人后来成为他最早的性客体：最初是母亲或是替代母亲的人。然而，在发现我们称之为"依赖"（anaclitic）

---

❶ 在《潜意识》（*The Unconscious*）这篇文章的末尾可以看到关于这点更多、更深入的评论。

或"依附"（attachment）型态❶的客体选择类型和来源的同时，精神分析研究又揭示出我们未曾预期会发现的第二种型态。我们发现，第二种型态尤其体现在力比多发展遭受某些障碍的个体，比如性倒错和同性恋，这些人后来在选择爱恋客体时并不以母亲而是以他们自己本身作为模板。显然他们在寻求他们自己作为爱恋客体，展现出一种必须被称为"自恋"的客体选择类型。在这个观察中，我们有最充分的理由采纳自恋这一假说。

然而，我们并不认为，人类应该依据他们是属于依附还是自恋型态的客体选择类型而被截然分成两类；我们更愿意假定两种客体选择类型对每个个体都是有可能的，即使个体可能偏爱其中一种。我们认为人原本就有两个性客体——他自己和哺育他的女性——据此，我们认定每个人都有一个原始自恋（primary narcissism），并在某些个体的客体选择中显现出其主导优势。

男女两性的比较显示，在客体选择型态上两性间存在着根本差异，即使这些差异不是普遍性的。准确地说，完全属于依附型态的客体爱恋是男性的特征。它表现为明显的性欲高估现象（sexual overvaluation），而这无疑源自于儿童期的原初自恋，因而与对性客体的自恋移情是一致的。这种性欲高估现象是恋爱这一特殊状态的根源，这种状态让人联想到一种神经症性强迫（neurotic compulsion），可追溯到因利比多支持爱恋客体而出现的自我贫乏❷。女性最常见的客体选择型态所依循的是不一样的路径，很可能是最纯正、最真实的一种。随着青春期的到来，以往处于潜伏期的女性性器官逐渐

---

❶ "*Anlehnungstypus*"其字面意思就是"依附型态"（leaning-ontype）。这个术语被转译成英文"anaclitic type"时，类似合乎文法用语的"enclitic"，用来当作质词（如连接词或介系词），不可用于一个句子的第一个字，而必须附加于或是依于一个更重要的字，譬如拉丁文的"亦即/譬如"（*enim*）或是希腊文的"但是/而且"。这好像是"*Anlehnungstypus*"这个真正的术语第一次出现在出版物上。孩子触及第一个性客体是基于其滋养本能（nutritional instinct）这一观念出现在第一版的《性学三论》（1905d，*S. E.* 7，222）中；前面这个观念在关于"依附型态"的著作中第二或第三次被精确提及，但并未出现在《性学三论》这篇文章当中，直到1915年的版本才加上。这个概念在弗洛伊德的《爱情心理学》（the *Psychology of Love*）（1912d，*S. E.* 11，180-1）这篇论文的第二部分开头就有很清晰的预示。"依附"（*Angelehnte*）（attached）这个术语类似于史瑞伯（Schreber，1911c）案例这篇文章的第三部分接近开头时的用法，但其潜在假设在那儿并未提及。应该指出的是，"依附"（attachment 或 *Anlehnung*）这个术语表明的是性本能对自我本能的依附，而非孩子对母亲的依附。

❷ 弗洛伊德在《群体心理学》（1921c，*S. E.* 18，112f.）第8章中关于爱情的讨论中重新回到了这一领域。

成熟，似乎造成了原初自恋的一次强化，而这不利于伴随着性欲高估现象的真正的客体选择的发展。女性，尤其是长得很美的女性，会发展出一定的自满（self-contentment）以弥补在客体选择上强加于她们的社会限制。严格来说，这样的女性唯有爱恋她们自己时的强度能与男性爱恋她们的强度相比拟。她们的需求并不是去爱（loving），而是被爱（being loved）；而符合这个条件的男性才能赢得她们的芳心。对于人类的性爱生活（erotic life）来说，这类女性的重要性享有很高的评价。这类女性对男性最具吸引力，不仅因为审美的原因，因为她们一向是最漂亮的，还因为融入了有趣的心理因素。因为很显然，另一个人的自恋对那些已经放弃了部分自恋而寻找客体爱恋的人，是具有莫大的吸引力的。儿童的迷人之处很大程度上来自于他的自恋、自满和难以接近，就像某些动物的魅力似乎在于它们对我们的不在乎，比如猫咪和大型猛兽。的确，即使是文献中记载的重罪犯和幽默大师，也用其自恋的一致性（narcissistic consistency）迫使我们注意到他们，他们用它成功地远离了可能削弱其自我的任何事物。似乎我们在嫉妒他们能够维持一种充满喜悦的心境——一种我们自己早已舍弃的无懈可击的力比多状态。然而，自恋女性的巨大魅力也有其反面——大部分恋人的不满、男性对女性的爱的怀疑、男性对女性谜样本质的不满，而这源于客体选择型态的不一致。

或许我可以在这里给出这样的保证——这里对女性性爱生活形态的描述，绝非出于我个人的任何带有偏见的轻视女性的愿望。除了我个人不带偏见这一事实，我也认识到，这些不同的发展路线符合高度复杂生物整体的功能分化；此外，我也准备好承认，有相当数量的女性是根据男性客体选择型态去爱的，并且也发展出了那一型态独有的性欲高估现象。

即使是对男性保持冷淡的自恋女性，仍有一条通往完全客体爱恋的道路。通过生育孩子，她们自己身体的一部分像一个外来客体一般来到她们面前，从自恋出发，随后她们给予这个外来客体的是完全的客体爱恋。另外，也有一些女性不必等到养育孩子就能完成从继发性（secondary）自恋到客体爱恋的发展。在青春期前，她们有男性化的感觉，并顺着男性化的路径发展；当这个倾向因她们的女性特质发育成熟而降低之后，她们依然保有渴望男性化理想（masculine ideal）的能力——这种理想事实上是她们自己曾经拥有的像男孩的特质（boyish nature）的幸存物❶。

到目前为止，我通过暗喻所说的，或许可以通过对导致客体选择的路径的简短概括推导出来。

一个人可能会爱：

（1）根据自恋型态

① 他自己现在是什么人（what he himself is）（即他自己）

② 他自己过去是什么人（what he himself was）

③ 他自己想要成为什么人（what he himself would like to be）

④ 曾经是他自己某部分的某个人（someone who was once part of himself）

（2）根据依附（或依恋）型态

① 养育他的女性（the woman who feeds him）

② 保护他的男性（the man who protects him）

以及取代他们位置的一连串的替代者。第一大类中③的情况必须等到后面的讨论才能证明其合理性。

自恋型客体选择对于男同性恋的重要意义必须在另一脉络中考量❷。

我们假定：构成力比多理论其中一项假设的儿童原始自恋，较难通过直接观察来掌握，而更容易从别处推理获得确认。如果看到父母对待孩子满怀爱意的神情，我们不得不视之为他们本身早已放弃的自恋的复活和再现。就我们所知，由性别高估现象（overvaluation）所组成的可靠指标主宰着他们的情绪态度，而我们已经认定性别高估现象是客体选择中的自恋印记

---

❶ 弗洛伊德在他后面一系列的论文中发展了他关于女性的性观点，这一列论文有：《女性同性恋的案例》（*on a case of female homosexuality*）（1920a），《两性间的心理区分的影响》（*on the effects of the psyiological distinctions between the sexes*）（1925j），《女性的性心理》（*on the sexuality of women*）（1931b），在《精神分析新论》（*New Introductory Lectures*）中的第 23 讲（1933a）。

❷ 弗洛伊德在他关于达·芬奇的研究（1910c）（*S.E.*11，98ff）中的第三部分早已经提出了这种观点。

（narcissistic stigma）。因此，他们强迫性地将一切完美归于孩子——其实通过审慎的观察会发现并非如此——并且掩饰和忘记他所有的缺点（附带一提，否认孩子的性特质与此有关）。此外，为了迎合孩子，他们倾向于中止所有带有成人文化内涵的活动，那些是成人自恋被迫尊重的，并且以孩子的名义重新声明成人自己放弃已久的特权。孩子的际遇应该比父母好一些；他应该不会经受那些被认为是父母生命中必然经历的最重要的事件。疾病、死亡、放弃享受、限制个人意志，都不会影响孩子；自然与社会法则都会投孩子所好而被搁置；他将再一次真正成为造物的中心——"婴儿陛下"（His Majesty the Baby）❶，就如我们对自己曾经拥有的奇想。孩子将会实现那些父母渴望实现却终究未能如愿的梦想——男孩将会取代父亲的位置，成为伟人和英雄，而女孩将会嫁给王子，作为母亲迟到的补偿。自恋系统中最棘手之处，就是自我的永恒，因为被现实无情地压迫着，只有求助于孩子才能实现。父母的爱，如此令人动容，本质上却是如此幼稚，其实只不过是父母自恋的重生罢了，当它被转变成客体爱恋时，明明白白地显露出它之前的本质。

Ⅲ

儿童原初自恋所面临的困扰、为了保护自己免于这些困扰而做出的反应，以及被迫做出这些反应所依循的途径——这些议题我建议暂时搁置不谈，可以将它们当作仍待探索的重要工作领域。然而，其中最重要的部分可以用"阉割情结"（castration complex）（男孩表现为对于阴茎的焦虑，女孩表现为对阴茎的嫉妒）的形式单独列出来，并且视之为早期性活动受到抑制带来的影响。当力比多本能（libidinal instinct）从自我本能分离出来并且对抗它们（自我本能）时，精神分析研究通常能让我们追溯力比多本能所历经的变迁；但是在阉割情结这个特殊的领域，精神分析研究使我们推断出有一个新纪元和一种精神情境（psychical situation）的存在，在这里面依然一致运作并紧密

---

❶ "婴儿陛下"这个英文单词可能最早起源于一幅众所周知的英国皇家学院爱德华时代的照片，照片描述的是两个伦敦的警察阻拦住了非常拥挤的交通，为的是让一名推着摇篮车的女仆走过街道。"自我陛下"出现在弗洛伊德更早期的文章当中，这篇文章是《创造性作家与白日梦》（*Creative Writers and Day-Dreaming*）（1908e）。

融合的两种本能以自恋兴趣（narcissistic interests）的姿态现身。阿德勒（Adler，1910）就是在这个背景下得出他的"雄性主张"（masculine protest）概念，他几乎将这个概念的地位提升到个性和神经症等疾病形成的唯一动力的位置，并依然将这个概念构筑在力比多而不是自恋的趋势上，构筑在社会价值上。精神分析研究很早就承认"雄性主张"的存在和重要性，但是认为其本质是自恋性的且源自于阉割情结，与阿德勒所认为的正相反。"雄性主张"与个性的形成有关，与许多其他因素一起构成了个性的起源，然而，却完全不适合用来解释神经症的问题，关于这一点，阿德勒只考虑了它们服务自我本能的方式。我发现将神经症的起源置于阉割情结的狭隘基础上是相当不可能的，不论治疗神经症时所遇到的众多阻抗中，阉割情结如何引人注目。顺便提一句，我知道一些神经症案例，"雄性主张"或是我们所说的阉割情结并未造成病态，甚至根本没有出现❶。

对正常成人的观察显示，他们之前的自大狂已经减弱，据此推测其婴儿自恋的心理特征也已消逝。那么，他们的自我力比多蜕变成什么了呢？我们是否应该假设其所有的自我力比多已经转变成客体投注（object-cathexis）了呢？这样的推测明显背离了我们的整体论述方向；然而，我们或许可以在另一个有关压抑心理学（psychology of repression）的问题中得到启示。

我们知道，当力比多本能冲动和个体的文化及道德观念出现矛盾时，这些冲动会经历起起伏伏的致病性压抑现象。我们绝没有因此认定当事人仅仅只是在理智层面知道这些观念的存在，而是一直觉得他将这些观念当作自己的标准并恪守着这些观念对他的要求。我们已经说过，压抑源自于自我；更精确地说，它起源于自我的自尊（self-respect）。同样的印象、体验、冲动和欲望，一个人可能沉湎于此或至少意识层面关注于此，而另一个人却可能会

---

❶ 在1926年9月30日的一封信当中，韦斯医生回复了一个问题，这引起了我们的注意。弗洛伊德回复说："你的这个问题和我在自恋这篇文章中的论断联系起来，是关于是否存在阉割情结这样无关紧要的神经症，这个问题把我置于一种非常尴尬的境地，我不再回忆当时它在我脑海中是什么。今天，事实上我不能再命名任何一种不遇到这种情结的神经症，不管怎样，现在我不应该把这句话写下来。但是我们对于这个主题知之甚少，我不倾向于二选一而给出最终的决定。"——阿德勒关于"雄性主张"一个更深入的批评性观点将出现在《论精神分析运动史》中。

极度愤慨地拒绝，甚至在其进入意识层面之前就抑制了它❶。两者间的差异［包含了压抑的条件因素（conditioning factor）］，可以很轻易地用力比多理论来解释。可以说其中一个人在自己的内在设定了一个理想，他根据这个理想来衡量自己的真实自我，而另一个人却没有设定这样的理想。对自我来说，理想的形成将会是压抑的条件因素。

理想自我（ideal ego）现在成为自我爱恋的目标，在儿童期这是让真实自我享受的一个目标。个体的自恋被替换并现身于这个新的理想自我，而这个理想自我正如同婴儿期自我（infantile ego），觉得自己拥有所有宝贵的完美特质。从力比多角度出发，人也再度显示出对曾经享有过的满足感的无法放弃。人总是不愿放弃儿童期的自恋性完美（narcissistic perfection）；随着成长，人开始受到来自他人的训诫和严厉的自我批判的影响而无法再保有那份完美，他试图在一种自我理想（ego ideal）的新形式中恢复那份感觉。眼前被他投射为他的理想的形象，即为他在儿童期所失去的自恋的替代者，当时他就是他自己的理想❷❸。

我们很自然地被引导去检验理想的形成和升华（sublimation）之间的关系。升华的过程关系到客体力比多，在于本能可以将自身导向一种有别于、并且远离性满足的目标；在此过程中，重点落在了从性转向其他。理想化（idealization）过程关系到客体；通过理想化，客体的本质丝毫未经改变，却在个体心中被夸大和提升。理想化既可能出现于自我力比多的范围内，又可能出现于客体力比多的范围内。举个例子，客体的性欲高估现象就是一种理想化。升华所描述的与本能有关，而理想化所描述的与客体有关，这两种概念必须区分清楚❹。

自我理想的形成经常和本能的升华相混淆，以至于损害了我们对于事实的理解。一个已经用崇高的自我理想来取代其自恋的人，未必已经成功地升

---

❶ 在《压抑》（Repression）（1915d，150）这篇文章中会有一些评论。

❷ 在《群体心理学》（1921c）（S.E.18，131n.）第11章的注脚当中会发现对于这句话的评论。

❸ 在1924年之前的版本当中，这个读成："……只是……的一个代替。"

❹ 弗洛伊德在《群体心理学》（1921c）（S.E.18，112f.）的第8章中重现了关于理想化的话题。

华了他的力比多本能。自我理想的确需要这样的升华，但却无法强求升华；升华是一个特殊的过程，自我理想可以促进这个过程，但是升华的实现却是完全独立于任何这类促进过程的。正是在神经症个案中，我们在其自我理想的发展和其原始力比多本能的升华之间发现了潜在的最大差异；一般而言，想让一个理想主义者相信其力比多定位的不恰当，远比说服一个平庸的人要难得多，因为后者的自负程度相对更适中。再者，自我理想的形成和升华分别与神经症之间的因果关系有着相当大的差异。正如我们所知，一个理想的形成提升了自我的需求，并且是促进压抑最强而有力的因素；升华则是一条出路，使得那些需求无须压抑即可获得满足❶。

如果说人的内心有一个特殊的精神部门，履行的职责是监督从自我理想获得自恋满足的确实性，还根据这个既定目标持续地监督并用理想来衡量真实自我，我们并不会感到意外吧❷。如果这个部门确实存在，我们或许不能说是发现（discovery），而只是识别出（recognize）了它；因为我们可能会想到，我们所说的"良知"（conscience）也需要具备这些特性。识别出这个部门让我们能够理解所谓的"被注视妄想"（delusion of being noticed），或者更准确地说是被监视（watched），这正是妄想非常鲜明的症状，它可能独立成病，也可能穿插在移情神经症中。这类病人抱怨他们的所有想法都被别人所知，其行动也被监视或监督；他们通过第三个人说话的声音来知晓这个部门的功能（"她现在又在想那件事了""他现在要外出了"）。这个抱怨是正当的，它描述的是事实。监视、发掘、批判我们所有意图的这类力量的确真实存在着。事实上，它存在于我们每个人的正常生活中。

被监视妄想（delusion of being watched）以一种退行的形态呈现出这种力量，因而显露出其起源以及病人反抗它的理由。因为促使个体形成自我理想的，代表他的良知扮演看守者角色的，都是来自父母的批判性影响（通过声音为媒介向他传达），随着时间的推移，再加上那些训练和教导他的人，以及

❶ 弗洛伊德在《自我与本我》（1923b）第 3 章的开始就讨论了升华与性客体力比多转向自恋力比多的转化之间的可能性连结。

❷ 弗洛伊德将代理部门和自我理想结合而发展出了超我的概念，这一点可在《群体心理学》（1921c）的第 11 章和《自我与本我》（1923b）的第 2 章见到。

周遭为数众多却难以定义的所有他人、他的同伴以及舆论。

如此一来，基本上属于同性恋的大量力比多被导向形成了自恋性自我理想（narcissistic ego ideal），并在维持它的过程中获得了宣泄和满足。本质上，良知的形成最初是因父母亲的批判，随后是社会的批判——当来自外部的禁令和阻碍发展出压抑的倾向，这个过程会反复发生。这种声音，以及无法被定义的人群，再度被疾病带到台前，因而良知的演化在退行中被再现。但是，对这个"监察部门"的反抗产生于个体从所有这些影响中解放出来的愿望（依照其疾病的基本特性），从摆脱父母亲的影响开始，也源于他从父母身上撤回同性恋力比多。随后，他的良知会以一种退行的形态面质他，就像一种来自于外界的敌对影响。

妄想症病人的抱怨也显示，良知的自我批判（self-criticism）和作为良知基础的自我观察（self-observation）从根本上不谋而合。因此，已经接管良知功能的心智活动也把自己定位为一种向内探查的服务，这为哲学提供了理性思考的素材。这与妄想症病人建构臆测系统的特有倾向可能有着某些关联❶

对我们来说，如果能在其他领域中也发现这个严苛的监察部门——这个部门被提高到良知和哲学式自省——活动的证据，绝对是非常重要的。在此，我会提到赫伯特·希玻瑞（Herbert Silberer）说过的"功能性现象"（functional phenomenon），它是对梦理论的少数没有争议且珍贵的补充之一。诚如大家所知，希玻瑞曾经指出，在介于睡眠和清醒之间的状态，我们可以直接观察到思考向视觉影像的转译，但是在这些情形下，我们得到的通常不是思考内容（thought-content）的表征，而是这个人奋力抵抗睡眠的真实状态（乐意、疲乏等）的表征。同样地，他也曾经指出某些梦或某些内容片段仅仅意味着做梦者对自己是睡着的还是醒着的的切身知觉。希玻瑞因此论证了在梦形成的过程中观察所扮演的角色——这里的观察指妄想症病人的被监视妄想。这部分并非是持续存在的，我忽略它的原因可能是因为它在我自己的梦中未曾扮演重要角色；对于有哲学天赋且惯于内省的人，这可能变

---

❶　我想在这里附加一部分，但仅仅是建议，就是观察部门的发展和加强包含在随后的主观性记忆的起源和时间因子中，时间因子在潜意识的过程当中是不发挥作用的［关于这两点的进一步观点可以在《潜意识》（*The Unconscious*）这篇文章中看到］。

得相当明显❶。

在此我们可以回顾一下，我们已然发现梦的形成是在一套审查制度的主宰下发生的，它强制扭曲了梦的思维（dream-thoughts）。然而，我们没有将这套审查制度描绘成一种特殊的力量，而是用这个术语来命名约束自我的压抑倾向，也就是被转至梦的思维的那一部分。如果更深入地探讨自我结构，我们也可能在自我理想和良知的动力性表达（dynamic utterances of conscience）中辨认出梦的审查者（dream-censor）❷。假如这个审查者即便在睡眠中也维持某种程度的戒备，我们就可以理解它的自我监测和自我批判的功能是如何对梦的内容作出贡献的了，诸如"他现在太困了，无法思考""现在他正清醒过来"这样的想法❸。

在这个地方，我们可以试着来讨论一下关于正常人和神经症病人的自尊态度。

首先，自尊对我们而言是对自我的大小（size of the ego）的一种表达；是什么样不同的元素决定其大小无关紧要。一个人所拥有或实现的一切，被其经验所证实的所有原始全能感的残留，都能帮助他提升其自尊。

根据我们对性本能和自我本能的区分，我们必须认清自尊和自恋力比多（narcissistic libido）有着特别紧密的依赖关系。在此有两个根本性事实可以佐证：在妄想痴呆中，自尊是提升的，而在移情神经症中自尊却是下降的；此外，在恋爱关系中，不被爱降低自尊感，而被爱提升自尊感。就如我们曾经指出的，自恋型客体选择的目标和满足都是被爱❹。

---

❶　可见于 Silberer（1909&1911）。在 1914 年，弗洛伊德写下了当下的这篇文章——弗洛伊德在《梦的解析》（S.E.5，503-6）中对于这种现象做了更长的讨论。

❷　此处和下一句话的开头，以及后面的第 39 页，弗洛伊德都使用了他的一个个人形式的词（Zensor）来取代已经普遍使用的词（Zensur）（这两个词均是德语，英语的意思的"审查"）。参见《梦的解析》中一篇短文的注，是指最后的注（S.E.5，505）。这两个词之间的区别在《精神分析导论》第 26 讲的末尾清晰地被提出：我们知道作为自我的审查者和良知的自我观察部门，正是它在夜间锻炼了梦的审查者。

❸　此处我无法决定将审查部门从自我的其他部分区分开来，是否能够形成良知和自我良知的哲学区分的基础。

❹　这一主题，弗洛伊德在《群体心理学》（1921c）（S.E.18，113f.）第 8 章进行了详细论述。

再者，我们很容易观察到力比多客体投注（libidinal object-cathexis）并不会提升自尊。依赖爱恋客体的结果是降低自尊感，恋爱中的人是卑微的。恋爱中的人，好比丧失了他的一部分自恋，且只能由被爱来替换。从所有这些角度而言，自尊似乎与恋爱中的自恋元素有着某种关系。

意识到自己因为精神或身体疾病而没有能力去爱，对于自尊会有极严重的损伤。依照我的判断，此刻我们必须找出自卑感的一个来源，移情神经症病人经常能体验到并报告这种自卑感的存在。然而，这些感觉的主要来源是自我的贫乏，因为极其大量的力比多投注已经从自我撤离——也就是说，由于不再受控的性趋势，自我蒙受了损失。

阿德勒（Adler, 1907）是对的，他坚信当一个具有活跃的精神生命的人坦承自己某个器官的缺陷，它会成为一种鞭策，并通过过度补偿（over-compensation）激荡出更高水平的表现。然而，如果我们遵循阿德勒的说法而将每个成就都归因于一个器官的原始缺陷，就未免过于夸张了。并非所有艺术家都是视力不良的残障者，也不是所有雄辩的演说家原先都苦于口吃。有许多成就非凡的例子都有与生俱来的优越器官机能。在神经症的病因中，器官缺陷和发展瑕疵扮演的角色并不特别重要——非常类似于目前活跃的感官知觉题材在梦的形成中所起的作用。神经症利用这类缺陷作为借口，就像利用其他任何恰当的因素一样。我们可能会被诱使去相信一个女性神经症病人，当她说自己不可避免地会得病，因为长相丑陋、肢体残障、缺少魅力，不可能有人会爱她；但是，下一位神经症病人会给我们更多启发——因为她顽固的神经症和对性的厌恶，即使她似乎比一般女性更有魅力、更令人神往。大部分患有歇斯底里的女性在其同性中更有魅力、更漂亮，反过来说，在较低社会阶层中，人的丑陋、器官缺陷和孱弱可能并没有增加她们罹患神经症的概率。

自尊之于性爱的关系——也就是自尊之于力比多客体投注的关系——可以简要地用下面的方式表达。根据性爱投注（erotic cathexis）是否属于自我和谐（ego-syntonic）或是相反已经遭到压抑，这两种情况必须加以区分。在前一种情形（此刻对力比多的使用是自我和谐的）中，爱恋如同自我的其他活动一样接受评估。就涉及的渴望和剥夺而言，爱恋本身会降低自尊；而被爱、获得某人的爱的回报、拥有其爱恋客体，将再次提升自尊。当力比多被压抑时，性爱投注令人感觉到自我被严重耗尽，爱的满足变得不可能，而重新充实自我只能通过从其客体撤回力比多才能达成。客体力比多返回自我并转变为自恋，重现了一如从前的快乐爱恋❶；另外，一种真正快乐的恋爱相当于客体力比多与自我力比多无法区分的原初情境（primal condition），这点也是事实。

这个主题的重要性和延伸性，无疑为我多加上一些略微凌乱的评论找到了正当的理由。

自我的发展由脱离原始自恋和随即升起的恢复这种状态的旺盛企图所带来。脱离的过程是通过将力比多转移至一个外界所强加的自我理想而达成，而满足感通过实现这个理想而达成。

同时，自我散发出力比多客体投注。自我因为支持这些投注而变得贫瘠，如同它成就自我理想一样；而凭借自我在客体得到的满足感，它再一次充实自己，如同凭借实现理想所获得的满足感一样。

自尊的其中一部分是原始性的——这是婴儿期自恋（infantile narcissism）的残留，另一部分则源自于被经验证实的全能状态（自我理想的实现），而第三部分则源自于客体力比多的满足感。

自我理想为通过客体来获得力比多满足感强加了严苛的条件。因为自我理想使得其中一些会被审查者以不够格的理由所拒绝❷。如果这种理想未能形成，我们所讨论的性趋势会原封不动地在人格中以性倒错的型态出现。这再一次成为自己的理想，在性方面也不亚于其他趋势，就好像还在童年时期那样——这是人们会努力争取的幸福。

恋爱是因自我力比多倾注于客体而致。它有能力移除压抑，并回复性倒错。它将性客体提升为一个性理想（sexual ideal）。因为就客体型态（或依附型态）而言，恋爱的发生是由于婴儿期的爱恋条件得以实现，可以说凡是实现那个条件的都是被理想化的。

---

❶ "*Darstellt*." 只在第一版是："*herstellt*"，"establishes".
❷ 见第 37 页的注脚。

性理想可以与自我理想形成一种有趣的辅助关系。当自恋满足遭遇真实障碍时，性理想可以被用来作为替代性满足（substitutive satisfaction）。在这种情况下，一个人在恋爱时的客体选择和自恋型态会是一致的，爱恋的人会是曾经是但已不再是的样子，或是拥有其未曾拥有过的优点的人。与那样的叙述类似的套话这么写道：凡是拥有自我为了成为一个理想而欠缺的优点的人，都会被爱。这种权宜之计对神经症病人尤其重要，因为他过度的客体投注导致自我匮乏，而无法实现其自我理想。在肆无忌惮地挥霍力比多于客体之后，通过依据自恋型态挑选出一个具有自身无法获得的优点的性理想，他试图寻求一条重返自恋之路。这是以爱来疗愈（the cure by love），通常他喜欢通过分析来疗愈（cure by analysis）。的确，他无法信任任何其他的疗愈机制，通常怀抱这类期待来寻求治疗，将之导向医师本人。病人因为过度压抑所导致的无法爱恋，自然会阻碍这一类的治疗计划。通过治疗，在他已经部分挣脱了自己的压抑后，经常会出现出乎意料的结果：他退出进一步的治疗以便选择一个爱恋客体，通过与某个他所爱恋的人共同生活来延续未竟的疗程。如果不是这种做法会导致帮助者被过度依赖的危险，或许我们也可以满足于这个结果。

自我理想开启了一个理解群体心理学的重要途径。除了个人面之外，这个理想还具有社会面，它也是一个家庭、一个阶级或一个国家的共同理想。它束缚的不仅是一个人的自恋力比多，而且还有大量的同性恋力比多❶，依循这个途径转向回归到自我。由于未能实现这个理想所产生的对满足感的需要会释放同性恋力比多，并被转变为一种罪恶感（社会焦虑）。这种罪恶感原先是对父母亲惩罚的恐惧，或更准确地说，是对于失去他们的爱的恐惧；后来，父母亲被为数不定的他人所取代。因此，我们比较能够理解，为何妄想症的起因经常是由于自我受到伤害，是因为在自我理想范围内无法得到满足的挫败感，也比较能够理解自我理想中理想形成（ideal-formation）和升华（sublimation）的趋同，以及在妄想痴呆中升华的退化和理想可能发生的转变。

---

❶ 在团体的结构当中同性恋的重要性在《图腾与禁忌》（1912-1913）（S. E. 13，144）中有所暗示，在《群体心理学》（1912c）（S. E. 18，124n. & 141.）中被再次提及。

第二部分

《论自恋：一篇导论》的讨论

弗洛伊德的《论自恋》：一篇教学文本

克利福德·约克（Clifford Yorke）[1]

任何人第一次接触弗洛伊德《论自恋》这篇文章都可能会觉得不容易阅读。首先，这篇文章蕴含非常丰富的观点，但因为过度浓缩，反而让读者感到晦涩难懂。此外，主题内容本身就不简单，有许多概念性问题仍有待讨论。若不了解围绕着"自恋""自体"以及"自尊"这些概念的许多争议，作为一名当代的学生是很难理解这些的。这些主题充满了复杂性。这样的事实本身或许就是驱使我们返回精神分析最初尝试解决某些难题的一个绝佳理由。从史崔齐（Strachey）的引言中知悉弗洛伊德发现这篇文章不易下笔这一点并不意外，他在写给亚伯拉罕（Abraham）的信中提到："'自恋'这篇论文费尽千辛万苦才诞生，满布了与畸形相应的各种标记。"

尽管如此，我们很容易感到弗洛伊德的探索扣人心弦。正如一直以来我们对待其发展中的观点一样，将任何特定论述连结到那些已经出现过的概念，并且留意那些未来即将出现的概念，是会有帮助的。比如，在阅读这篇自恋文章时，若谨记它已经具备心智的三重模型（tripartite model of mind）的雏形，将会让你受用无穷，即使它距离厘清许多疑点并树立重要里程碑的《自我与本我》（*The Ego and the Id*）的理论建构仍然长路漫漫。举例而言，此时我们已经讨论到本能驱力理论（theory of the instinctual drives）的重要发展，也讨论到"自我"，以及内部自我监察部门——未来它将发展成为一个更完整的超我概念；我们也关心这些部门彼此

---

[1]　克利福德·约克，汉普斯特得安娜·弗洛伊德中心主管精神科医生，英国精神分析协会培训和督导分析师。

间的关系，以及它们与外在世界的关联。

众所周知，史崔齐在《标准版》（*Standard Edition*）中几乎一成不变地将 *das Ich* 翻译成"自我"（the ego），而他自己则不时探索弗洛伊德在其思想发展过程中对它赋予的意义的变化。这些变化的详细过程相当复杂，但是史崔齐在其编辑手记（*Editor's Note*）中的简短讨论却非常实用。在早期文章中，即使定义经常模糊不清，"自我"通常表示"自体"（这个术语本身也非常复杂），然而从 1923 年以后，它有了一个狭隘但较确定的定义，即自我指的是一个具有自己特性和功能的心智部门（mental agency）。就这一观点而言，它或许可以被视为心智的执行装置，负责在经常因需求而起冲突的本能驱力、超我和外在现实之间维持平衡。就如史崔齐观察到的，在《论自恋》这篇文章中，自我概念"占据了一个转折点"（occupy a transitional point）。在实践中，这意味着不管辩论过程中何时出现这个术语，我们都必须特别注意它的含义。我将在接下来的文章中尝试澄清这一点。然而，"自我"并非这篇文章中唯一困扰读者的术语；原始自恋和继发性自恋的概念也给读者带来许多困扰，我也会关注一下这些问题。

现在让我们来看看这篇文章的某些主要观点，同时将这些要点牢记在心。弗洛伊德在尝试处理自恋这个问题时，会同时讨论到常态（normative）和病态（pathological）。他谈到"婴儿陛下"（His Majesty the Baby），也谈到恋爱。从病理学的角度，他从精神分裂症、妄想症，以及器质性状态和疑病症的身体疼痛中得出论断，此外，其讨论的开始和结束都提到了性偏差（sexual deviation）。

弗洛伊德打从一开始就提醒我们"自恋"最初是一个描述性术语，首先由奈克尔（Näcke）在 19 世纪末 20 世纪初时用来描述某些人对他们自己身体的态度，非常类似于其他人对待其性伴侣的身体——比如，他们注视着它、赞赏它、抚摸它、温柔地爱抚它，发现它完全可以自我满足。到达这种程度时，自恋已经具备了性偏差的所有特征。弗洛伊德抱持的观点是：这种现象不会仅以一种极端或纯粹的形式存在。或许他言之有理，的确，就算它存在，大概也不会引起注意。可能因为它不太会触怒一般大众或引起警察的注意，而且既然人们不会因这样的障碍而受苦，也就不会因此来求助。 但是，我们确实遇到了程度较不严重的一些案例。如同弗洛伊德指出的，它是同性恋的一个重要组成部分。 在分析的过程中，也确实多多少少会遇到这种现象。 我认识的一位病人曾经在谈论其青春期时描述过这种现象。 她记得有一次注视着镜中的自己，赞叹着自己的身体，但若要真正获得性唤起，她必须身着尿布浸泡在非常温热的水中凝视着自己的身影。 这个特定的案例之所以会浮现于脑海，或许是因为其中的退行成分是如此的惊人，又或许是因为它关系到了儿童期自恋。这些青春期的经历并未以一种偏差的形式延伸到这个病人的成年生活。然而，它们确实牵涉到了从客体关系的逃离，而且在这个层面即刻引起了我们的关注。

然而，这个例子也印证了弗洛伊德长久以来的观点，即作为偏差出现在后来生活中的一些特点，在正常的儿童发展过程中是可见的，这在《性学三论》 中有很精彩的论述。 当然，婴儿从尿布内尿液和粪便的温暖触感获得愉悦不太可能被视为倒错。 这符合弗洛伊德的结论：自恋本身不算是一种性倒错，而是"对于自我保存本能的利己性的力比多补充物"。 它是对于自我依附和自我兴趣（self-interest）的力比多式的贡献。

这个重点经得起一再重申：在这个背景下，"自恋" 意味着自我爱恋，而"利己性"意味着表现为自我保存驱力的自尊（self-regard）。 为了抓住重点，有必要牢记本能理论在 1914 年时的处境。在 1905 年第一版《性学三论》 中，弗洛伊德早已使用"自体性爱"（auto-erotism）这个术语，认为这种活动是自体和客体分化出现前性本能的一种表现形式。 这个术语借自哈夫洛克·埃利斯 （Havelock Ellis）， 而且早已在弗洛伊德写给弗利斯（Fliess）的信中使用过。"自体性爱" 指的是本能发展的最初阶段，后来被本能的"客体选择" 承袭，但孩子的第一个"选择" 还是他自己的身体或身体性自我（bodily self），弗洛伊德在 1911 年讨论史瑞伯（Schreber）案例的第三部分时将这一阶段称为"自恋"。 性本能已经和"自我本能" 区分开，而"自我本能" 指的是"自体" 的自我保存本能，包括饥饿。 这篇文章保留了"自我本能" 的概念，但是自恋的概念却为本能理论带来许多难题，需要一些重新评估方法。

弗洛伊德借助某些精神病现象来协助重新评估。史瑞伯案例为他打开了许多重要的崭新议题，其中有些对于本能理论产生了重大影响。他特别关心的问题是，精神分裂症和妄想症是否可以或多大程度上可以借助力比多理论（libido theory）来理解。他认为这类病人有两个明显而基本的特征。第一个是"自大狂"，它对于自体的过度重视紧紧伴随着第二个特征——对人与事的兴趣的撤回（第二个特征让弗洛伊德相信这类病人无法接受精神分析治疗）。他始终认为自大狂是从客体撤回后的直接后果。

弗洛伊德早已接受这样的观点：牵涉到从外在世界即客体世界撤回的神经症，是因为客体的丧失、客体之爱的丧失或无法适应客体的本能要求——简言之，是因为基本本能的挫败（instinctual frustration）。然而，在神经症中，对客体的性爱关系并未被放弃：它被保留了下来，但仅存于幻想中。真实世界中的失望或挫败导致了对幻想客体的投注，而这个幻想客体，如果是潜意识的，主要是以儿童期的客体关系为基础的。在这个意义上，这种投注仍然属于客体投注，而非精神病的自恋投注（narcissistic-cathexis）或自体投注（self-cathexis）。

读者将会对被弗洛伊德概念化的神经症的症状形成的后续步骤感到熟悉，包括本能如何从真实客体撤回到幻想客体〔一个过去被他称为"内投"的过程〕而导致退行；防御性自我（在这个意义上是一个结构）如何对抗和掩饰被压抑部分的重现，并通过妥协而导致症状的形成。所有这些都与我即将谈到的神经症和精神病间的关系问题密切相关——这不仅是这篇评论的重点，也是一个持续受到争议的问题。

在精神分裂症中，力比多从客体撤回到自体，因而引发这种疾病特有的病理性自恋（pathological narcissism）。不过，这是一种继发性自恋，因为它原先是被导向外在客体的，并且持续依附于自体既存的原始自恋（这一点值得牢记，因为原始自恋经常与弗洛伊德在这篇文章中所说的自体性爱相混淆）。其结果是过度投注（hypercathexis）于"自体"〔或，用现在更结构化的术语，是自体的精神表征（mental representation）〕。不同于神经症，自恋者并未以幻想客体来取代外在世界的客体。但若真的尝试恢复对客体的投注，它确实会以妄想型态呈现。

在这一点上，比较好的办法是暂时搁置弗洛伊德的主要论点，并回到史瑞伯的案例——一个被害妄想症案例。 显然，史瑞伯病态的第一步是以下妄想信念——他的前一位医师弗莱克西格（Flechsig）会将他阉割，把他变成会被性虐待的女性。 下一步则是他坚信上帝已经召唤他去执行一项神圣使命，但只有当他真正转变成女性时才可能实现这个使命。 他相信自己已经拥有了乳房和女性性器官，上帝会发出神圣的光线使他受精，让他生下一个新的人种。 在上帝的掌控下，史瑞伯在此过程中必须忍辱负重（这个阶段在当时被称为"妄想性痴呆"——一个早已被淘汰的术语。 无论如何，史瑞伯的智能并未严重损伤到无法写下他的疾病回忆录，没有我们现在称为痴呆症的一点迹象）。 但是，弗洛伊德对于史瑞伯案例的分析怎么会符合"自大狂" 的概念呢？ 还有，夸大的实现愿望的信念（wish-fulfilling belief） 又是如何导致被害妄想的呢？

你必须谨记弗洛伊德对史瑞伯疾病发展步骤所建构的概念，而且将它们分成两个阶段来思考：第一是疾病的过程本身；第二是明显的妄想症状的形成。 弗洛伊德的结论是：第一个阶段是由史瑞伯对于弗莱克西格的同性恋愿望被迫压抑带来的。 力比多投注从弗莱克西格撤回（或者说，从史瑞伯的对他的精神表征撤回），并且返回自体，导致夸大妄想，即建构一个新人种的自大狂信念。 被害妄想的出现是由于迄今仍被压抑的力比多回到了史瑞伯的爱恋客体——弗莱克西格。 但被压抑的同性恋愿望只能换一种形态重现，所以弗莱克西格是被憎恨而不是被爱的了。 即使这样的转变也无法就此被接受，它还得被往外投射，以至于史瑞伯感受到了来自外界的恨意——即来自弗莱克西格。 潜意识中的根本愿望是扮演女性角色与男性建立关系，更准确地说，如果我们考虑退行过程的话，是扮演一个女孩与父亲建立关系。 因此，即使在这样的论述中，形成疾病的第一步仍是力比多对自体的投注，而非对幻想客体的投注，客体关系是通过一个返还的过程而重建的。 最初的一步和最终的结果都与神经症有极大的差异。 然而很清楚的是，无论前面如何论述，这两类疾病具有惊人的相似性。

当阅读这篇自恋文章时，必须将所有这些牢记在心，即使弗洛伊德明确地强调他并不关心这篇文章中精神分裂症和妄想症之间错综复杂的关系。

阅读弗洛伊德的所有文章时，如果能对他当时脑子里的概念及未来思路的方向有所了解的话，几乎总会很有帮助。 所以，阅读这篇文章时想到史瑞伯案例就会有极大的助益，因为他在那时的许多想法后来发扬光大并对这篇文章产生了影响。 我们也推荐你进一步研读《本能及其变迁》（*Instincts and Their Vicissitudes*），甚至《哀悼与忧郁》（*Mourning and Melancholia*）。在这篇作品中，精神分裂症和妄想症被提出来，为自恋问题注入了一股新思潮。 那么，这篇文章在过去的基础上又特别增加了哪些内容呢？

首先，这是第一次在"自我力比多" 与"客体力比多" 之间做一个区分，用来说明在某些情境下，其中一个如何部分或是完全地取代另一个。弗洛伊德还提出了自我理想和自我观察功能（self-observing function）的概念，但是我想稍稍延后这个议题的讨论。 顺带说一句，当我们在思考这一新的术语时，很重要的是不要将自恋力比多和自我本能混淆：两者显然指的都是自体（self）。 我们已经注意到，每当那些驱力可能对个人安全或心灵平静带来危险或是威胁时，自我的自我保存本能就会在许多方面与力比多驱力本身彼此对立。 但是，在谈到神经症或精神病中的"压抑" 概念时，弗洛伊德也指出精神装置（mental apparatus）内也有一个对立的构造，可以阻碍或对抗驱力的释放。 在这一方面，自我有一种调适、 甚至执行的功能，不能完全或轻易地与"自体" 画上等号。

如果弗洛伊德以客体的去投注（decathexis）和自体的过度投注（hypercathexis）这样的观点来描述自大狂出现的机制，他必须费力地强调自大本身并非一种"创新"，而应该视之为既存情况被强化的状态，它属于儿童发展中的一个正常阶段。"自大狂" 的相似物或前驱物可以在儿童初期被发现，弗洛伊德称之为"思想全能"——儿童关于语言具有神奇力量的信念，这源自于他对自己的愿望和精神活动的力量的高估。 假如"婴儿陛下" 的心态发生在后来几年，绝对会被视为自大。 弗洛伊德站在本能的角度，从最初对于自体的力比多过度投注的角度来检视婴儿时期的心态；的确，任何对外部世界客体的依附都可以随时被撤回（著名的类比是阿米巴原虫的伪足）。

弗洛伊德认为一种相反的情况可在恋爱现象中遇到。 根据这个观点，被力比多过度投注的是客体，而不是儿童期的全能感和妄想症中的自体。被爱的人被抬高，而自体则相对被贬低。 许多人无法接受恋爱会让自尊耗竭的观点。 他们认为弗洛伊德的概念是对关系进行数理性运作，以服务于经济学观点，但对理解日常生活经验没有什么用。 他们指出恋爱中非常普遍存在的欢欣状态，认为这毫无疑问地表示自己和客体的自尊都得到了提升。

这种恋爱观的确是一种"经济学" 观点，但是如果你需要自己来决定这一议题的价值，那么你就应该在心里记住以下几点。 打从一开始，弗洛伊德心中对于自尊就有一套自恋的经济学：这两个术语的意义并不相同。此外，他在这篇论文之后的元心理学（metapsychology）文章中清晰地阐明了他的坚定想法——任何已知的心理历程只有在所有元心理学观点被纳入考量时才可能被透彻了解。 从这个立足点出发，恋爱的动力性和结构性观点必须补充进经济学观点中；许多学者还曾提到必须考虑发展性和适应性观点。 即使在这篇《论自恋》 的文章中有一些结构性与动力性考量，但其讨论和构思毫无疑问属于经济学观点，且在这个意义上远远不够完整，即使根据弗洛伊德写作当时对精神分析的理解。 再说，这篇文章谈的是陷入恋爱（falling in love），那是一种恋爱中（being in love）的状态，并非关于恋爱本身（loving itself）。 假如是后者，将讨论限定在经济学观点的范畴将会困难许多。 此外，总体来看，这个讨论明确了所有来自恋爱状态的欢欣感觉都源自于察觉到爱有回报。 毕竟，得不到反馈的单恋可能会是一种极度痛苦的状态。

况且，弗洛伊德提到两种客体选择型态，而这不过是其中一种。 我们必须更仔细地检视他的推理过程。 他以发展观点来处理这个疑问，并认定孩子的第一个性客体是那些关心他、照顾他的人，从这些人身上孩子能体验到满足感。 他运用当时的术语，指出最早的自体性爱满足跟生死攸关的功能紧紧连结，因而那些满足感也在为自我保存的目标服务。 因此，在生命最初，性本能和自我本能的关系就很密切，即使在后来的发展阶段中它们变得各自独立。 然而，即便已经各自独立，那些养育、照顾和保护孩子的人——一般而言，即母亲或母亲的替代者——还是成为最初的性客体。 这就是客体选择的"依赖"（anaclitic）或依附型态。 不管如何修正，这一类型的客体选择都可能会延续下去，成为成人客体选择的基础。 当然，如果健康的成人性特质（adult sexuality）和对客体的关注不足以修正依附型态的话，也会导致男性寻求母亲而不是寻求一个妻子的关系。 另外还有另一种常见于女性的客体选择型态，即使弗洛伊德强调这绝非普遍现象也并不局限在她们身上，比较适当的称呼是"自恋型客体选择"（narcissistic object choice）。 这两种型态并没有被绝对区分开，即使个体可能偏好其中一种型态。

然而，弗洛伊德得出自恋型客体选择的概念并非只是源于对正常个体的观察，也考量了同性恋和性倒错个案。 他们都展现出高度的自恋：的确，我们不难得出这样的结论，即对同性别的人的爱其实就是对自己的爱，而同性恋之爱也牵涉到儿童期爱恋状态的延续或恢复。 这在同性的恋童癖身上尤其明显，但在其他情境中也不难发现。 请牢记"同性恋"这个术语其实包含非常广泛的情况，尤其是各种不同的认同类别。 比如，如果你阅读理查德·艾尔曼（Richard Ellmann）的《王尔德传记》，你可能很容易形成这样的观点：王尔德的娘娘腔含有他对敬爱母亲的认同，而他钟情于漂亮男孩（似乎通常都是青少年，或是十分男孩子气的年轻男性），则这牵涉到其通过对漂亮母亲的认同而发展出的对自己作为男孩的自恋之爱（narcissistic love）。 这些都是相当复杂的议题，在此我只能点到为止。

关于自恋之爱的任何充分讨论都会牵涉到性倒错的一些细节，为了眼下的目标，或许记住其常规特征就足够了，即对某一特别的部分本能（part-instinct）和身体的性感带（erotogenic zone）的大量过度投注，并以牺牲异性间的生殖器性交为代价。 这一类疾病和疑病症之间的关系则留待稍后评论。

回到正常个体，弗洛伊德认为依附型态的客体爱，带着源自于儿童原初自恋的对所爱客体的明显的性欲高估现象，更多属于男性的特点。 另一方面，在多数女性中，青春期出现的性器官成熟，意味着原初自恋被强化了。这是导致性欲高估现象的那种客体选择，之所以不太可能成为一个女性陷入恋爱的第一步的重要原因。 最初的需求是被爱，其自恋从外界得到强化：

女性对客体的爱是对被爱所做的回应。毫无疑问，我们都倾向于认为，尽管男性通常因为女性本身具有的令人兴奋的特质而获得性兴奋，女性还是会因为她可以使男性兴奋而获得自己的性兴奋。

弗洛伊德认为，女性的自恋（feminine narcissism）对男性特别具吸引力。如果我们想想电影明星或时装模特的魅力，这会是个可以认同的观点。弗洛伊德认为，漂亮并自恋的女性对男性的吸引，部分来自于她们明显的独立和自信，以及对她们处于稳定而明显的幸福状态的嫉妒。她们的自恋属于男性早就不得不放弃的层级。弗洛伊德做了令人惊讶的观察，发现诸如猫这样的自恋性动物，经常会挑起众人的赞叹，"罪犯和幽默大师"也一样。我认为我们可以想象一下喜剧演员自恋式的夸张表演，通常我们以愉悦相回应，与他们的自我陶醉（self-enjoyment）相映衬；另外，罪犯的确也有其迷人之处——至少书里和电视上的是这样。

许多男性会认同弗洛伊德所提到的自恋女性的魅力和吸引力的反面：男性对女性的爱的怀疑，对于女性的谜样本质的不满，而这很大程度上源于这两种客体选择型态本质上的不同。女性的恋爱型态不同于男性。但是，弗洛伊德重申，也有相当数量的女性依据男性客体选择型态在恋爱，并同样发展出一种对客体的性欲高估现象，正如某些男性同样会依据女性客体选择型态去恋爱一样。或许，我们当中也有许多人想补充：不管客体选择是何种型态，只要爱有了回应，被爱与爱就都会包含相互的理想化过程，即便其背后的因素具有不同的根源。最后，我们应该将弗洛伊德的观察铭记于心，在自恋之爱中，一个人会喜欢上的人，是一个可以代表现在的自己、过去的自己、未来想要成为的自己，或曾经是自己某部分的人。而依赖或依附型态的爱，可以被导向某个代表了曾经养育过他的女性或曾经保护过他的男性。

我们现在来到弗洛伊德这篇文章最重要的部分之一——"自我理想"（ego ideal）这一概念的提出，对于我们理解精神结构和功能有很大的帮助。弗洛伊德对这个概念的探讨大致上已经相当清晰，即使少量观点可能还显得有些模糊，至少开头部分是这样。在不致过度简化的原则下，我将会在接下来的简短摘要中尝试对其中的部分做些澄清。

弗洛伊德在概念上的飞跃起源于他的疑问："婴儿期自大狂"（infantile megalomania）的命运是什么？ 为了寻求答案，他重新检视了压抑的概念，结果发现当与个体的文化及道德标准发生冲突时，本能冲动是受到压抑的。所以，尽管压抑一直被认为是由自我来实施的，更准确的说法应该是，它起源于"自我的自尊"（self-respect of the ego）。 一个人可能沉溺于或者至少在意识层面持有的本能冲动和愿望，可能会被另一个人不屑一顾，甚至都不会进入意识层面。 这两者（压抑机制的运作）之间的差异可以被解释为这样一个事实：一个人已经为自己设立了一个用以衡量其"真实自我"（actual ego）的理想——即，当下状态的自体（current state of the self）或后来所说的自体表征（self-representation）。 而另一个人却尚未形成任何类似的理想。 理想的形成将会成为决定压抑的因素。 儿童期的自我爱恋（self-love）伴随着自恋性的完美感觉，此刻被导向了自我理想：儿童期的完美状态此刻就归功于这个理想。

于是弗洛伊德又进一步提问：这个理想和升华之间有什么关系？ 在升华中，客体力比多被导向或偏离至一个非性的目标。 另外，在理想化中，客体本身"在个体心中被夸大和提升"。 况且，既然客体可以是自体也可以是另一个人，那么自我力比多和客体力比多两者都可以导致提升。 自我理想的形成不应该与本能的升华混淆。 弗洛伊德极具说服力地说道：自我理想可以要求升华，"但是无法强求升华"；其执行独立于它的激励。 升华完成了本能的要求，并且不需要压抑的帮助。

弗洛伊德下一步的论述或许最具关键性。 一定会有一个精神部门，以试图确保从自我理想获得的自恋满足（narcissistic gratification）可以持续。 它的任务是观察和衡量自我（自体）的状态，以理想的标准和观点来评估它。 我们可以通过简单的内省（introspection）来辨别和确认这个部门，它就是位于意识层面的"良知"。 而如果我们照着弗洛伊德的思路，再一次转向妄想症以获得更多的启发，我们可以在被监视妄想中辨认出这个部门的运作。 病人的想法广为旁人所知，他的行动也受到了监视。 以声音形式出现的幻听可能会告诉他这些——比如，以第三者的身份描述他的行动。病人抱怨这种感觉，并极力反抗它。 他的抱怨真的有其正当性，因为这种体验是退行性的，在其中他再度感受被具有操控性和监督性的父母样的人从外部观察着，其力量还被老师和其他有影响力的人物扩大了。 病人的反抗因而可以被理解和正当化。 由于自我理想的投注是自恋性的，也可以说属于同性恋了。 在妄想症中，一种由同性恋驱动的良知，以一种退行的形态和一个外在的有敌意的目击者的身份，严厉面质着这个病人。

我在此呈现的是弗洛伊德这篇文章的导读，但并不能代替它。 他处理了许多的议题，其中有一些我完全没有谈到；我也并不试图拿这篇文章的观点与近代及当代学者的观点作比较，比如科胡特和克恩伯格。 我坚信除非你已经对弗洛伊德有所了解，否则不可能理解和评价这些思想家的论述。《论自恋》 这篇文章代表了弗洛伊德思想的一个转折阶段，它是如此重要，必须把它放入历史性的视角，然后才有可能继续前进。 所以，此时似乎很适合针对弗洛伊德提供一些阅读建议。

阅读

从元心理学的立场出发，弗洛伊德学派还需要重新评估一些点，包括本能理论的澄清、自我概念的主要结构性提炼、超我理论的发展和阐述，还包括焦虑理论的大幅重新论述。 自恋这篇文章特别关注的点，对于后来男性和女性性发展及性倒错的深入理解也做出了特别重要的贡献。

《本能及其变迁》 是这篇文章理所当然的后继者。 要理解 1923 年的《自我与本我》 对理论的大幅修订，我们有必要先了解这部作品 [《超越快乐原则》（*Beyond the Pleasure Principle*）一书预示了修订后的理论，但较有争议性和臆测性，且更多强调的是生物学而非心理学，可以暂时搁置不谈]。 读完《本能及其变迁》 这篇文章后，可以继续研读 1915 年的其他元心理学文章。 这些都是不可或缺的，从某方面来说，是弗洛伊德最被忽略的理论著作。 这或许也部分反映出一个事实，即元心理学在许多方面是不流行的；但是对我来说，无论当时还是现在，它与精神分析心理学（psychoanalytic psychology）的意义是相同的。 就我个人而言，无论在临床还是理论思考上都无法舍弃它，但也有些人会毫不在乎地忽略它。 无论如何，为了贯彻《论自恋》一文的思想，你需要花点工夫在论压抑和潜意识的文章上。《元心理学对于梦的理论的补充》（*A Metapsychological Supplement to the Theory of Dreams*）和《哀悼与忧郁》（*Mourning and Melancholia*）是了解精神病理论以及许多其他疾病的必要读物。你也需要继续研读弗洛伊德关于精神病的其他文章，因为单凭他在这篇文章中的评论并不能令人满意。我将会在其他文章里针对这个议题多谈一些。

你也许想暂缓研读谈论精神病的读物，直到你已经熟悉结构理论（structural theory）。这时有两条路径可选。一是在研读《自我与本我》之前先转而研读《精神分析新论》（*The New Introductory Lectures*）。这样的话，你会发现论述焦虑和本能生活（instinctual life）的章节会先把你引到修订过的本能理论，而论述心智解剖学（mental anatomy）的章节会很明确地带出三重模型。这个方法更多的优势是使你熟悉焦虑理论的修订版——它比本能理论和精神结构理论的修订版发展得更晚。另一条路径是直接研读《自我与本我》，结合《精神分析新论》来澄清概念。但是，在选择任一条路径之前，让我们先来反思一下，为何其中的某些改变是必要的。

建构精神的结构模型（structural model of the mind）以区别于结构观点（structural point of view）的必要性有两个，一个是理论上的，另一个是临床的。较古老的地质学模式（topographical model）将负责压抑的精神部门置于前意识系统（preconscious system），这造成了一种严重的异常。除非防御本身是潜意识的，否则它们将如何运作？毕竟，假设一种防御可以进入意识层面，你在不知道防御什么的情况下，又如何能察觉到它的存在？临床上的考量也是一样的。弗洛伊德对于"负性治疗反应"（negative therapeutic reaction）印象深刻。他反复观察到这样的现象：在治疗中努力配合分析师并获得了重要领悟的病人，结果不但没有好转，事实上反而更重了。他只能根据潜意识的罪恶感（unconscious guilt）来解释这一现象——就是这个想法引导他将稍早的关于良知和自我理想的讨论延伸至超我概念，而超我本身具有重要的潜意识根源。所以，超我变得不仅仅只是一个内在监视人（internal watchdog），也绝不仅仅等同于"良知"——良知不应该被视为"有意识的"，除非它可以被意识察觉。

如果你已经选择从《精神分析新论》 开始研究结构模型，你将会发现论述女性性特质（female sexuality）的章节可以帮助你澄清某些弗洛伊德早期思考这个议题时提出的疑问；最保守地说，性别发展的差异是《论自恋》这篇文章碰触到却未能进一步深入的重要议题之一。

最后，当阅读弗洛伊德后来关于性倒错理论的文献时，请特别注意到《一个被打的小孩》（*A Child Is Being Beaten*）以及《受虐的经济学问题》（The *Economic Problem of Masochism*）这两篇著作。 其中里面许多内容可以见证，儿童时期经验跟似乎抵触和违反了"快乐原则" 的性倒错活动是有联系的。

自恋与自尊

不混淆自恋与自尊是非常重要的。 即使自恋是自尊的一个本能成分，也并不等同于自尊。 值得牢记在心的是，弗洛伊德指出了自尊的其他两个成分。 我们已经接触到其中的第二个成分：被经验强化的儿童期全能感（childhood omnipotence）的残留。 它代表早期自体理想状态的实现，为的是日后达成自体理想。 第三个成分是通过客体得到的满足感，包括本能满足感。 但是，我们不该忘记弗洛伊德的评论："自我理想"对于通过客体获得的本能满足的程度和性质施加了限制，尤其是那些婴儿态的满足已经无法被接受的情况。 这三个自尊成分间的交互关系绝非简单的问题。

值得思考的是，在有结构模型的前提下，你是否可以将这些关于自尊的早期论述用结构术语进行转译。 为了接纳新的概念，有必要从修订这些术语开始。 你不得不考虑现在已经大幅修订过的驱力理论（drive theory），攻击被赋予的地位已经可以和性相提并论；你还将不得不探究结构性防御组织（structural defense organization）的概念多大程度上取代了旧有的自我本能概念（你的结论很可能是，内在和外在适应的概念此时很有帮助；毫无疑问，结构理论将适应的观点清晰地凸显出来）。

但是为了继续下去，当想到"自我"（ego）这个术语，而你指的其实是自体时（或更准确地说，是它的心理表征），你应该使用"自体"（self）这个术语，而当你指的是作为一种适应和执行结构的自我时，你应该使用"自我"这个术语。"超我"（superego）这个术语更加难一些。它不仅被看作设定目标和标准、扮演一个引发内疚感的内在警察的部门，同时还被看作是一种爱和肯定的内在源泉。这样的训练收获良多，或许还有助于明确为何超我的概念还需要更深入的研究、为何它后来引发了广泛的文献探讨，以及为何还有一些相关的概念仍待进一步的澄清。

精神分裂症与妄想症

弗洛伊德对于自恋在妄想症和精神分裂症的发展中所扮演角色的评论，以及我关于这篇特定文章所进行的讨论，也许意味着他看到了这些疾病和神经症之间的紧密联系。但是，如果你将这些观点放在他论述这个议题的其他作品的脉络中，你也许会发现，他在这一议题上绝不是一心一意的（single-minded），而这是近来许多学者所认同的。他坚信对客体的本能投注可能不只是一种防御功能，还可能是，至少部分是由于自我功能缺损所造成的［当代学者纳撒尼尔·伦敦（Nathaniel London）称之为"心理缺损状态"（psychological deficiency state）］。在《发展与精神病理学：精神分析精神医学研究》（*Development and Psychopathology：Studies in Psycho-analytic Psychiatry*）一书中，汤姆·弗里曼（Tom Freeman）、斯坦利·怀斯伯格（Stanley Wiseberg）和我已经详细讨论过这个疑问以及它衍生出的某些重要议题；不过，我需要简单列举一两个重点来澄清我稍早的论点。

弗洛伊德始终非常感谢英国神经科医师休林斯·杰克逊（Hughlings Jackson）以及他关于神经系统演化与溶解（dissolution）理论。弗洛伊德将这些论述用在他自己关于精神疾病的想法中。丧失或是损害新近获得的自我功能会引发两类症状：源自于丧失本身的阴性症状（negative symptoms）和阳性症状（positive symptoms），后者迄今为止因为完整的自我尚未充分表达出来，要等到更成熟的心理功能涌现时才会暴露出来。从这些角度看，客体投注的丧失代表了阴性症状，而用阳性症状能更好地理解恢复阶段。

有关精神病历程的这两种观点造就了两种对立的思想学派，至今都非常活跃。 大致说来，阳性症状 [比如妄想、 幻觉、 消极 （negativism）] 可以被视为婴儿期幻想和防御的重现和退行性表达——这是梅兰妮·克莱茵（Melanie Klein）、 哈罗德·布卢姆 （Harold Blum）、 包尔 （Ping-nie Pao）及其他学者的观点——或者作为自我溶解的结果，允许较早期的心理内容，如俄狄浦斯愿望，得以重现并用以重建。 这个观点可以经由弗洛伊德追溯至杰克逊，代表学者有毛里茨·卡坦 （Maurits Katan）、 罗伯特·贝克（Robert Bak），以及约翰·弗罗施 （John Frosch）。

假如你依循着第二条思考路线，也不必舍弃神经症与精神病的连结。卡坦穷其一生特别探究了弗洛伊德关于精神病的思考，但是却发现去投注和恢复的概念难以被认定为是导致精神分裂和妄想痴呆症状形成的过程。 他表明，如果我们可以清楚地区分前精神病阶段 （prepsychotic phase） 和精神病本身的话，这些困难可以得到本质上的解决。 前精神病阶段的症状被观察到或被重构的时候，可以基于退行和压抑的回归而获得解释——即神经症模式。 在精神病阶段，防御和驱力表征 （drive representations） 之间的神经症性妥协形成 （neurotic compromise formation） 不再存在，因为自我受到了精神病历程的扰乱而无法以相应的方式行使功能。 一旦自我功能出现缺陷或丧失而导致与现实脱节，它会在很大程度上受到原始历程（primary process） 的影响，而此刻原始历程在形成妄想和幻觉的形式和内容方面发挥着主导作用。 前精神病阶段与精神病阶段的根本冲突并无差异，但是后一种情况下部分自我的溶解却改变了他们被对待的方式，也因此改变了其临床表现。 的确，事实上类似的冲突既可以在神经症又可以在精神病个案中发现，已经使得连续体理论 （continuum theory） 对很多分析师产生了吸引力。

在进入一两个结论性话题之前，我愿意花一点时间回到弗洛伊德关于"自大狂" 的观点，即客体投注的撤回和重新投注于自体方面。 对此，较早期的评论家如保罗·费德恩 （Paul Federn） 和保罗·席尔德 （Paul

Schilder）认为，在精神病中，如果去投注之后始终跟随着对于自体的过度投注，那么夸大妄想应该在每次急性发作时都会出现。然而，事实并非如此。多数具有被害妄想的精神分裂症患者的夸大妄想是跟随而非先于被迫害特征出现的，或者是伴随着被迫害特征。费德恩甚至坚持认为，力比多对于自体投注的减少而非增加，不仅是被害妄想性精神分裂症发生的序曲，而且也是它的先决条件。

或许这些评论中，二十年前伊迪丝·雅各布森（Edith Jacobson）的观点可以被视为其中的精华，最近又被伦敦和弗罗施等学者再次强调。在综合论述一个应该适合被称为"精神分裂症"的理论时，疾病分类学是其中最重要的。不仅在不同类型之间，而且在特定类型之内，都有范围宽广且多样化的症状，而精神分析师和一般精神科医师同样都得对此予以适度考量。任何将自己局限于一种特殊临床表现的理论，注定会给试图了解这些障碍的人带来困扰，这些障碍呈现出不同的临床特征，由不同的起因造成，会产生不同的结果。有些精神分裂症患者痊愈后不再复发，有些则最终维持在中等程度或非常严重的状态。妄想性客体关系（delusional object relations）在症状缓解的和未缓解的精神分裂症中是不同的，而其每一个的动力性、经济性、结构性都应给予足够的考量和权重。我在此提及的许多学者都曾经做出过宝贵的贡献，让我们更能了解这些疾病。即使弗洛伊德呈现在《论自恋》这篇文章中的论述有某些局限性，但他的思想依然为这个领域的后继者们奠定了坚实的基础。

最后，在阅读《哀悼与忧郁》一文时，心中谨记你自己处理躁郁精神病（manic depressive psychosis）时的经验会有所帮助。探讨躁狂（mania）、轻躁狂（hypomania）和自恋之间的关系也非常有意思。当然，我们可以发现许多夸大妄想的表现（如果你足够幸运地看到了药物影响其临床表现之前的病人），虽然也有可能经常察觉到潜藏痛苦的痕迹。但是，某些特定妄想中的本能成分是否赋予自体以一种性特质（sexual quality），也是值得我们探索的，这种性特质或多或少是未经修饰且不受制于目标抑制（aim inhibition）的。从躁郁症中我们可以发现许多可谈和可学习的东西。

器质性疾病与疑病症

关于器质性疾病增强了自恋，我不会谈太多，因为弗洛伊德的论点已不言自明，而我们的亲身经验也已证实这种情况。然而，我确实想谈一谈疑病症，弗洛伊德认为这也可用经济学观点来解释。

或许大多数人偏好使用疑病症，而非臆病症，因为疑病症的症状可以作为一个在更广泛条件下的临床特征。它是精神病中屡屡出现的临床表征，包括在精神分裂症中；的确，对于精神分裂症，首先引起大家注意的可能是病人抱怨其身体扭曲、失常或受伤而事实上只是其妄想的时候。这种情形在《元心理学对于梦的理论的补充》中可以找到例子，有精神科或心理治疗经验的人也一定遇到过许多这类案例。众所周知，抑郁性疑病症（depressive hypochondriasis）合并妄想性躯体障碍（delusional body disorder）——比如，坚信自己的身体正逐渐腐败或分裂成碎片——这在严重精神病性及退化型（involutional）躁郁症的郁期（manic depressive depression）并不罕见。也有一些案例中，可能达到妄想强度的严重疑病症会被加诸一个既存但本身并不严重的器质性障碍之上。当然，疑病症呈现出的形式可能是千变万化的，我想到我的一个实际上罹患严重血液疾病的病人，他完全忽略这一事实而不断让自己置身险境，同时却又坚信自己罹患了一种无法治疗的癌症。

不过，有一种型态的疑病症通常只有单一症状，而且也不以任何其他疾病的一部分出现。患者对于身体患部的自恋性依附（narcissistic attachment）非常强烈，想要让他关心任何其他方面几乎都是不可能的。客体投注非常微不足道，以至于获得这类患者足够长时间的注意力以便了解其疾病史经常是不可能的。这类病人通常会抗拒任何心理干预，因此，不管是否是分析式的，治疗都不可能进行。附带一提，席尔德曾经提出一个有意思的想法，他认为某些形式的人格解体（depersonalization），经常和前述疾病一样的难以治疗，就其病理学层面而言，可能包括了身体某一部分，有时甚至是全部的去投注（decathexis）。

我们无法假装对这类个案已经获得了透彻的理解。一般而言，他们都未曾接受过、也经不起这类让他们更容易被理解的分析检验，至少在心理方面。在单一症状的情形下，这种现象特别明显。然而，特别重要的是将这些状态和呈现躯体疾患的其他心理障碍区分开。从自恋的观点看，我相信你可以在单一症状的疑病症和躯体转化性歇斯底里（somatic conversion hysteria）之间划出一条非常重要的界限。就后者而言，症状本身包含了一个婴儿期客体关系的重要残留，而在疑病症中，并无客体关系呈现于症状中，其中的本能投注完全是自恋性的。这样的观察与弗洛伊德在《论自恋》中的综合论述是一致的，并且和他对于相关器官的本能化（instinctualization）的论述也相互呼应。

弗洛伊德关于婴儿期自恋和婴儿期全能感的论述，凸显出精神分析思想中发展原则的重要性。因此，某些从儿童分析的临床和理论发现出发的著作或许需要研读；而且我认为阅读安娜·弗洛伊德（Anna Freud）的《儿童时期的常态与病态》（*Normality and Pathology in Childhood*）是最好的选择。在做任何儿童研究时，记住安娜·弗洛伊德为儿童的疑病症状（symptoms）和疑病态度（attitudes）所做的区分帮助会很大。我们都有机会接触到未曾得到母亲或母亲替代者充分身体照顾（bodily care）的孩子，他们的应对方式是过早独立照顾自己的身体，有时会造成对自己身体一定程度的关注，这在被充分照顾的孩子身上则不会出现。但是，疑病态度却可能源于许多不同的因素。

展望

再度展望未来，超越弗洛伊德对我们在自恋、自体、自尊上的认识所做的贡献，我建议，即使那些感觉具备了弗洛伊德理论的人，也不要贸然进一步研读被称为"自体心理学"（self psychology）或当代学者所论述的"自恋障碍"（narcissistic disturbance）的文献。的确，这方面的著作量惊人，而总有一天必须要涉猎。然而，我倾向于先看其他的重要著作，如果是比较早期的著作，会澄清很多重要的议题。比如，哈特曼关于"自我"和"自体"概念之间的澄清。他从自我系统中力比多投注于结构化的自体表征的角度来论述"自恋"（我过去曾经谈到这一点）。他的论述特别吸引伊迪丝·雅各布森，引导她在 1964 年提出被她称为"自体与客体世界"（the self and the object world）的广泛讨论。她紧扣哈特曼在代表人的自体（the self as the person）和自体表征（self representation）之间所做的区分。哈特曼早已建议将这个术语用于结构化自我中的身体性与精神性自体（bodily and mental self）的潜意识、前意识以及意识层面的精神表征（endopsychic representation）。

其他的重要读物包括：艾瑞克森（Erikson）论骄傲（pride）与羞耻（shame），谢弗（Schafer）在他关于内化的书中对"自体"的论述，皮尔斯（Piers）和辛格（Singer）论述羞耻（shame）与内疚（guilt），以及桑德勒（Sandler）和他在安娜·弗洛伊德中心的同事对超我与表征世界（representational world）的论述。毋庸置疑的是，诸如"理想自体"（ideal self）和"理想父母"（ideal parent）这类概念在临床和理论上都非常有用。我并没提供任何参考文献：检索这些著作并不困难，而且检索本身也是一种学习经验。自此，我希望，你已经能够自己继续深入探索而不再需要太多引导，或许还能对后来的文献做出自己的评价。

《论自恋：一篇导论》：本文与脉络

奥拉西奥·埃切戈延（R. Horacio Etchegoyen）❶

《论自恋：一篇导论》 一直被认为是精神分析理论主体的基本著作之一，因为弗洛伊德在文中论述了许多重要且复杂的议题，其中有许多议题至今依然站得住脚，而有些已不再那么切题。 然而，我大胆认定，原始自恋为精神生命（psychic life）起点的说法至今依然是精神分析根本争议的源头。 为了理解弗洛伊德的这篇论文，必须用心地阅读，有人甚至认为应该逐字阅读。 同时，它必须被置放于历史脉络中，不但要适度考量其理论决定因素，还得考虑它当初被设计所欲满足的情境需求。 为了这个目的，我们有必要了解那个时代的重要人物，当时精神分析正逐渐成形，而这个创新的架构也因这两位重要领导者的背离而处于解体当中，他们就是阿德勒和荣格。 这个过程必须尽可能客观公平地进行，当然我们不能忘记我们也是历史的一部分，而我们的判断来自于我们无可避免的立场——这个立场不仅仅具有理论性，也具有情感性和政治性。

年表

尽管我打算一步一步地跟随着弗洛伊德的论文，如同聆听弗洛伊德本人的教诲，但我并不想培养读者对我公正的过度幻想；正是因为对自己的不放

---

❶ 奥拉西奥·埃切戈延，布宜诺斯艾利斯精神分析协会的培训和督导分析师，之前曾担任精神科和医学心理学协会（U. N. C）主席，布宜诺斯艾利斯精神分析协会主席，以及国际精神分析协会副主席。

心，我才会希望自己可以促成某种平衡。此外，坦白说，我承认困难不仅来自于评论者，也来自于本文本身，因为它并不总很清晰并定义明确。的确，它怎么可能清楚明确呢？琼斯认为《论自恋》是一部过渡性著作，一篇令人不安的文章，因为"它对于精神分析赖以发展的本能理论产生了令人不快的冲击"（Jones，1955：339）。我们或许还得补充，弗洛伊德不仅改变了本能理论，还预告了一个崭新的精神装置（psychic apparatus）概念即将诞生。事实上，当他在建立其元心理学的原则并于 1915 年在论文中形成论述的时候，弗洛伊德已经预感到了几年之后接踵而来的重大变化，而最终集其大成于《自我与本我》（*The Ego and the Id*，1923）的结构理论。弗洛伊德当时深陷于这些严重的理论冲突（这些冲突远远超出了解释其困境的程度）和精神病的重要主题中，同时也深陷于个人争论的风暴中，导致所有牵涉其中的人都加入激烈的争辩中。当然，正因为如此，他才有感而发地说，这篇文章是历经千辛万苦才诞生的（给亚伯拉罕的信，1914 年 3 月 16 日；Freud & Abraham，1965）。

虽然弗洛伊德的确是在此时将自恋概念正式引入其理论，但这个术语却早已问世，只是不常被使用。根据琼斯的说法，弗洛伊德在他论述达·芬奇（Leonardo da Vinci）的著作（Freud，1910a）中第一次使用这个术语。1 年之后，他再度用它来解释史瑞伯的自大狂（Freud，1911），但是他早已于 1909 年 11 月 10 日在维也纳精神分析学会（Vienna Psychoanalytical Society）表示，自恋是从自体性爱过渡到异体性爱（alloerotism）过程的一个必要的中间阶段（Jones，1955，2：304）。1910 年出版的《性学三论》（Freud，1905）第 2 版，与同一年出版的《达·芬奇和他的童年记忆》（*Leonardo da Vinci and a Memory of His Childhood*）都与自恋有关，或更明确地说，都与自恋型客体选择有关，而这导致了认同母亲的未来同性恋，会追寻一个同性别的人代表他自己的伴侣。

《图腾与禁忌》（*Totem and Taboo*，1912—1913）的第三篇论文中，弗洛伊德讨论了自恋与全能感（omnipotence）的关系（第三段）：在万物有灵论的时期，人们将思想全能归因于他们自己，后来又不得不委托给父母亲。在这一点上，弗洛伊德回顾了他在《性学三论》（特别是 1915 年的第三版）

中关于心理性特质发展的评论。 儿童期性特质（childhood sexuality）并未单一化，也并未被导向单一客体；它起初处于混乱状态，它的不同成分分别在自己的身体上寻找其快乐和满足。 弗洛伊德称这个阶段为"自体性爱"，它早于客体出现的"异体性爱" 阶段。 介于这两者之间还有一个阶段，此时统一的性本能将个体的自我当作他们的客体，而自我也大约在同时形成。 在这称为"自恋" 的中间阶段，个体表现得犹如与自己恋爱，他的利己本能（egoistic instinct）尚无法与其力比多愿望分离。 值得强调的是，对弗洛伊德来说，这种情况不仅是一个发展阶段，同时也是人类的一个稳定结构，即使在找到客体之后，人类依然保有其自恋特质。 如同在其他著作中提到的，弗洛伊德认为，此处对于客体的投注只是留存于自我的力比多向外的放射❶。 正是这个自恋，让他将思想全能归因于自恋。

以上所描述的观点汇集于 1914 年的论文中并得到了有力的发展。 现在让我们依序回顾《论自恋》 的三个段落。

I

弗洛伊德这个"自恋" 术语借用自保罗·奈克尔（Paul Näcke），他曾在 1899 年用它来描述将自己身体当成性客体的性倒错现象，也借用自哈夫洛克·埃利斯（Havelock Ellis），他在此前一年（即 1898 年）用它来描述一种可与神话故事中的人物（"Narcissus-like"）相比拟的心理状态。 依据弗洛伊德在《性学三论》 第一篇中对性倒错的分类，我们可以说，奈克尔（Näcke）的自恋就是在性客体方面的一种性倒错。

临床经验显示，其他类型的患者也会呈现出自恋的特点，例如同性恋，正如萨德格尔（Sadger）指出的那样。 最后，奥托·兰克（Otto Rank）于 1911 年断言，自恋的力比多配置说不定在正常的人类性发展中占有重要地位。 这样一来，自恋不再只是一种性倒错，同时也成为"出于自我保存本

---

❶ 某种程度上保留自恋的人，即便他已经为自己的力比多找到了外部客体。他所发生的对外部客体的投注，就好像是他的力比多散发出来的结果，而这个力比多是仍然保留在其自我当中或者是可以被再次撤回自我当中的力比多（*Totem and Taboo*，89）。

能的利己性的力比多补充物"（Freud，1914：73-74）。 在这一点上，我们值得花点时间钻研一下兰克被遗忘的一篇文章，它强调了自恋的重要性并视它为一种正常现象，是一种不可避免地出现于青少年时期的从自体性爱到客体爱的过渡现象。 兰克的女性案例，照他的说法，她对自己身体的爱恋，不仅是普通的女性虚荣心，同时也与同性恋倾向有着密切关系。 他主张青春期女性的自我爱恋（self-love）也与儿童时期和母亲的爱恋状态有关，后来变形为一种对母亲的认同并在女同性恋伴侣中寻求从属的自己（就像在男性中已经叙述过的那样）。 这样一来，返老还童的幻想就被具体化了——这种幻想在兰克后来关于作为一个不朽（immortality）的自恋理想的分身（double）的想法中扮演了重要的角色。

当弗洛伊德尝试依照力比多理论来了解精神分裂症时，正常自恋的假设被证实是一个重要的相关点❶。 这些患者与神经症的主要差异在于前者的力比多的确是撤离自客体，因此这个过程比荣格在其 1910 年发表的杰出论文《一位儿童之心理冲突》（*Psychic Conflicts in a Child*）❷所描述的内投现象更进一步。 这是文章的重点，我们将会回到这个议题；然而，现在我想强调的是，自恋被引入力比多理论是由于考虑到解释精神分裂症。

弗洛伊德认为精神分裂症有两个特征：对外在世界缺乏兴趣和自大狂❸。 他发现自恋力比多的假设完全解决了这个议题；力比多自外在世界撤离说明了缺乏兴趣，它对于自我的投注解释了自大狂。 省略冗长的精神

---

❶ 众所周知，弗洛伊德 1911 年提出的"妄想痴呆"（paraphrenia）这一术语替代了克雷佩林（Kraepelin）的"早发性痴呆"（dementia praecox），布洛伊尔曾经把这种症状称为精神分裂（schizophrenia）。"妄想痴呆"这一词语被苏黎世大学临床医学院精神科的杰出负责人使用，不仅仅在于它被普遍接受了，还因为我认为它是更加合适、更加贴切的。它也许反映出，弗洛伊德在 1914 年时将他自己的妄想痴呆这一术语的意思转向了接受布洛伊尔的精神分裂症和克雷佩林的妄想狂（paranoia）这两个术语的含义。同样，克雷佩林在 1912 年之后从妄想痴呆当中区分出了妄想狂。最终，为了更加精确地表达，需要指出的是，布洛伊尔的著作在 1908 年就已经完成了，就如作者在序言当中所指出的，直到 1911 年才被正式出版。

❷ 荣格在此描述了 4 岁的安娜在小弟弟出生以后的行为，他说小姑娘的幻想表达了这样一种事实："一部分以前应该属于真实客体的爱现在发生了内倾——即这部分爱向内转向了主体，会产生日益强烈的幻想活动"。

❸ 这个词在史崔齐的翻译当中被使用，当然指的是正常的个体，而不是精神病患者。

医学讨论，我必须指出如此描述其特征最起码是应该被质疑的。自大狂并非疾病的发病症状，依照伯恩鲍姆（Birnbaum）的古老但一以贯之的症状分类，自大狂应该是"病理形成"机制。我的看法是，精神分裂症的发病症状最好用布莱勒（Bleuler）的典型三元素来解释：解离（dissociation）、矛盾（ambivalence）和自闭（autism）。

让我们回到弗洛伊德的论述。力比多由客体转移至自我，自我因而扩大，这样符合经济学的变化，并非一种全新现象，因此它并不是致病因素。在《图腾与禁忌》（*Totem and Taboo*）的第三篇论文中，弗洛伊德认为原始人类和那个在我们的个体发展（ontogenic development）中包含着的男孩，展现出相同的自我扩张及对愿望和心灵力量的高估——也就是说，归根到底，相信魔法般的神奇力量是统治外在世界的不二法门。基于发展的假说，弗洛伊德想说明的是，精神分裂症的自恋是继发性的，通过疾病，力比多循着一条已经存在的道路回流至自我，而这必然源自于原始自恋。

经过这样的争论，弗洛伊德已经为力比多理论带来重大变革：在自体性爱与异体性爱之间，他插入了一个阶段，力比多在此阶段倾注到自我身上，而自我也因此形成。

就在此时，弗洛伊德第一次在他的著作中区分了这两类力比多——客体力比多与自我力比多，两者相互对照也彼此互补，一类力比多的增长必然带来另一类力比多的削弱。从此以后，弗洛伊德开始运作这两个概念，但也一直（几乎是一直）主张自我力比多是原始现象，随后才出现客体投注。弗洛伊德反复使用的模型是阿米巴原虫及其伪足。

客体力比多的表现在爱恋中达到顶点，此时自我显然开始瓦解，而客体则相对增强；另外，在精神分裂症的"世界末日"幻想中，自恋力比多完全居于主导地位，这种幻想弗洛伊德早在1911年解释史瑞伯精神疾病的一些方面时曾经研究过。

有了原始自恋的假设，与自体性爱和自我本能理论在未来所处地位有关的两个问题立即冒了出来。自从《性学三论》第一版开始，自体性爱已然是个基本前提，而亚伯拉罕也早在 1908 年为了厘清歇斯底里和早发性痴呆之间——即神经症和精神病之间——的心理性特质差异，就曾使用自体性爱做出了铿锵有力的解释。弗洛伊德将这两套理论依发展顺序排列，并且明确地说明本能从一开始就存在于个体，相对地，自我则是被发展出来的。就在自我的力比多投注以一种新的精神活动出现的时候，自体性爱被自恋取代了（Freud，1914：77）。这充分回答了关于自体性爱地位的第一个问题，至少暂时可以。关于自我本能的疑问较为复杂，而其答复包括了与荣格间的根本争论，我们将会回到这一点。为了更了解我们目前的议题，让我们暂时回到《心因性视觉障碍的精神分析观点》（The *Psycho-Analytic View of Psychogenic Disturbance of Vision*）（Freud，1910b）这篇论文，在此弗洛伊德第一次清楚区分了两种可能相冲突的本能，即性本能与自我本能。性本能追求快感，而自我本能则以个体自我保存为目标，因此"所有在我们心智中运作的有机体的本能，可以被分类成'饥饿'或是'爱'"（Freud，1910b：214-15）。注意，在此使用饥饿这个措辞有相当广的意义，包含所有自我保存本能，而弗洛伊德毫不含糊地将压抑的功能归因于这些"自我本能"。每一个器官（在此指的是眼睛）都受制于双重要求（来自于自我和性），使得它很容易因为心理因素的变动而受到波及。根据以上的理论建构，弗洛伊德重新定义了精神冲突和心理过程的动力，将总是互相冲突的性和自我本能、爱和饥饿这两种本能力量对比起来。

然而，一旦大家都认定自我一开始就接受力比多投注，我们是否因此就可以扬弃性本能和自我本能之间的区别了？实际上这正是荣格早已建议的，即扩大力比多的概念，将它摆在与自我兴趣平等的位置上。当然，弗洛伊德拒绝了这个提议，认为力比多的分化源自于神经症和精神病病程紧密相连的特点，而且"是在区分性本能和自我本能的原始假设下不可避免的结果"（Freud，1914：77）。他又提到这样的区分源自对移情神经症（歇斯底里和强迫性神经症）的研究，而它们的症状动力学机制可以用性和自我之间的精神冲突来解释。弗洛伊德显然将其理论建立在神经症研究的基础上，而且不愿意将辛苦建立起来的基础让给荣格，因为荣格不但坚持力比多理论不适用于精神病，还主张这个理论也该一并被废弃。

弗洛伊德提出进一步的理由以维护自我本能和性本能之间的区分。首先，他认为这符合把基础本能分类为饥饿和爱时所做的通俗区分。 其次，它考虑到了人类存在的双重意义，即既作为一个个体，又作为一个遗传物质的携带者。 这个论述基于当时非常流行而后来逐渐衰微的韦斯曼（Weismann）理论，但就当今的基因理论而言，它仍然有效。 在论述的结尾，弗洛伊德发现自己被迫承认，无论如何，在拥护本能双重性（instinctual duality）方面，力比多理论基于生物学论点的比例远大于其他："区分自我本能和性本能的假设（即力比多理论）几乎没有建立在心理学基础上，其主要支持力量反而来自生物学"（Freud，1914:79）。 经过仔细考量，我们了解到区分性本能和自我本能的需求原本并非存在于力比多理论，而是在于冲突理论——即动力学观点。 即使弗洛伊德在这一章节中并未说力比多理论没有"自我本能" 仍然可以成立。 事实上，在1910年之前（当然1923年之后也是），弗洛伊德谈到与本能相对的自我，而在1920年，他声称自恋力比多可等同于自我保存本能（Freud，1920；Chap. 6）。

II

第一段介绍自恋概念之后，弗洛伊德在下一段尽全力论述了引发自恋的路径。 他一开始就认为主要的敲门砖就是精神分裂症的研究，就像神经症为观察客体力比多打开了一扇门，精神病则为深刻洞悉自我心理学——即自恋力比多——提供了机会。 然而，探讨这种复杂现象的方法还有许多，比如器质性疾病、疑病症和性爱生活。

接受费伦奇（Ferenczi）的建议，弗洛伊德认为器质性疾病会影响力比多的分布。 费伦奇后来发表了许多关于这一议题的文章，其中的第一篇是《疾病——或病理神经症》（*Disease——or Patho-Neurosis*）（Ferenczi，1917），其中病理神经症是源自于器质性疾病的心理疾病。 在病理神经症中，力比多是从外在世界的客体撤回的，而且集中于某一器官上；然而，此种力比多经济学障碍是继发性的，不像心理神经症是原发性的。费伦奇认为这种障碍不但影响力比多的自恋位置，集中力比多于某一器官还可能会激发一种特别的本能成分，这样客体关系就得以维系了。相比于弗洛伊德，显然费伦奇在此不太重视以下的想法，即力比多如果投注于身体，一定就是自恋性的。

对于弗洛伊德和费伦奇而言，器质性痛苦造成个体自客体世界退缩，并全神贯注于自己；从前面分析的理论来看，这意味着力比多已经回流至自我，实际上自我就等同于身体。自我力比多和自我本能（兴趣）于是承担了一种共同的命运，并再一次变得难以区分：利己主义包括了两者（Freud，1914：82）。类似的情况也发生在梦中，在梦里力比多也退缩到个体的自体上。弗洛伊德于1917年曾回到这一议题，当时他写道："睡眠中的人，其精神状态特征是几乎完全自周遭世界退缩回来，并停止对外在世界的所有兴趣"（Freud，1917：222）。在睡眠状态中，一种深刻的变化发生了，此时，自我返回凭借幻想来实现愿望的阶段，而力比多则回归到原始自恋的状态。

弗洛伊德接着谈到，疑病症患者同样也将其力比多自外在世界撤回，导向他最关注的器官上，在此，差异在于疑病症没有器质性疾病的任何征候。尽管如此，如果我们视疑病症患者的"生病"器官为一个性感带，它或许可以跟处于兴奋状态的性器官相比。在疑病症中，从外在世界客体撤回的、转换成为自恋性的力比多，已经投注于性感带，这样一来，根据力比多的分布，就像器质性疾病那样，疑病症得到了一种解释。我们知道，弗洛伊德将疑病症归入真实神经症的范畴。然而，相对于焦虑神经症（anxiety neurosis）和神经衰弱（neurasthenia）以客体力比多运作，疑病症使用的是自恋力比多；如同焦虑神经症是歇斯底里一类的真实神经症，神经衰弱则属于强迫性神经症一类，疑病症的形成符合精神分裂症的真实神经症模式。从自我力比多的观点来看，弗洛伊德认为疑病性焦虑和神经症性焦虑恰好形成对比（Freud，1914：84）。弗洛伊德在史瑞伯案例中也得到相同结论，他认为不包括疑病症状的妄想症理论是不值得相信的（Freud，1911：56，n.3）。我深信，弗洛伊德此时的想法深受史瑞伯病症的影响，史瑞伯起初深受严重疑病症之苦，症状缓解后几年，却以出现妄想症或偏执型妄想痴呆告终❶。 弗洛伊德心中必然也记得狼人（the Wolf Man）的分析，其症状是疑病性症状和自大狂（Freud，1918）。

在所有案例中，弗洛伊德并未阐明将疑病症归类于真实神经症的理由。这群疾病的特征是，力比多的转变发生在生物层面，而非心理层面，并且其症状没有心理意义，而且认为这些疾病应该有个毒性根源（toxic origin）［如同弗洛伊德 1895 年，以及维也纳精神分析学会举办的自慰研讨会（Freud，1912a：248）所言］。 我也不明白为何弗洛伊德认为疑病症与"妄想痴呆"——用他偏好的术语——的关系如此紧密。 疑病症出现在精神分裂症和出现在躁郁症中的频度不相上下 ［不深入的话，我们或许会联想到科塔尔综合征（Cotard's syndrome）］；的确，根据罗森菲尔德的著作（Rosenfeld，1958 & 1964），我们很有理由相信疑病症其实是有其心理内容的❷。 基于这些原因，弗洛伊德进一步主张，精神分裂症的起点是自我力比多的堆积。

为了尽最大可能理解弗洛伊德对这一复杂议题的推理，回顾一下《神经症起源的型态》（*Types of Onset of Neurosis*）（Freud，1912b）是很合适的。 移情神经症的疾病和症状形成机制可以用挫折（Versagung）来解释，是挫折启动了力比多的内投。 个体从现实客体撤回其力比多，并在幻想生活中获得满足；但是，如果用这种方式力比多并未获得满足，其堆积就会出现。 力比多于是顺着退行的道路行进，婴儿期的目标被再次激活，冲突被触发。 这个冲突通过症状的形成而获得解决（Freud，1912b：231-33）。

在这些论述中，精神装置被视为控制兴奋的装置，否则就会导致不愉快或病态。 能成功地处理精神上的兴奋状态是一个很重要的功能，因为它疏通了那些无法直接往外释放的兴奋（或释放得不恰当的情况）。

---

❶ "偏执型妄想痴呆"(dementia paranoid) 的意思是偏执型早发痴呆（paranoid dementia prae-cox）或偏执型精神分裂（paranoid schizophrenia）。

❷ 我们或许会回想起，当斯特克尔（Stekel）出版了他关于焦虑神经症的著作，而这一著作拒绝了真实神经症这一概念，所引发的弗洛伊德和斯特克尔之间的争论。

内在的释放过程是通过真实的客体还是想象的客体，起初并不太重要；只有当转移到假想客体的力比多释放不足并且发生堆积时，其重要性才显现出来。

弗洛伊德利用这个模式来解释精神分裂症——力比多返回自我而变成自恋：自大狂现身来处理这种自恋力比多，而"或许，只有当自大狂失效，自我之中堆积的力比多才会致病并启动了复原过程，我们才能感受到疾病的存在"（Freud，1914：86）。

根据弗洛伊德的解释，自大狂是一种常态，用来协助疏导自我中因力比多过度负荷而造成的兴奋，此刻力比多已经溢出，而如果自大狂失效，力比多就被转变成了疑病症，这是现象学上症状构成疾病的起源。如果我没搞错，自大狂在这个语境中可以被解释为增加自我的自尊的举动（或许之前因挫折而减弱了）；科胡特（Kohut，1971）采纳的就是这个观点。

总而言之，为了使用力比多堆积和真实神经症的理论来解释精神分裂症，弗洛伊德提出了自我力比多的阻塞（blockage），再加上之前的假说，即这样的阻塞会因增加的压力而带来不快。他需要第二种假说，因为根据弗洛伊德的辩证法，力比多回流至自我不应该带来不愉悦，会出现不愉悦的理当是客体力比多。至此，我们眼前清晰地浮现出写了《计划》（*Project*）[1950（1895）]的弗洛伊德，他在文章中用兴奋的总和（sums of excitation，Q）来解释心理现象；还有在 1915 年左右提出元心理学的经济学观点的弗洛伊德，以及产出了并未出版的《计划》且论述了神经衰弱和焦虑神经症的弗洛伊德（Freud，1895）。有了这些概念工具，弗洛伊德不仅钻研精神病的奥秘，同时也计划着解释一个更大的奥秘——为何精神生活必须超越自恋的界线，并将力比多移转给外在世界的客体："当投注到自我的力比多超过某一特定量时，这种必要性就会产生"（Freud，1914：85）。弗洛伊德用以下的安慰话语来结束这个议论："强大的利己主义是对抗生病的一种保护，但是为了不生病，我们终究必须开始去爱。"对于相信自我和客体关系打从精神生活一开始就存在的人，比如梅兰妮·克莱茵（Melanie Klein，1928）和费尔贝恩

（Fairbairn，1941），这个问题根据定义就能解决，然而，仍有其他相当棘手的问题在等着他们。

弗洛伊德接着断定精神分裂症中的自大狂通过内部运作处理转移回自我的力比多，而当它失效时——即当自大狂失效时——力比多被病态性地堆积在自我中，因而产生疑病症，也由此让人产生这是一种疾病的独特复原过程。

让我们再度检视弗洛伊德严谨的论辩。 移情神经症和精神分裂症（自恋神经症，narcissistic neurosis）两者的起源是：由于挫折，一定数量的力比多从外在世界客体撤离，并倾注于假想客体（移情神经症）或回到自我（自恋神经症）。 前者的过程称为内投，而后者称为自大狂。 只要没有堆积的力比多出现，一切相安无事；但是，如果发生力比多被堵塞堆积，焦虑就会出现在移情神经症中，此时力比多循着退行的路径，而疑病症则出现于精神分裂症中，并且引发疾病。 自大狂"正好对应的是移情神经症中内投至幻想的部分；这种精神功能的失效就会产生妄想痴呆的疑病症现象，这类似于移情神经症的焦虑现象"（Freud，1914：86）。 换言之，自大狂之于自体力比多，就如同内投之于客体力比多；假如两者皆失效，疑病症与焦虑就会分别出现。 如同移情神经症可通过建构神经症性症状 ［转化现象（conversion）、 恐怖症（phobia）、 反向形成等］ 来克服焦虑，精神分裂症则通过恢复过程所造成的明显病态现象来对抗疑病症。 因此，精神分裂症的症状是将力比多再度回归客体的一种努力。 这种新的投注当然与原来的有极大差异，就如弗洛伊德在《潜意识》（The Unconscious）中的解释。

为了更深入自恋问题而钻研疑病症之后，弗洛伊德为了同样的目标将方向转到人类性爱生活的某些特征上。 他的出发点是：儿童根据获得满足的经验来选择他们的性客体，因为事实上他们的性特质属于自体性爱，想要接触客体世界也只能通过与符合自我保存目标的重要功能接轨。 即使这是一种根据理论本身所下的分析判断，弗洛伊德认为也可通过观察儿童的客体选择而获得证实，这些儿童的"性客体源自满足的体验"（Freud，1914:87），因为自体性爱的满足既不需要也不承认客体，其来源和客体同时都处于性感带。 因此，"性本能起初依附于自我本能的满足"（Freud，1914：87）；弗洛伊德称这个过程为依赖（Anlehnung）（leaning-on）。"性本能起初依附于自我本能的满足，直到后来它们才彼此独立"（Freud，1914：87）。 史崔齐（Strachey，1914：87，n.2）特别强调，这个过程指的是本能，而不是儿童与母亲。 弗洛伊德称这种形式的客体选择为依赖型态（Anlehnungstypus），史崔齐则英译为"情感依附类型"，从符合文法的"附属"（enclitic）一词类推而来，作为质词（即连接词或介系词）之用，必须附加于它们所连接的句子的开头。

尽管这是弗洛伊德第一次为这一型态的客体选择取名，自体性爱的概念显然与儿童和外在世界关系的观点不谋而合。 如果性本能类似于莱布尼兹（Leibniz）的单胞体（monad），可以完全持续地将自己包围在内，那么个体和世界的连结必须来自其他地方，来自自我本能。 我相信这是弗洛伊德不惜一切代价来捍卫"自我本能" 的另一个理由；他没有意识到，他一开始否认性本能具有客体关系的可能，结果使它丧失了许多自主性和重要性。从这个观点看来，质疑婴儿性特质重要性的人似乎不只荣格一个人！ 荣格的论述所根据的事实是，对弗洛伊德来说力比多具有一个附带性质，因为它无可避免地受到自我本能的支持。"我们很难想象正常的'真实的功能'（Janet）仅仅通过汇入力比多或性爱兴趣就可以维持"（1916：141-142）❶。西班牙版可能经过作者多年的修改，更具魄力地说："很难想象正常的'真实的功能' 仅由附带任务维持，即性爱兴趣"（Simbolos de Transformacion，1982：146）。 最后，比起自体性爱和原始自恋，我认为以精神分析中的客体关系理论来反驳荣格比较可行。

除了依赖型客体选择之外，弗洛伊德不经意间发现了另一型态，在此型态中，其选择并非以客体为模型，而是以自我为模型。 这种型态让弗洛伊德相当惊讶，于是他毫不犹豫地说，他的观察结果是其决定采纳自恋假说的主要原因。

---

❶ 力比多的变换及符号（Wandlungen und symbole der Libido）（德语）1916 年被翻译成了英语，即潜意识心理学。

弗洛伊德最终这样区分了两种客体选择型态：依赖型（或依附型）和自恋型，他认为这是人们可依循的两种路径。他认为，客体关系或自恋对儿童来说是两种公平开放且可行的选择，但是他随后立即重申自己仍然比较支持原始自恋的概念：

然而，我们并不认为，人类应该依据他们是属于依附还是自恋型态的客体选择而被截然分成两类；我们更愿意假定两种客体选择对每个个体都是有可能的，即使他可能偏爱其中一种。我们认为人原本就有两个性客体——他自己和哺育他的女性——据此，我们认定每个人都有一个原始自恋，并在某些个体的客体选择中显现出其主导优势（Freud，1914：88）。

这段文本语意不清，这是我详细引用的原因。我相信弗洛伊德的意思是，每个人都具备两种可能性，但是起初只有一种，那就是自恋型客体选择。我将注意力集中于文本中的这个困难，因为这是精神分析理论中的分歧点——有些人相信自恋是原发性，客体关系随后才出现；另一些人则仍然相信精神生活起始于客体关系，自恋只是半途折返，因此始终是继发性的。

为了阐述这两种客体选择，弗洛伊德检视了男性与女性的性爱生活。他发现了一个根本差异：只有男性能够得到完全的——即依赖型——客体爱；女性符合的是自恋型态，即爱她们自己，而且在爱人之前需要被爱。弗洛伊德以客体选择型态的不同来区分男性和女性，这并不符合我们当下的目标；无论如何，这个议题都具争议性，因为这些想法可以在无损于原始自恋假设的情况下被驳斥。

弗洛伊德结束这一段时，坚持儿童原始自恋是（新）力比多理论的其中一个假设，借以开辟一条道路达到论文的最后一部分，在最后他将讨论原始自恋的终极命运。

III

在第三部分中，将阿德勒（Adler，1910）的雄性主张、概念与阉割焦虑对照后，弗洛伊德思索着儿童自大狂的种种，并自此推论出婴儿原始自恋的假设。他发现一部分的自我力比多已被导向客体，其余的则被压抑，这种压抑源于自我的自尊。弗洛伊德在此提出一个观念，这对他即将在 20 世纪 20 年代对精神装置理论所做的改变十分重要：他假设压抑的必要条件是建构一个理想（ideal），而这个理想变成自我爱恋（self-love）的对象，而自我爱恋在童年时期的客体就是自我。后者（即自我）经常被拿来与理想作比较，而这是压抑的条件因子。真实自我在婴儿期享有的爱，现在被导向这个理想自我。人们总是无法割舍曾经享有的满足，只有通过在这理想自我中重塑这种经验，才能停止对童年期纯粹的完美经验的渴望，而与此同时理想自我取代了消逝的儿童自恋。

弗洛伊德在此正确地区分了理想化和升华的差异，这两者基本上是不同的概念——前者与客体有关，后者与本能有关。这样的区分可帮助我们理解弗洛伊德关于爱的理念：他再三强调对客体的性欲高估现象是一种对客体的理想化。爱，不管是自恋型或是依赖型，必然和对客体的理想化联系在一起。诚如弗洛伊德在《群体心理学与自我分析》（*Group Psychology and the Analysis of the Ego*）中所说的，被爱的客体享有不被批评的自由，而其特性也被过度高估，超过其真正价值（Freud，1921：112），是理想化带来了歪曲判断的倾向。在理想化中，客体受到的待遇有如我们的自我，因此当我们沉浸在爱恋中时，有相当大量的自恋力比多流出至客体。如果这个过程持续，客体最终会吸收自我的所有自恋之爱。客体就好像掏空了自我："客体被摆在了自我理想的位置上"（Freud，1921：113）。

这个观点具有高度争议性，相反，许多分析师认为理想化意味着不具备去爱人的能力。还有，到底是什么样的爱，越是强烈越是会扭曲它的客体呢？

弗洛伊德现在坚决地向 20 世纪 20 年代的结构理论迈进，他认为或许能够找到一个特殊的精神部门来负责确保满足自我理想的自恋，同时监察真实自我并将两者进行比较。 这个部门就是我们所谓的"良知"。 对这个部门的认识，解释了妄想症甚至某些正常个体的被监视妄想（*Beobachtungs-swahn*）。 通过如此严谨的推理，弗洛伊德已经充分描述了超我，而这最终被导入《自我与本我》（Freud，1923）中的理论。 即使这个部门源自于婴儿失去的自恋，但弗洛伊德并不怀疑其形成所需的刺激来自于父母亲对孩子的影响，以及后来孩子的教育者和整个社会。

由于弗洛伊德坚持认为大量的同性恋力比多被动员以形成这个自恋的理想自我，并从中找到了宣泄的出口和满足，我们必须假设这个理想是基于同性的父母所建构起来的。 这个假设得到了证实，因为弗洛伊德随即告诉我们，反抗审查部门是一种脱离父母影响，以及从有关联的父母之一（即同性之父母）撤离同性恋力比多的尝试。 因此，这个理想必然不仅仅源自于儿童的原始自恋，也源自于儿童和父母的关系。 许多当代学者因此认为超我有两部分的结构，即超我本体（Superego proper）和自我理想。

良知为自省服务，为建构推理体系注入哲学性思维，调节偏执症状，成为正常人的自尊（*Selbstgefuhl*）的一个基本组成部分。 自尊的确和自恋力比多关系匪浅，这从以下事实可以明显看出：它在精神分裂症中增加（以自大狂的型态）而在移情神经症中减少，随着个体爱恋生活中自恋成分的直接比例而变动。 弗洛伊德坚信依赖于所爱的客体必然降低自尊，这个观点必然不会被那些没有将理想化视为两性之爱的定义性特征（defining characteristics）的分析师们所接受。

简言之，弗洛伊德告诉我们，自我的发展在于脱离原始自恋，同时又引发了将其恢复的顽强尝试。 原始自恋之所以能被放弃，是通过将力比多移置到来自外在的自我理想上；同时，自我也开始对客体进行力比多投注。 如果自我因此而变得匮乏，它可以通过有关客体的满足和达成理想来再次充实自己。 因此，自尊有三个来源：婴儿期自恋的残留、理想的达成，以及客体力比多的满足。 所有分析师都会同意这种归纳，即便有些人（包括我自己）相信自大狂和自尊不属于同类的心理现实。

力比多与自我兴趣

19世纪末，弗洛伊德写下了他关于神经症的临床著作，他在其中也检验了一些精神病的临床表征；然而，其方法学让他局限于前者，精神病被降格至边缘地位。这一议题真正受到重视是荣格发表《早发性痴呆的心理学》（The *Psychology of Dementia Praecox*）后。这部有名的著作不得令人不信服，若运用精神分析法以及荣格稍早所提出的字词联想法（word-association method），弗洛伊德在神经症和梦中所描述的情结在早发性痴呆中也可以发现。

以心理学角度来说，早发性痴呆与神经症的唯一差异在于，前者的情结（complex）更有力量，足以破坏自我的情结及其功能（Jung，1907：68）。罹患早发性痴呆的患者无法从他们的情结挣脱出来，因此其人格严重受损（Jung，1907：69）。

然而，荣格并不认为这种情境是病因，而倾向于认为这牵涉到了毒性因素（toxic factors）："尽管如此，我必须再一次强调那个屡屡被提及的附带条件——在歇斯底里和早发性痴呆之间，其心理机制仅有相似性，并无一致性。早发性痴呆极其深陷于这些机制中，或许是因为毒性让他们更加恶化"（Jung，1907：77）。荣格的结论是，在早发性痴呆中，我们根本无法确定是否是这个情结造成或是加重病情的（Jung，1907：97）。

1908年，亚伯拉罕提出，歇斯底里与早发性痴呆之间的差异可以用以下事实解释，即后者的力比多从客体撤回是无法挽回的（Abraham，1908：70）。早发性痴呆可以摧毁一个人追求客体爱恋的能力，因为"早发性痴呆的心理性特质的特点是，患者返回到自体性爱状态，而其疾病症状是一种自体性爱的性活动"（Abraham，1908；55 & 73-74）。弗洛伊德很中肯地认为亚伯拉罕的文章几乎涵盖了他在史瑞伯研究（Freud，1911：70；n.1）中提出的所有重要观点；我认为它也包含了《论自恋：一篇导论》中所陈述的许多观点。

一年之后，费伦奇（Ferenczi）写下《内射与移情》（*Introjection and Transference*）一文以区分神经症（客体世界被内射进来）、妄想症（力比多被投射至外在客体世界），以及早发性痴呆（力比多从客体撤离出来）。所有这些著作明显影响了弗洛伊德的史瑞伯案例研究（Freud，1911），此研究中包括了许多我们已经检验过的观点。为了解释史瑞伯潜在的同性恋，也是其妄想症的起点，弗洛伊德坚信，在个体视自己为客体的自恋时期，性器官已经扮演一个重要角色，因此自恋型客体选择和同性恋之间是有关系的。异性客体关系的目标达成后，同性恋本能和自我本能相结合而形成社会本能（social instinct）。因此，是升华了的同性恋特质协助人类发展友谊、开展合作、建立男人间同志式的情谊。因此，弗洛伊德相信是妄想症摧毁了因同性恋本能依赖自我本能所达成的升华作用；我们可能会注意到，这预告了依赖（*Anlehnung*）概念的出现，而正如我们所知，在1914年的论文中这个概念就发展出来了。同性恋力比多被解放，并且退行回到自恋时期，妄想症患者此时全力防御其社会本能投注的再度性化（resexualization）（Freud，1911：62）。

弗洛伊德检验了史瑞伯精神疾病中的自恋与同性恋的发病机制——这的确是一项卓越的贡献，然后他将注意力转向妄想症的压抑特征，聚焦于这个法官（指史瑞伯）感受到的世界末日情境。亚伯拉罕（Abraham，1908）以力比多投注从外在世界撤离来解释这个现象。世界末日的感觉是一种内在灾难的投射：当力比多投注从外在世界撤离时，主观世界已经被摧毁，而患者尝试凭借其妄想和幻觉的症状重新建构这个世界。自大狂的影子时常可在妄想症患者中被看见，而以这样的临床实证为基础，弗洛伊德提到这种疾病的关键在于力比多自客体解放出来，然后依附到自我身上，并且强化它，犹如原始自恋的阶段。妄想症患者从升华了的同性恋特质退回至自恋状态这一步的长度，可以用来衡量这种疾病的退行程度（Freud，1911：72）。

然而，弗洛伊德指出临床证据丝毫不支持他的论述，因为史瑞伯针对弗莱克西格的被害妄想比世界末日幻想出现得还早，这意味着实际上被压抑物质（the repressed）的返回早于压抑的发生；为了解决这个矛盾，他特别假设力比多只是部分撤离，只涉及单一情结，随后才整个发展完成。 在史瑞伯案例中，从弗莱克西格撤回力比多可能是起始步骤，紧接着是被害妄想将力比多带回弗莱克西格身上（虽然加上了一个负号以标记压抑的事实）；这场战争此时又重新开启，而且这次的武器更具威力。 这个冲突的客体，即弗莱克西格，变得愈来愈重要，将所有力比多吸引过来，犹如全部的阻抗都被动员。 依此方式，部分冲突变成全部，压抑力量的胜利展现于世界末日的经验中，结果唯独自我存活了下来。

这种解决方式的确巧妙，但是我觉得无法令人信服。 弗洛伊德尝试将自大狂摆在精神病现象的核心，因为他相信这可为其自恋力比多假设提供无可辩驳的证据。 就我们所知，幸亏有莫尼·克尔（Money-Kyrle，1965）和梅尔策（Meltzer，1966）等人的努力，自大狂是一种极端复杂的现象，它不太可能纯粹由于力比多从客体转移至自我所造成的经济学变化引起。亚伯拉罕较简单且较直接的提议充分解释了力比多理论中的世界末日经验，但是弗洛伊德无法完全接受，因为它没有将原始自恋列入考量。 有一点必须指出，即世界末日的经验并非妄想症所特有，反而是精神分裂症所独有，尤其是在初期，而这也让弗洛伊德理论系统的前提之一受到质疑。

此刻，我们必须询问：力比多撤离是否足以解释世界末日的幻想或自我投注是否必须列入考量。 可能性有两种：力比多投注符合自我兴趣，或力比多分布的严重障碍可能引发自我投注的相应改变。 弗洛伊德并未针对这一点作详细陈述，而认为可能是力比多对自我投注的改变所造成的反射作用，或相反地，自我异常造成一种继发性和间接性的力比多历程障碍，即使他倾向于相信妄想症患者与外在世界关系的改变"应该完全或大部分由他丧失的力比多兴趣来解释"（Freud，1911：75）。

弗洛伊德留下的两个悬而未决的选择中，就像我们看到的，荣格倾向于第一个选择：力比多和自我兴趣是相同的，而这是精神分析中唯一可能为"真实功能" 的改变作出解释的。 我也说过，我认为弗洛伊德的迟疑和的不耐烦与力比多理论有关联，因为它是立基于不需要客体（现实）的自体性爱，而客体只有在克服原始自恋后才能获得。

弗洛伊德在他的论述中完全忽略的另一个重点是攻击（aggression）的影响，而阿德勒早在 1908 年就提议将它作为力比多的另一选择，这个概念直到 1920 年以后才进入弗洛伊德的理论中。梅兰妮·克莱茵（Melanie Klein，1946）却利用其他理论工具，且因未曾受到阿德勒和荣格的干扰，而能够凭借指出史瑞伯疾病的分裂机制（splitting mechanism）来支持弗洛伊德的观点。现在，世界末日经验不仅可由力比多自客体撤离来解释，也可以用自我碎裂的知觉来解释，而这个碎裂的自我知觉被投射到了外界。从这个意义上来说，克莱茵可以接受自我碎裂的过程决定了力比多的改变，以及与现实的决裂，而不让自己陷入与荣格争辩的位置。顺着这些思想轴线且经得起时间考验的另一位学者是加马（Garma），他早在 1931 年提到"丧失与现实的连接是本能压抑的结果"（Garma，1931：66）：现实和本我一起被压抑，且不是为了要满足它（指本我），这就是当时的想法。

我还想说的是，不管我们多么认同或不认同弗洛伊德的论文，自恋被引进精神分析理论主体绝对是一件持续启迪整个学科的重大事件，对这一点没有任何分析师会否认。

参考文献

Abraham, K. (1908). The psycho-sexual differences between hysteria and dementia praecox. In *Selected Papers*. London: Hogarth Press, 1973, p. 64.

Adler, A. (1908). Der Aggressionstrieb in Leben und in der Neurose. *Fortschr Med.*, 26:577 (quoted by Freud).

———. (1910). Der psychische Hermaphroditismus imd Leben und in der Neurose *Fortschr. Med.*, 28:486.

Fairbairn, W. R. D. (1941). A revised psychopathology of the psychoses and psychoneuroses. *Int. J. Psycho-Anal.*, 22:250–79.

Ferenczi, S. (1909). Introjection and transference. In *First Contributions to Psycho-Analysis*. New York: Brunner-Mazel, 1952, p. 35.

———. (1917). Disease—or patho-neurosis. In *Further Contributions to the Theory and Technique of Psycho-Analysis*. New York: Brunner-Mazel, 1980, pp. 78–89.

Freud, S. (1895). On the grounds for detaching a particular syndrome from neurasthenia under the description "anxiety neurosis." *S.E.* 3:85.

———. (1905). *Three Essays on the Theory of Sexuality S.E.* 7:123

———. (1910a). *Leonardo da Vinci and a Memory of His Childhood. S.E.* 11:57.

———. (1910b). The psycho-analytic view of psychogenic disturbance of vision. *S.E.* 11:209.

———. (1911). Psycho-analytic notes on an autobiographical account of a case of paranoia (dementia paranoides). *S.E.* 12:1.

———. (1912a). Contributions to a discussion on masturbation. *S.E.* 12:239.

———. (1912b). Types of onset of neurosis. *S.E.* 12:227.

———. (1912–13). *Totem and Taboo. S.E.* 13:1.

———. (1914). On narcissism: An introduction. *S.E.* 14:67.

———. (1915). The unconscious. *S.E.* 14:159.

———. (1917). A metapsychological supplement to the theory of dreams. *S.E.* 14:217–35.

———. (1918). From the history of an infantile neurosis. *S.E.* 17:1.

———. (1920). *Beyond the Pleasure Principle. S.E.* 18:1.

———. (1921). *Group Psychology and the Analysis of the Ego. S.E.* 18:65.

———. (1923). *The Ego and the Id. S.E.* 19:1.

———. (1950 [1895]). A project for a scientific psychology. *S.E.* 1:281.

Freud, S., and Abraham, K. (1965). *A Psycho-Analytic Dialogue: The Letters of Sigmund Freud and Karl Abraham, 1907–1926.* London: Hogarth Press.

Garma, A. (1931). La realidad exterior y los instintos en la esquizofrenia. *Rev. Psicoanál.* 2 (1944): 56–82. (Originally published in the *Internationale Zeitschrift für Psychoanalyse* (1932): 183.)

Jones, E. (1953–57). *Sigmund Freud: Life and Works.* 3 vols. London: Hogarth Press.

Jung, C. G. (1907). Über die Psychologie der Dementia Praecox, *Halle* [trans.: *The Psychology of Dementia Praecox*, New York, 1909. Reprinted in C. G. Jung, *Collected Works*, vol. 3, ed. H. Read, M. Fordham, G. Adler; trans. R. F. C. Hull; Princeton, Princeton University Press, Bollingen Series, 1960.]

———. (1910). Psychic conflicts in a child. *Collected Works* 17:13.

———. (1912). *Wandlungen und Symbole der Libido.* Leipzig: Deuticke. (*Psychology of the Unconscious.* New York: Moffat, Yard, 1916. *Símbolos de Transformación.* Barcelona: Paidùs, 1982.)

Klein, M. (1928). Early stages of the Oedipus conflict. In *Love, Guilt and Reparation and Other Works.* London: Hogarth Press, pp. 186–98.

———. (1946). Notes on some schizoid mechanisms. In *Envy and Gratitude and Other Works.* London: Hogarth Press, pp. 1–24.

Kohut, H. (1971). *The Analysis of the Self.* New York: International Universities Press.

Meltzer, D. (1966). The relation of anal masturbation to projective identification. *Int. J. Psycho-Anal.*, 47:335–42.

Money-Kyrle, R. (1965). Megalomania. In *Collected Papers.* Strath Tay, Perthshire: Clunie Press, 1978, pp. 376–88.

Rank, O. (1911). *Ein Beitrag zum Narzissismus. J. Psychoan. Psychopath. Forsch.*, 3:401.

Rosenfeld, H. A. (1958). Some observations on the psychopathology of hypochondriacal states. *Int. J. Psycho-Anal.*, 39:121–24.

———. (1964). The psychopathology of hypochondriasis. In *Psychotic States: A Psycho-Analytical Approach*. New York: International Universities Press. 1965.

Stekel, W. (1908). *Estados nerviosos de angustia y su tratamiento. Buenos Aires: Imán*, 1947. (First published as *Nervose Angstzustände und ihre Behandlung*. Berlin and Vienna: Urban and Schwarzenberg.)

《论自恋》：导论

尼古拉斯·特鲁尼特（Nikolaas Treurniet）❶

导论之导论

如果对弗洛伊德建立其模式的一些科学性概念没有任何了解，要理解他的著作是很难的。生理学家赫姆霍兹（Hermann von Helmholtz，1821—1894）发现能量守恒定律可以同时应用于生物体及非生物体。弗洛伊德认为费希纳（Gustav Theodor Fechner，1801—1887）的恒定原则（constancy principle）在生理学领域类比于赫姆霍兹的发现——精神装置倾向于维持尽可能最低程度的兴奋量。假如能量过于庞大，比如从外在（第一阶段）或是内在（第二阶段）累积或是"堆积"兴奋，恒定原则会要求释放大量的能量。情感和冲动有如在一个互通的导管系统中移动，这是一种关于情感的理论和力比多的水力学理论。

在弗洛伊德所处的追求智识发展的年代，生物学特别重视实验室实验的"纯粹性"，研究的目标被尽可能地完全隔绝，而环境因素被假设是恒定不变的。当时没有人会关注生物体和环境之间的动力学关系。理解弗洛伊德思想发展的另一个先决条件是，认清他对语义学（semantics）法则的毫不在意。他根据自己的需求来使用语言，有如艺术家使用其素材一样。对弗洛伊德来说，准确使用一个术语不具有太多意义，重要的是其出现的前后语境。对于所有想知道这个议题精髓的人，都必须包容其模糊性，而不是试图消除它。

---

❶ 尼古拉斯·特鲁尼特，荷兰精神分析协会成员、培训和督导分析师。

1914 年之前

弗洛伊德的思想可以粗略分成三个时期。 了解每个时期的基本概念是必要的，以便理解其后来的发展和仍然存在于精神分析心理学中的不一致性。

第一个时期持续到 1897 年，引发症状的积压许久的潜意识力量被看成是由真实创伤经验激起的情感或情绪。 重点是对外在现实的影响。 影响"精神装置" 的外来的刺激量被认为是远远多于内在的，威胁以一种令人痛苦的方式压倒（当时还是纯粹的意识）自我，由此导致令人难以承受的无助感或"创伤" 感。 自我和意识被画上等号——两者都是经验的核心，也都是能够行使防御功能的部分，以对抗由创伤产生的大量情感。 这些量化的情感，称为"心理能量"（mental energy），可通过刺激或释放而被加强或削弱，类似于反射弧。 第一个时期的重要性不仅在于其历史意义，其主要概念，包括创伤、情感的量、对痛苦经验的防御，沿用至今，并在最近数十年里被证实对自恋问题具有重要的意义（详见下文）。

这个所谓的情感-创伤时期（affect-trauma phase）因为弗洛伊德的一个发现戛然而止，即他发现还没有在对幻想愿望实现的回忆和被压抑的创伤记忆的恢复之间作区分。 意识到两者的区别，并发现潜意识无法区分事实和伴随着情绪的虚构故事，而这导致了第二个时期的发展（1897—1926）。

在第二个时期，弗洛伊德将迫切需要释放的"能量的量"（quantity of energy）这个概念从外部世界转换到了内部世界，关注的焦点从与压倒性的外在现实的冲突，转移到了与压倒性的驱力兴奋的冲突。 精神装置的基本功能现在被视为用来支配本能驱力，而相对忽略外在创伤事件的影响力以及伴随的情感。 情感几乎被完全视为需要释放的驱力衍生物（drive-derivative），而缺乏了沟通功能。 这些概念形成了大家所熟知的潜意识、前意识和意识系统，即地质学（topography）结构的参考。

在第二时期的前半段，弗洛伊德深陷于捍卫其关于驱力和婴儿性特质的革命性发现，以对抗来自于其同僚和社会的无情抨击。非常缓慢地他才再度将注意力从被压抑物逐渐转移到压抑力量，以及从冲突的内部来源转向外在方面，即爱恋客体。这个过程因与荣格和阿德勒的冲突而被尖锐化，他们挑战弗洛伊德，要他对自我、力量冲突和社会影响给出自己的观点。

在第二个时期的开始，分析被视为一种程序，分析师将患者及其联想作为多少有些隔离的、中性的、科学性的客体来进行观察。弗洛伊德关于移情意义的发现使得他的注意力越来越聚焦于自体与客体的关系。

1914 年：弗洛伊德的论自恋论文

研读这篇论文有如见证一件艺术作品的诞生。在这里，从各式各样的原始资料中，弗洛伊德刻画出即将到来的重要进展的轮廓，并不太顾及概念清晰的原则。

在这篇论文的第一部分，弗洛伊德主张自恋不仅存在于性倒错和精神病中，也存在于正常的发展过程中。自大、全能和有魔力的想法和感觉，这些在儿童的精神生活中无处不在。因此，一定存在一个最初的自我力比多投注，其中的一些后来被分配到客体上，"就像阿米巴原虫的躯体和它伸出的伪足之间的关系"（Freud，1914：75）。用阿米巴原虫的隐喻，弗洛伊德泄露了他对于自恋现象中的情绪脆弱性（emotional vulnerability）的直觉性理解，与力比多理论的物理水力学法则形成了鲜明的对比。

弗洛伊德从一个相当复杂和模糊的论点开始，这暴露了他内心的矛盾。一方面，他想保留（自我保存的）自我本能和力比多之间已为人熟知的区别；另一方面，他必须"承认区分自我本能和性本能的假设……几乎没有心理学根据，其主要支持力量反而来自生物学"（Freud，1914：79）。自我本能和性本能的对比被自我爱恋（自恋）和客体爱恋之间的对比所取代。第一个是以身体为基础的理论，第二个则是个心理学理论。

在这篇论文的第二部分，弗洛伊德逐一展现了其力比多理论和客体关系理论，将它们交织于自恋和客体爱恋的概念中。他认为个体有一固定量的力比多可供自由支配。力比多投注在客体的越多，则能投注于自体的就越少，反之亦然。这种区分并不表示所牵涉的力比多的质有什么不同，而是其部位的不同。因此，自我力比多和客体力比多彼此是互补关系，好比是可彼此相通的血管。这个系统并不完全封闭，因为挫折会影响力比多的量，既可能增加自我力比多的量，也可能增加客体力比多的量，并且如果挫折太强烈或持续太久，两种力比多的堆积都可能会发生。若力比多满溢出来，客体力比多会造成焦虑发作（"真实的神经症"），自我力比多则会造成疑病性恐慌。

当时弗洛伊德的自我概念，与后来用于结构模型（structural model）的自我概念的含义有所不同。它包括意识系统，也指异于客体的主体本身。如果打算采纳第二种意义，最好使用"自体"（self）这个术语，而不是"自我"（ego），因为其意义关系到不同的概念范畴，而概念范畴又与获得知识的不同方式相关联（见下文）。因此，客体的力比多投注是客体爱恋，自体的力比多投注是自恋。

弗洛伊德认为，从婴儿对自己有初步自觉的那一刻起，自恋便已经存在。然而，这个原始自体是未经分割的快乐原则的产物，除了客体令人愉悦的部分，婴儿也试图维持所有愉快的事物作为其自体的一部分。这种自体和客体令人愉悦的部分的融合被称为原始认同（primary identification），其结果是"纯粹的享乐自我"（purified pleasure ego）。原始认同的过程造成了原始自恋状态。

通过对一个好客体的原始认同，孩子具有了一个足够坚固的自恋"存储库"，从而得以能够耐受某些不愉快的时候，客体就会逐渐被视为与自体分离。对业已分离的客体进行力比多投注（"客体爱恋"）被认为是某些自体力比多投注转移的结果，如同阿米巴原虫的伪足往外延伸那样地包住了客体。随着客体爱恋的发展，一种残余的自体自恋投注状态还会持续并与客体爱恋并存，形成一种水力学的平衡。当孩子发现客体是一个愉悦的源头，他将依赖客体来满足自己的需要时，这种客体爱恋就逐渐随之而来。 这就是所谓的满足需求的客体或依赖（anaclitic）客体。

继发性自恋与力比多重新投注在自体有关，原因是某一特定量的力比多从客体撤回了，这尤其会发生在对客体失望时，或哀悼一个客体的丧失时；进一步看，它作为一个正常的发展过程在继发性认同（secondary identification）❶ 中出现，那些投注在被景仰或爱慕的客体上的力比多，由于这个认同的过程而被转移到了自体身上。 最终，当一个人符合了他自己的理想时，也会出现继发性自恋。

弗洛伊德并不认为自体和客体的界线是固定且严格的，这一点在他1938 年概略叙述有关过程时再度清晰地被提及："起初，孩子并不区分乳房和自己的身体；由于孩子常常发现乳房不见了，当乳房不得不跟他自己的身体区分开并被转移到'外面' 的时候，**乳房承受着部分的原初自恋力比多的投注，充当了一个'客体'**"（Freud，1938：188，黑体字是额外加入）。 这是一个对于自恋客体关系起源的非常令人震撼的描述。 当一个人所爱恋的是自己现在的样子、自己过去的样子、自己期待的样子，以及曾经是自己某一部分的样子，那么这个人所爱恋的客体就包含了自体的许多成分并具有"原始的自恋力比多"。 以现代术语描述就是：一个人爱恋自体-客体（self-object） 的方式是异于他爱客体（love-object） 的方式的。

现在我来简短描述一下这篇论文所带来的成果，它是弗洛伊德后来许多思想路线的一个起始点。 首先，这篇论文构成了自我概念发展的一个转折点。 自我的发展由脱离原始自恋带来，引发了试图通过自恋型客体选择、认同、努力实现自我理想这样的（发展）顺序以回复到原始自恋状态的努力。 诸如客体选择、认同，以及自我理想这样的概念，为后来的结构理论打下了基础。 后来扮演自恋价值调节的守护者角色的超我，被认为是根源于对一个理想化客体的认同。 它对于群体心理学的重要意义则只附带一

---

❶　与原始认同相反，即原始认同认为在自体与客体之间是没有清晰的主体边界的，继发性认同认为在自体与客体之间是有明确边界或主体区分的。

提。 自恋、理想化和表现癖（exhibitionism）之间的关联，隐含在弗洛伊德所强调的自尊中，作为自我的大小的呈现和他对被监视的感觉的描述。最后，他开始区分两个概念：一个是远离经验的作为精神装置的自我，另一个是接近经验的作为自体的自我。 婴儿期自恋以及伴随的婴儿期自我的建立，终于在本质上被看成是一种本能。 在未来很长一段时间内，这部分比性发展的自恋成分显得更为重要。

客体关系的理论基础已经打好了。 前俄狄浦斯期情绪世界、良好的客体关系对"婴儿陛下" 及其自我建构的重要性等都初露曙光。 如今，那个包含了自体与客体间力比多分布这一相对简单概念的理论，被认为是不完善的且会在临床上造成误导。

在这种所谓的力比多理论中，情感是释放的产物，且完全脱离其概念内容。 因此，至少在理论上情感并不具备沟通功能。 事实上，弗洛伊德早已在团体中观察到情感的传染性并认为情感是共情（empathy）的基础，但是他为了坚守力比多理论，一直到 1926 年才承认情感的沟通性质。 即使阿米巴原虫的隐喻隐含着精妙的情感脆弱性的意义，这一直觉式的洞察由于弗洛伊德非常强调恒定的内在力量而并未被仔细推敲。 挫折本身并不具创伤性，就如伤害之于自体，但是因为挫折导致了自我力比多或客体力比多的堆积，随之而来的兴奋溢出，这才是创伤性的。 病理性过程引发了对客体和现实之兴趣的撤离——即继发性自恋——不能算是冲突的结果，因为对于客体和现实的防御这一概念并不存在。 防御——即压抑——只为对抗内在力量而存在。 那些对情感沟通功能的否认，以及认为继发性自恋不具防御功能的想法，可能是因为弗洛伊德要坚守力比多理论和守恒原则的关系❶。

他对于这一议题的更多想法在第三部分的开头语部分变得清晰："儿童原初自恋面临困扰，为了保护自己免于这些困扰而出现的反应，以及被迫做出这些反应所依循的途径，都是重要的工作领域，依然等待探索。" 但在他有生之年未能目睹对这些领域的更进一步探索。 即便如此，弗洛伊德的自

---

❶ 我只认为弗洛伊德关于在自体与客体间力比多分配的观念，作为守恒原则的一部分，是陈旧、过时的，但通常所说的本能驱力概念并未过时。

恋型客体选择和科胡特的理想化以及镜映移情间的相似性还是非常显著的；自恋型和依赖型客体选择之间的区别又重现于温尼科特（Winnicott）的环境母亲（environment-mother）和客体母亲（object-mother）的概念；而弗洛伊德关于原始自恋的观点则清晰呈现于玛格丽特·马勒（Margaret Mahler）所描述的共生阶段（symbiotic phase）。

1914 年之后的弗洛伊德

弗洛伊德的论自恋论文发表后，内化过程成为精神运作的基本方式，而非自我的一个功能，并因此越来越被重视。 只有通过认同——根据弗洛伊德的观点，或许这是本我（id）可以放弃其客体的唯一条件——自我才能够支配本我，并削弱其要求。 神经症此刻已经变成了自我的障碍。

在《压抑、症状与焦虑》（*Inhibitions，Symptoms and Anxiety*）（Freud，1926）一文中，在作为危险信号的焦虑这一概念中，弗洛伊德第一次承认了情感的沟通功能。 这时他很明显远离了其之前的释放理论，该理论认为情感来自于心理内部，精神装置仿佛是被孤立于环境之外的，导致了心理能量概念的具体化（reification）。

随着其新的焦虑理论的建立，弗洛伊德理论发展的第二阶段画上了句号，这距离他将注意力从外部影响转向内部资源已经快三十年了。 此时，精神部门的经济学和内在依赖的关系已经受到系统性结构理论的保护，弗洛伊德将他的注意力转向适应和整合现实与客体世界的功能。 他从未像探索心理的内在力量那样系统性地探索过外部世界对一个人的影响，1914 年之后，他再也没有改变过关于自恋和客体关系的立场。

然而，他在晚年的确将临床兴趣聚焦在了口欲期、早期的母婴互动、作为所有其他焦虑原型的分离焦虑，以及前俄狄浦斯创伤经验（preoedipal traumatic experience）的重构。 由此，他开始对用于防御现实和客体世界的否认和分裂问题感兴趣。 由于自恋所受的打击总是来自于现实，我们时常可以观察到对现实某些部分的憎恨：被憎恨的正是我们的全能感受到限制的证据，是自恋受到羞辱的感觉。通过互为彼此的一部分分裂和否认这两种机制，一个人仍然能够在意识心智的某一部分坚信快乐原则的效力，而同时在另一部分则完全承认现实原则。

弗洛伊德之后

即使弗洛伊德的确在他的理论观点上做出过相当大的修正，但在 1914 年以后从未改变过他关于自恋的立场。在他过世很久之后，自恋在精神分析主流中才成为一个引人注目的焦点。精神（心灵）被看成一个相对封闭的系统，其成熟就等同于内化。临床上的焦点多半放在俄狄浦斯议题上。时至 1960 年，哈特曼（Hartmann）仍然认为精神分析不涉及价值观，而安娜·弗洛伊德技术上的建议，即分析师应与各精神部门间保持等距，患者与分析师之间在移情-反移情中的关系并不重要，这样的观点仍普遍流行。梅兰妮·克莱茵提出了一种替代理论，强调自体与客体间的前俄狄浦斯冲突。然而，她的内在客体概念定义了一种相似的内化力量的封闭系统，也没有给互动过程留有太多空间。在弗洛伊德和克莱茵两个学派中，对于抵抗外来压力的内化力量的阻抗——即关于结构自主性的程度——都没有太多的质疑。

这个僵化的局面在逐渐改变。在英国，"客体关系学派"（object-relation school）的发展从费伦奇的著作开始，经费尔贝恩和巴林特，直到温尼科特的潜在空间（potential space）、过渡性现象（transitional phenomenon）、真我与假我（true versus false self）等极富创作力的概念。在欧陆方面，兰普尔（Lampl-de Groot）和格伦伯格（Grünberger）的著作为更好地理解自恋以及在精神分析情境中如何处理自恋铺平了道路。在美国，斯通（Stone）、吉特尔森（Gitelson）、里奥瓦多（Loewald）、克恩伯格和莫德尔（Modell）试图在温尼科特与经典精神分析之间进行整合。科胡特则拒绝任何整合，排他性地基于自体和客体的概念，发展出属于自己的自体心理学（self psychology）。在儿童精神分析方面，玛格丽特·马勒（Margaret Mahler）描述了分离-个体化（separation-individuation）的过程，而安娜·

弗洛伊德则提出了发展路线（developmental lines）的概念，极大地加快了承认客体关系对自我发展的重要性的趋势。当边缘型与自恋型人格组织得以进入分析，不断拓展的精神分析视野极大地丰富了我们的知识，我将依次探讨一下临床、技术及理论方面的发展。

非常脆弱的患者的特征，不是极度依赖别人就是极度防御对别人的依赖。第一类患者追求绝对的融合、合并以及共生。他们单独一人无法存活；若是没有客体，他们就会因自恋性失血（narcissistic hemorrhage）而消失。必须有人因为他们在那里，他们才能感觉活着。这种对他人的存在的追求与欲望的关系不大，而与需要的精神经济学有一定相关性，而这一经济学是成瘾行为（addictive behavior）和偏差性组织（deviant sexual organization）的基础，在偏差性组织当中，性被当作一种药物在使用。这就是边缘型人格组织。

另一类病人的特征是退缩、缺乏交流、甚至消极。只有独处时他们才是真正的自己。当这类人与其他人在一起太久，他们会因过度刺激而失去边界。他们会消失在与客体有关的无法预期的灾难性经验的洪流中。这就是自恋型人格组织。事实上，这些病人正苦于自恋的严重耗竭，他们的自体感处于消失的危险中。

否认与客体的分离创造出了一种错觉，仿佛客体是不可能失去也不会被破坏的自体的一部分。他人必须实现或部分实现这个病人的结构的功能。另一方面，病人否认连结的存在，以不沟通（noncommunication）来防御，意味着他将不得不维持着无所不能、自给自足的信念，同时又兼具强烈的、具压倒性的依赖特征，表现为对赞美的强烈渴望。在这些防御中，不管是与客体的连结还是分离都被否认了，这是非常明显的矛盾。这意味着，所有经典的防御机制都属于内在心理（intrapsychic）（即在心理内在的各部门间）的假设是错误的❶。此处防御的动机被引导向外界。必须防御的危险

---

❶　仅有一个例外，即在 1936 年，安娜·弗洛伊德所发表的和个体相关的防御作为一种对分离的否认的利他性屈从的描述。1951 年，在国际精神分析协会年会关于自我与本我发展的交互影响的讨论中，安娜·弗洛伊德宣读了一篇关于否认连结的论文："消极作为一种对于情感屈从的防御"（*Negativism as a defense against emotional surrender*）（Anna Freud，1952）。然而经典精神分析主流还没有准备好欣赏这篇论文的重要性，以及与客体相关的防御和冲突。

状况一定是与自体异常的脆弱性相关的。这种防御是用来对抗那种他人缺乏共情回应使得自体感破碎的可能性。因此，除压倒性的内在心理冲突外，人的另一个重要的冲突领域在人与其环境之间。弗洛伊德曾经认为这是精神病的特征。这些防御可被称为类精神病状态（psychoticlike），因为防御过程的核心就在与客体的连结上。通过情感作为媒介，对抗客体的防御出现了。

"自恋"病人之驱力及自我发展的停滞和退行，同与环境的连结失败相比，相对不那么重要。在先前客体关系中感受到的极度无助的创伤经验，诱使儿童绝望地试图掩饰和隐藏，形同撤回所有的"伪足"。因此，防御性自恋几乎总是对真实的无助状态的反应。儿童切实地感受到父母亲无法保护他（或她）免受外在真实世界的威胁。

事实是，一方面我们面临着天然在寻求或回避最原始的爱恋模式——融合——的精神组织（psychic organization），另一方面，对于现实的极端憎恨又被转移到了分析师和精神分析上，这两者对于技术均产生了深远的影响。自恋性移情及其处理让我们注意到分析师行为中关于神入维度的问题。为分析师提供这一维度的是他们自己整体的态度、目的和意图，即他们的"反移情"。照顾功能的这一要素，原本隐含于病人对分析师的自恋性连结，此刻成为普通的精神分析技术的一部分。这意味着分析工作要花费相当多的心力在面质患者自恋性移情的需求和自恋对其愤怒的防御功能方面。然而，这也包括通过指出患者失败中具建设性的部分来整合失败与成功，发现作为成长必需的负面形象的弱点背后所隐藏的力量，这种力量有时被视为对内聚力（cohision）的追求，而不是对情感的嫉妒或渴望。一旦病人被关注了，这样的确认（validation）形同于一面镜子的功能。精神分析治疗行动的核心就是分析师将他能够成为的形象传达给患者，这个形象不是病人惧怕分析师成为的那个曾经投注了驱力的怪物（Loewald，1960）。为了矫正父母亲对于情感的错误命名所造成的结果，"向上的"（upward）解释通常是必要的。如果将成长、进取、个体化的需求和变得"与众不同"的愿望，解释成俄狄浦斯竞争，分析师就好比把追寻健康的自体经验矮化成了一种具破坏性的冲动，因而会伤害到病人自体的价值感。这种情况通常是对父母的自恋愤怒（narcissistic rage）的重现，这样的父母无法忍受孩子成为独立的个体，助长孩子发展出了一种僵化的假我。

这种技术的典范并不来自于弗洛伊德的元心理学，而是来自于温尼科特的"抱持的环境"（holding environment），借此，分析情境和自恋性移情所必需的共情性氛围可以呈现并且加以处理了。

从这一点出发，分析情境本身被视为包含了母子关系的重要元素。将分析情境视为开放系统是一种视角。抱持的环境是由母亲所创造和保护着的一个世界，介于孩子和事实的"真正现实"（real reality）之间，通过真正的情感沟通来连接。即使分析师运用纯正而经典的技术，患者的回应仍然提供了一个全新的客体关系。在每个分析中，尤其是在自恋个案中，在某些控制良好的"真实瞬间"（moments of truth），病人察觉到他能够从分析师身上挑起真实的情绪是十分重要的。这让我们开始思索分析师敏感性的被动方面，这相对于其共情的主动特性。移情不应被限定描述为病人对分析师扭曲的觉知，也应包括分析情境中操控分析师的所有潜意识的和隐晦的意图，以便激发一种特定类型的反应。它是一种直接传达和释放情绪的方式，伴随着激起反应并影响他人的意图。"他人"，也就是分析师，不应害怕自己对此有所反应而引发情绪。简而言之，不管在主动或是被动模式中，分析师都可能察觉到情感的作用。主动模式相当于共情的过程，伴随而来的是某种令人愉悦的认识（recognition）。在被动模式中，分析师扮演承受角色，这是一种较不愉悦的感受，较不受意识的掌控，而分析师可能要通过自我分析的方法来辨认这种情感来源。后面这种模式也就是大家所知的投射性认同。在此，我们更进一步阐明了精神分析的基本数据包括对于情感的知觉感受，而这种感受相当于其他科学领域的视觉与触觉感受。

于是，抱持的环境围合出了一个空间，精神分析过程在这个空间里有了进化的潜力。它创造了一个既安全又足够令人愉悦的背景，让分析工作得以进行。其交互过程为内在心理过程的演变发展创造出了一种良好的氛围，这个演变发展将以移情神经症的形式呈现于眼前。这也让互动与支持这两个在精神分析领域受到质疑的概念获得了些许重视。

我们从最严重的病人身上学到得最多，这一事实让这些议题蒙上偏颇的阴影。 我们已经习惯于认定这些现象是深度的退行，然而我们也逐渐了解到，所有病人，包括许多功能相当好的病人，都期待融合，只是他们害怕缺乏共情的回应会毁灭他们的自体感。 这些人绝不是精神病病人或边缘型个案。

尽管内化概念是必不可少的，但这一理论的成功也可能使其在某一方面走得太远。 自体与客体间的分化，以及自体经由镜像作用获得确认的相关需求，并没有与前俄狄浦斯期联系起来，仿佛那只是一个独立的考古学层面的问题。 我们并没有像结构理论说的那样，完全内化了人类的环境，我们的骄傲将使我们确信这一点。 对于过渡性关系的需求，也就是与一个保护性客体保持连结的幻象，从来未曾终结。

弗洛伊德将精神分析通过痛苦的领悟加诸人性的自恋伤害，与伽利略（Galileo）的成果做了一个比较。 人们发现人并不是自己心灵的主宰，也意识到了地球并非宇宙的中心，人类是动物的后代。 然而，最近数十年来又出现了第四个令人类自恋受辱的事件，它不可否认地与精神分析领域内外的发现相关：人类不仅不是其心灵的主宰，在社会现实（social reality）方面，人类也远不如其以为的那样具有"自主性"。 人类的社会性焦虑（及与之相伴的堕落）远比弗洛伊德想象的要严重得多，或许那是因为他自己具有超凡的社会勇气。

所有这些对于理论形成都有深远的影响。 如何把驱使自我诉诸行动的力量概念化，这样的问题总是伴随着诸多争议。 自我功能不是因为它们存在而是因为它们被刺激了才会运作。 在经典的术语语汇中，自我处理的是库存的力比多和中性的能量。 它运用一种核心的决策功能（Rangell，1971），从作为核心驱动力量的自恋中汲取热情，激励人投身于理想和抱负。 除了激发自我功能诉诸行为之外，自恋也可能对自我功能造成破坏甚至威胁，就像在抑郁状态中那样。"超我理想" 和自我之间的冲突表现在抑郁症中。 在精神病与边缘型个案中，病理的本质被认为是内化的超我理想构造（internalized superego ideal formation）的缺陷或缺失：本应提供自我以足够的自我价值感的这个部门相当匮乏，这个自恋极重要的来源不得不由环境取代，就如同在很小的孩子身上发生的那样。 因此，在极脆弱的病人中，自我永远依赖于一个理想化客体，以取代失去的超我理想构造的功能，即提供自我或自体足够的自恋以执行其任务。 自体的脆弱性很大程度上应被视为攻击性带来的原始罪恶感的结果：与客体有关的防御通常是对于强烈的矛盾、虐待、嫉妒、愤怒和憎恨的保护，带来的结果是贪得无厌的自恋饥渴（narcissistic hunger）的恶性循环，因为自我惩罚式的攻击摧毁了现实的自我爱恋（Kris，1983）。 这些议题的争议并不在于冲突是否内化了，真正的争议是冲突内化的程度。

弗洛伊德的理论对我们的影响相当深远，甚至包括对极脆弱的病人的缺陷的理解。 在精神分析中经常可以见到，从病理性问题中获得的根本性领悟后来成为对更为普遍性特质的洞见。 成熟等同于内化的理解逐渐瓦解。 自我结构不再那么抗拒改变，超我比我们所以为的更可能妥协而放弃正直（Rangell，1980）。 理论上，用超出其能力的经典概念去解释新的数据也是一种滥用（Sandler，1969）。 内部依赖关系的研究必须以外部依赖关系的研究为补充，因此，经典理论需要借助于客体关系理论。 此时以下这些概念产生了竞争：自我与自体、超我理想形成与自体客体、力比多和攻击与情感、移情与自体客体关系、阻抗与共情失败。 矛盾的是，在这场竞争中，作为元心理学弱点的自体概念接管了最基本的自我功能，一种内化了的主动性（innitiative）的结构中心，同时又保持了一种心理知觉，巧妙地依赖他人的实时反应，认可或否决客体，抑或是被客体认可或否决。 那些回应、冲突、防御以及自体与客体间的关联则是通过情感这个媒介发生的。

我们还得建立一门围绕着内在心理与精神分析的双边关系（psychoanalytic dyad）的学科。 这个问题关系到我们收集资料方式的特殊性。 基本上，在精神分析情境中，分析师的两种不同功能会交替出现，分别是主观立场——共情地沉浸于患者的"内在观点"，以及客观立场——从较远处观察的"外在观点"。 最近数十年来，经典学派对结构方面的强调，如内化、自我-本我关系、"外在观点"、观察性立场、"我-它关系"（I-it relationship）（Model，1984）、内在心理等方面，被过程方面的内容所补充并转向了外在影响、自体-客体关系、"内在观点"、"我-你关系"（I-thou relationships）、共情的内省立场，以及互动的反应性。 或者，更简单地说，结构理论被客体关系理论补充了。

于是，精神分析包括了两种型态的知识，而这依然是它的主要矛盾点：它是一门诠释学，也是一门自然科学。 这同样也是弗洛伊德内心挣扎的问题，当时他说道："我大体上试着将心理学与其他本质上不同的理论清楚地区分开来，即使是生物学派的思想。 基于这个理由，我愿意在这一点上明确承认，区分自我本能和性本能的假设（即力比多理论）几乎没有心理学根据，其主要支持力量反而来自生物学原理的支持"（Freud，1914：79-80）。弗洛伊德主张我们应当更关注心理学现象，而不是等待生物学来解决我们的两难问题，并且得出他新的二元论（dualism）：撇开自我本能与性本能的对比，此刻我们必须着眼于自我力比多与客体力比多之间的对立；或，用更现代的术语，我们已经进入了自体-客体关系，而不再是自我-本我关系。

然而困难在于，所有试图整合这两个认识论观点的努力，都受挫于其极端僵化的理论本质。 最正统的经典学派分析师曾经试图通过贬抑客体关系理论的发现来解决这个难题。 另一个极端是科胡特，他完全脱离经典精神分析，为自体建立起一个绝对超乎自我的至尊地位，并且完全否定驱力作为动机力量独立存在的事实，而认定它只是一个碎片化的自体整合失败后的产物。 莫德尔（Modell，1984）则介于这两个极端之间，主张通过承认这两个都正确且不完整、又互相对立和矛盾的观点，接受彼此互补的事实，借此强调这个困境难以解决的特性。 他通过与量子力学（quantum mechanics）的比较来印证其观点：尼尔斯·玻尔（Niels Bohr）曾经主张，如果我们把观察者的位置纳入考量，关于电磁波的两种观点——粒子与波——都是正确的。 这样一来，基本的二元论就可以被接受，而不需要应变为共同的决议，要么耗损、要么整合。 莫德尔引述拜昂的观点（Bion，1970），认为"关系的科学（science of relationship），即关系到主体结构的一种元素与客体结构的一种元素之间的关系的一门学科，尚未建立起来"。 依照莫德尔的说法，我们需要的是一种超越内化的结构心理学，一种可以同时应用于精神分析双边关系的学问。

就在这样的情境下，桑德勒夫妇于 1983 年以地质学参考架构提出了他们的修正版本。 他们切断三重模型（tripartite model）和内化概念间的紧密关系，并且同意即使从一个非常严格的经典学派观点出发，自我、超我以及本我的分类法依然在某种程度上遗留了一个根本问题，即什么是人格中三个领域间沟通的通道。 弗洛伊德自己从不孤立地使用三重模型，而安娜·弗洛伊德在1972年曾说任何时候都可以自由自在地回归到地质学观点，并强烈建议参考她经常来回穿梭于地质学和结构模型之间的这一习惯，因为这种做法大大地简化了思维模式。 正如她曾公开承认的："有趣的是，当精神分析自称获得进展时，注意观察精神分析理论失去了什么。 意识到我们往前迈进的每一步都伴随着某些非常有用的东西的失去是重要的。" ❶

自体-客体关系、冲突以及防御的变迁，这些无法呈现于远离经验的结构模式中，但在地质学参考架构中则贴切得多，因为后者比较适合呈现经验性的概念。 同样地，前意识（preconscious）也适合呈现温尼科特的潜在空间概念，过渡现象和动作可以在这个区域发生。 桑德勒夫妇模式试图用"当下无意识"（present unconscious）概念来理论化地表述关于此时此地发生的自恋性依赖和自体-客体依赖，其模式还空间性地描绘了处于第二隔间（second box）里的次级审查机制，该机制源于避免羞耻、尴尬和屈辱，并会精细地朝此时此地的福祉和安全的方向调整。 第一隔间包含"过去的无意识"（past unconscious），它包括所有内化了的前俄狄浦斯冲突、俄狄浦斯冲突、青春期的童年冲突、冲突解决方法，以及自体-客体关系。 这个模式的优点之一是充分呈现了不同精神系统间的联系。 这与温尼科特的隐喻也有些类似：真我呈现于过去的潜意识中，而假我则呈现于当下的潜意识中。

除了它的固有价值之外，我曾经借用这篇论文来证明，相比于任何其他的精神分析议题，自恋这个议题更能证明弗洛伊德早期的理论建构至今仍然有用这一点。 除了地质学的参考架构之外，在我们现行的自恋观点中不难发现弗洛伊德情感-创伤理论中的某些元素。 然而，正是自恋这个议题，也弱化了弗洛伊德最令人困扰的发现——驱力——及其经济学观点的影响。

---

❶ 引自 Blum H，1985：90.

假如我们暂时忘记每天例行的精神分析实践，改用"学术性"思维来看待患者，我们会发现，现代生物学会看到完全不同的东西。弗洛伊德关于本能的概念，就像一些仅源自于生物体内部的概念，无法应用于客体关系的形成，而观察显示客体关系的形成是涉及两个人关爱互动的过程。现代生物学倾向于将精神分析本能理论采用的组织原则（organizing principle）视为一种老旧的观念。在每个发展阶段，从周遭环境中来的某些事物会很自然地（比如遗传、与生俱来）加入其中。这是人类与其他物种共通的现象。比方说，成长于社交孤立中的人类或动物是无法进行性行为的。另外，动物行为学家注意到，在灵长类动物族群中，重要的动机性信息（motivational information）是以情感作为媒介来传达的，也观察到情感交流的源头来自于本能。驱力的概念一直以来受到了持续的抨击。

弗洛伊德在其 1914 年的文章中尝试阐明自恋如同客体爱恋般具有性成分。现代有关自恋的精神分析文献则持相反主张：口欲期、肛欲期、生殖器期、俄狄浦斯愿望以及伴随它们的罪恶感，皆有一个自恋的核心。驱力概念已经被许多分析师渐渐侵蚀了；面对内在的挣扎，我们的立场又是什么呢？

当我们开始过于严密地检视我们的概念时，我们的理论崩溃了。努力且严格地为我们的概念"下定义"，会带来具体化的危机：自我-本我转变成生化发电厂，自体-客体则变成一种计算机游戏，从中我们发现了"表征"的引力与斥力。安娜·弗洛伊德从观察中得出的结论隐含了这一点，她谈的是防御的概念，但是她的评论却适用于所有的精神分析概念："重点是我们不该从微观角度检视它们，而是从宏观角度视之为庞大且独立的机制、结构、事件，不管你想要如何称呼它们……你必须摘下而非戴上眼镜看待它们"（Anna Freud，1965：90）。这同样也适用于驱力理论。我坚持认为，尽管精神分析驱力理论多有不足，不论它以何种型态展现，都不可以从精神分析中被排除掉。无论如何，它们应该被当做隐喻来使用，弗洛伊德就是这么做的。

在日常分析工作中我们体验到，通过最流畅的自由联想，一个人的气质、喜好、情感、情绪、激情、力量和行动等，穿透最顽固的阻抗进入了最具表达性的重演（enactment）。通过更深入的观察，我们知道这些气质、情绪、行动等的重要根源在这个人的童年和身体当中。精神分析因此隐喻式地保留了乐观的生命力、能量、生命及情绪的力量等概念，并将这些概念保存在看似矛盾的经验性情境中。引用弗洛伊德自己的话："本我的力量表达了个体生命的真正目的……将一个或另一个基本的本能限制于心理的某一个领域是毫无疑问的"［Freud，1940（1938）：148-49］。非常矛盾的是：情感、情绪、力量、紧张——换言之，"驱力"——是遍布在心灵各处的，不只在本我中，同时也在自我与超我中。对于这点，弗洛伊德并不认为人是一种被魔怪缠身了的怪物（possessed monster）。有人可能称之为情感——许多分析师的确这么说——只要它不意味着"被影响/被感动"（being affected）而定名为一种核心的驱动力量。科胡特称之为类似自体活力的东西，因此也在某种程度上重新承认了驱力概念的存在。

自我、超我以及本我都是一种隐喻，用来表达一种强烈情感需求，以及在自体（self）与非自体（nonself）之间的所有互动中寻求安全、价值和乐趣。在这些互动中，性、自恋和攻击扮演了最核心的激励角色。驱力的概念与分析师的个人气质有关，也与西方重视智性发展和强调个体化的传统有关。拉帕波特（Rappaport）在论述自我自主性理论（theory of ego autonomy）的文章中提到：

因此，最终保证自我从本我处得到自主性的是人类与生俱来与现实接轨的装置（即在"神经症性的""正常的"经典防御中，表征和客体是重要因子），而最终保证自我从周遭环境中获得自主性的是人类与生俱来的驱力（即，在"精神病性的"、与客体相关的对抗外部世界的防御中，作为重要因素的驱力；和性倒错相比）……人类与生俱来的驱力配备是自我从周遭环境获得自主性的最终（主要）保证，是它的保护装置使人免于被刺激-反应所奴役。

（Rappaport，1958：18）

说到底，理论不应该只是集结实际的知识所形成的贫乏的编纂物，尤其如果它碰触的是人权中最具人性的部分：儿童了解其情欲的权力。 于是，理论就意味着品味（taste）。

1926 年，弗洛伊德在写给弗朗兹·亚历山大（Franz Alexander）的信中表示说，他坚信，他所创立的精神分析有自身的活力，期待它在未来将超越他个人而继续成长："我不认为你与其他人应该就此开始整理和总结现有的精神分析知识。 你无法预测未来会冒出什么问题，在思索谁的解决方案更好时，你会由衷地想念我。" ❶

参考文献

In tracing the development of Freud's theoretical thinking I consulted Sandler, Dare, and Holder (1972), "Frames of Reference in Psychoanalytic Psychology," nos. 1–7, 10; and Leupold-Löwenthal, *Handbuch der Psychoanalyse*. For the post-Freud period I used formulations by McDougall, *Theatres of the Mind*; Modell, *Psychoanalysis in a New Context*; Sandler, "The Background of Safety"; and Thiel, *Psychoanalytische Therapieen*.

Balint, M. (1968). *The Basic Fault: Therapeutic Aspects of Regression*. London: Tavistock.

Bion, W. (1970). *Attention and Interpretation*. New York: Basic Books.

Blum, H., ed. (1985). *Defense and Resistance*. New York: International Universities Press.

5. My translation from the original, as reproduced in Leupold-Löwenthal, 1986.

Freud, A. (1952). A connection between the state of negativism and of emotional surrender. *Int J Psycho-Anal.*, 33:265.

―― (1963). The concept of developmental lines. *Psychoanal. Study Child*, 18:245–65.

―― (1965). *Normality and Pathology in Childhood*. New York: International Universities Press.

Freud, S. (1914). On narcissism: An introduction. *S.E.* 14:67–102.

―― (1926). *Inhibitions, Symptoms and Anxiety*. *S.E.* 20:75–175.

―― (1940 [1938]). *An Outline of Psycho-Analysis*. *S.E.* 23:139–208.

Gitelson, M. (1962). The curative factors in psychoanalysis. *Int. J. Psycho-Anal.*, 43:194–206.

Grünberger, B. (1979). *Narcissism: Psychoanalytic Essays*. New York: International

---

❶ 我最初的翻译正如利奥波德·洛温塔尔（Leupold-Lowenthal）1986 年转载的那样。

Universities Press.

Hartmann, H. (1960). *Psychoanalysis and Moral Values*. New York: International Universities Press.

Kernberg, O. (1975). *Borderline Conditions and Pathological Narcissism*. New York: Jason Aronson.

Kohut, H. (1978). The psychoanalytic treatment of narcissistic personality disorders: Outline of a systematic approach. In P. Ornstein, ed., *The Search for the Self*. New York: International Universities Press, pp. 477-509.

———. (1984). *How Does Analysis Cure?* Chicago: University of Chicago Press.

Kris, A. (1983). Determinants of free association in narcissistic phenomena. *Psychoanal. Study Child*, 38:439-58.

Lampl-de Groot, J. (1985). *Man and Mind*. New York: International Universities Press; Assen: Van Gorcum.

Leupold-Löwenthal, H. (1986). *Handbuch der Psychoanalyse*. Vienna: Orac.

Loewald, H. W. (1960). On the therapeutic action in psychoanalysis. *Int. J. Psycho-Anal.*, 41:1-18.

McDougall, J. (1982). *Theatres of the Mind*. New York: Basic Books, 1985.

Mahler, M., Pine, F., and Bergman, A. (1975). *The Psychological Birth of the Human Infant*. New York: Basic Books.

Modell, A. H. (1984). *Psychoanalysis in a New Context*. New York: International Universities Press.

Rangell, L. (1963). Structural problems in intrapsychic conflict. *Psychoanal. Study Child*, 18:103-38.

———. (1971). The decision-making process: A contribution from psychoanalysis. *Psychoanal. Study Child*, 26:425-452.

———. (1980). *The Mind of Watergate: An Exploration of the Compromise of Integrity*. New York: Norton.

Rapaport, D. (1958). The theory of ego autonomy: A generalization. *Bull. Menninger Clinic*, 22:13-35.

Sandler, J. (1960). The background of safety. *Int. J. Psycho-Anal.*, 41:352-56.

———. (1969). *On the Communication of Psychoanalytic Thought*. Leiden: University Press.

———. (1973). Frames of reference in psychoanalytic psychology. *Brit. J. Med. Psych.*, 46:29, 37, 143.

———. (1979). Frames of reference in psychoanalytic psychology. *Brit. J. Med. Psych.*, 49:267.

Sandler, J., Dare, C., and Holder, A. (1972). Frames of reference in psychoanalytic psychology. *Brit. J. Med. Psych.*, 45:127, 133, 143, 265.

Sandler, J., and Sandler, A.-M. (1983). The "second censorship," the "three box model," and some technical implications. *Int. J. Psycho-Anal.*, 64:413-25.

Thiel, J. H. (1986). Psychoanalyse en psychotherapie op analytische grondslag bij narcistische problematiek. In R. A. Pierloot and J. H. Thiel, *Psychoanalytische Therapieën*. Deventer: Van Loghum Slaterus.

Winnicott, D. W. (1958). *Through Paediatrics to Psychoanalysis*. London: Hogarth Press, 1982.

———. (1965). *The Maturational Processes and the Facilitating Environment*. London: Hogarth Press.

———. (1971). *Playing and Reality*. Harmondsworth: Penguin.

写给弗洛伊德的一封信

利昂·格林贝格（León Grinberg）❶

敬爱的弗洛伊德：

我被邀请筹划一场主题为《论自恋：一篇导论》的学术研讨会，这是您在1914年写的文章。我知道为了这个目的求助于您本人有些冒昧，但是我在筹划时遇到了某些困难，为了更好地完成这个任务，我是否有可能与您进行一次对话，请您解答我心中的疑问，并向您提出一些异议以及可能的新观点。

我的困难在于，我不仅要传播那些依然是精神分析理论基础的概念，还要质疑您提出的某些观点。体认到您对于真理的热爱和您在著作中一贯的诚实态度，我将用我的这些质疑作为对您诚实正直的科学态度和创作天赋的无上敬意。由于只有可被测量和被量化的学问才能被认为是"科学"，您的许多卓越发现要被迫置于符合既定规范的模式中。我也认为，您对于荣格和阿德勒不认同您的观点所产生的情绪，影响了您对于主题某些方面的处理。

您的文章令人敬佩，但同时也令人担心。它包含了根本的创新，例如自我理想、升华的价值、自尊、客体选择、自我观察部门，以及良知的概念；但是这些也伴随着某些自我矛盾以及可能备受争议的叙述，比如您在

❶ 利昂·格林贝格，马德里精神分析协会培训和督导分析师。他主持着马德里阿特纳奥斯的精神分析工作。

解释自恋概念时毫不妥协地坚持力比多数量的重要性，甚至因此几乎完全忽略了客体关系及其在这个概念中扮演的角色。

您自己不也教导我们要深入存在于潜意识中的幻想和愿望的迷宫吗？正因为如此，我们很难在坚持用能量多寡来解释爱和疾病的那个弗洛伊德身上找到您的身影。您认为，只有强加上"科学"的标志，您的那些构成精神分析理论基石的宝贵直觉才会受到重视吗？

结果是，"自恋"作为一个术语和概念变得混淆且具争议，衍生出许多不同的解释。不同的作者根据您的文章对自恋做出了各式各样的推论，认为它可以是一种性倒错、一个发展阶段、一种自我的力比多投注，以及一种特殊的客体选择。

如果自恋被视为一个发展阶段，这也是您自己的假设，为何后来您提及力比多发展理论时却未做确认。会不会是因为自恋概念包含了对客体关系的一种隐含的承认呢？即使仅仅通过本我-自我关系这一中介或因为自我视本身为自己的客体？或许自恋可以构成自体性爱的客体关系理论？您如何回应这样的观点呢？

或许，我曾期待对一些问题能有更清晰的阐述，比如自恋在个体生命中的主要功能、整体发展过程中自恋的重要影响，以及婴儿自恋如何转化成同样重要的成人的成熟自恋。当然，这直接关系到自恋的两种型态：生命中必不可少的健康自恋和病理性自恋，后者在您的论述中占主导地位，而且很显然，这也是日后精神分析文献所特别关注的。

现在我将尽可能清楚地阐明我对您提出的概念已有的理解、它们引发的疑问，以及我自己的观点。

在您文章的第一部分，您坚持以力比多理论为基础来解释自恋的发生，将它的源头归于自我的力比多投注。这个定义造成了本能理论的复杂化，当您将"自我力比多"（或是自恋力比多）与投注于客体的"客体力比多"鲜明地区分开时，这种现象变得更加明显。这个新假设出现之后，过去被视为自我保存本能所在的自我，由于力比多投注，现在被视为性本能的一个重要部分，即自恋部分的根源所在。这个改变让批评不绝于耳，因为您指向了一个一元论的本能化的精神概念，"将所有事泛性化"。 即使这样的批评毫无根据，您的研究取向一直是二元论的，但您的本能理论这一新概念的确面临着一个严重的阻碍。 这引发了人们对您的严重质疑，即便您花费数年时间得出的结论——割裂性本能和自我保存本能是无法令人信服的。 最后，您将它们整合为所谓的生本能（life instinct），用来与死本能（death instinct）对应。

我相信，自我和客体间动力性交互的结果与本能是息息相关的，而从生命之初就已经运转的情感，也是本能的组成部分之一。 作为创造意义和引发动机的情感功能，构成了寻求客体的基础。

在我看来，广为人知的"容器／内容物"（container/contained）模式，代表了被投射之物（内容物）和容纳它的客体（容器）间的动力关系，是理解自恋非常有效的工作假说（working hypothesis）。 此外，它也帮助我们了解了母婴关系可能的变迁。 婴儿需要将自己的焦虑和痛苦的情绪排空并转移至乳房。 正常的具有"恍惚"（reverie，也译为白日梦）能力的母亲，可以成为容器来接纳婴儿不愉快的情感（内容物），有能力抚慰婴儿的焦虑，将饥饿化为饱足、将痛苦化为愉悦、将孤独化为陪伴、将对死亡的恐惧化为平静。 她本身就是孩子的榜样。

因此，我们可以和孩子一起，从容器／内容物的观点来看待自恋。 孩子先被容纳在母亲的子宫这个容器中，接着是容纳在由母亲的"白日梦"（reverie）和耐受力所形成的容器中。 在出生后不久，孩子的自我转换成一个容器以容纳极其重要的一种情感，也就是爱（内容物），起初爱被导向他自身（自恋之爱），后来又以母亲为榜样导向客体。

自我总是期待从客体身上获得某些东西（比如满足某些需求、爱恋、安全），或是摆脱某些东西（压力、不安、焦虑、忧郁等），而依循的准则是快乐-不快乐原则。

您在文章中提出，自体性爱出现的时间早于自恋和自我的形成。 您认为必定有"某样东西" 为了使自恋呈现而被加到自体性爱上，当然，这里的"某样东西" 就是自我。 然而，我们可以假设自我的形成是个渐进过程，始于生命最初，所以与客体有关联的自我雏形必定一开始就存在。 您本人在其他地方解释说，婴儿吸吮拇指获得乐趣的举动源自吸吮母亲乳房的经验，现在以自体性爱的方式而再生。

然而，观察结果却显示，婴儿吸吮拇指出现的时间点早于接触乳房。如此一来，可能的解释就是对乳房（或是某些可以满足婴儿需求的东西）与生俱来的预想（prefiguration）。 这样的预想符合您所描述的"幻想雏形"（protofantasy）。

因此，自恋的任何定义都无法与自我的定义分开。 自我的存在有赖于一个客体，反之亦然。 两者分别通过互动得以形成。

您教导我们，自我的出现是本我表层受到外部世界的影响而做出的调整。 自我感受到来自周遭环境的刺激，但是环境由客体组成，尤其是喂养孩子的母亲，孩子通过母亲获得最重要的感觉。 很难说谁先主动接触谁，或许都是，索取的婴儿和给予的母亲之间就是一场和谐融洽的相遇。 起初，这种互动形成的客体关系，从婴儿的视角看来仍是一种未分化的关系（原始自恋）。 婴儿与母亲之间不间断的内射与投射鼓励着孩子的自我的成长，最终有能力分辨出客体是一个自主性的实体（继发性自恋）。

身体在自我的形成过程中扮演一个重要角色。 正如您所说："自我最初、最主要是一个身体性自我（bodily ego）。" 孩子有生物和情感上的需求，而母亲通过情感、爱抚、身体接触等方式来满足孩子需求的过程中也获得了性欲乐趣，两者的相遇，是身体概念发展的一个重要因素。

毫无疑问，生命之初，在持续的互动中母婴关系构成了一个心理单一体（psychic unity），这为孩子的自恋模式和性格特征打下了重要基础。 母亲除了具有满足孩子的需要这种与生俱来的、稳定持续的功能外，还必须回应孩子的情感并组织起孩子的回应。 用这种方式，她为孩子的情感和行为赋予了意义。 如果她回应得恰当，可以降低孩子情感上体验到的被迫害感的强度，激励其心灵与精神结构的成长，并且促进其健康自恋的发展。

孩子从与母亲融为一体之中获得的认同（原始认同）提升了童年期自恋的完美性，并部分促使孩子建立起对自己的爱，由此也引发了理想自我的发展。

全能感是自恋的主要特征之一，在孩子最原始的发展状态中得到了充分展现，此时正是孩子依赖性最强、自我最薄弱和最不成熟的时期。凭着和母亲融为一体的幻想，孩子的全能感得到强化。因而，每个愉悦的体验对他而言都是对全能感的证明。当然，孩子与乳房和母亲分离的过程就会对这种全能感和自恋之爱构成威胁。

我的观点是，原始认同建构了一种原始自恋状态，个体通过原始认同既是被动参与了又是主动构建了一个古老的、共生的、未分化的客体关系，在这个关系里孩子将从客体处获得其自我继续发展的必要因素。

自我的巩固将取决于孩子是否能够以令人满意的形式将足够多的爱导向自己（自恋之爱），这将是孩子努力和母亲付出的结果。如果没有成功，我们的自恋平衡会发生变化，会变得不堪一击，且持续地需要来自外部世界的增援以弥补其内部的匮乏。对于经历病理性自恋发展的患者而言，这种代偿作用是主要目标：他们寻求与"自恋性客体"（narcissistic object）建立关系，这些客体能够让他们觉得自己是活着的和真实的。然而，这种追寻本身也包含着从另一种形式的自恋中获得自由的意图，这种形式的自恋与死本能有关，表现为缺乏与客体建立爱恋关系的愿望，象征着这个世界或自我的死亡，抑或两者都死亡。这种具有强烈破坏倾向的死亡自恋（narcissism of death），必须与上述生命自恋（narcissism of life）有所区分。

一般来说，自恋之爱若得不到满足，爱的发展会受到妨碍，并无法延伸到客体爱恋。这与丧失挚爱客体的哀悼现象类似。我的看法是，这里包含了部分自体的丧失以及先前被投射到客体上的自我功能的丧失。

客体丧失（object-loss），就像被投射出去的部分自我的丧失一样，可能会带来一种抑郁的感觉，导致无法爱自己，或是伴随着匮乏、无助、低自尊的自恋之爱，形成一种"自恋创伤"。当这种情形发生时，对于客体的爱的发展也同时出现障碍。由于丧失有价值的自我形象所造成的自恋崩溃，带来一种极端痛苦的情感，有时如同经历了一场真正的抑郁大灾难。

棉线轴（cotton-reel）游戏和它引申出的镜子游戏（mirror game）时至今日在精神分析文献中仍是一个经典，我相信您在 1920 年所做的描述，孩子表达的是客体消失和他自己消失之间的关系。 在我看来，游戏的两个场景——棉线轴场景与镜子场景——形象地呈现出发生在哀悼过程中的戏剧性场面：当面临客体丧失时，"个体飞奔至镜子" 去察看自己的形象出了什么问题。 因此，在哀悼客体的每个步骤中，探索个体自我的状态以及对他自己的哀悼是必要的，以便准确把握住对外部客体的哀悼的本质。 此外，我认为当自我具有足够的自我修复（self-reparation）能力时，对健康地完成哀悼并充分修补内在客体是最好的。 这种自我修复符合我们所谓的健康或是正常的利己主义，既能关心自我，又同时关心客体。

在这点上，我注意到您并未深刻论述"自我兴趣"（ego interest）这个概念。 的确，除了极少数例外，这个术语从那时起就从您的作品中消失了。 玩点文字游戏，我认为您对于维护力比多概念的过度兴趣，取代并且减少了您在自我兴趣这个概念上的兴趣，而我认为它是非常重要的。

我相信自我兴趣必定与健康利己主义的重要议题有关，正如利他主义与对客体的兴趣有关一样。 难道您不认为，一个人越能够感受到满足、富有、有能力付出且因付出而受益，就会越有能力爱他人吗？

与此相反的情境可以在有"负性治疗反应"（negative therapeutic reaction）的病人身上观察到。 这些病人难以接近的特质可以归因于过度沉溺于受损的内在客体（damaged internal object）。 他们觉得在考虑到自己之前，必须照顾并修复所有他们爱恋和憎恨的客体。 这些客体是他们曾经用尽嫉妒和病态利己主义的力量攻击的对象，如此全神贯注于这些内化了的客体，会产生一种难以承受的潜意识的内疚。 他们觉得必须为他们的内在客体牺牲自己，而这就是为何他们如此顽固地抗拒治疗的原因。

病态利己主义也可能以其他方式呈现，造成其他类型的困扰，比如疑病症，个体将力比多从爱恋客体撤离，停止爱恋。 您本人也说过疑病症是研究自恋的途径之一，其他的途径包括器质性疾病和个体的爱情生活。 您提到力比多在器官中的堆积会造成不快乐，您又补充说，决定因素与其说是这个重要过程的绝对量，倒不如说是这个绝对量的某个功能。我相信通过这样的表达，您隐晦地转向了质性观点（qualitative view），因为您更多提到的是功能而非数量多寡。 我使用"质性" 字眼是有意想表达，您并未在这里太强调能量、紧张、释放这些不具人格的概念（impersonal concept），而是倾向于强调动机和意义的追寻。 疑病症的意义可理解为是将内在客体看管和控制于某个器官之内，个人体验到的是该器官受损，因而同时是恐惧和憎恨的。

您曾经拿疑病症与移情神经症的焦虑做比较。 当然，疑病状态范围相当广，从单纯顾虑自己的身体到疑病性妄想。 我建议我们可以提出"信号疑病症"（signal hypochondria）的概念，相当于"信号焦虑"，通过运用不同的防御来维护自尊和身体性自我的整合。 在分析中某些特殊区域的心理冲突被碰触到时，病人出现"疑病性微反应"（hypochondriacal mini-reaction）是比较常见的，可以明显看到这类病人接着就会开始抱怨身体问题。

我倾向于将您在文章中精彩论述的"自尊"，归入"健康的利己主义"、"自我兴趣"，以及我所提的"信号疑病症" 这一概念群中。

自尊是个复杂的情感-认知状态，是由众多因素所决定的。 它是一种自我的功能，隐含着一个评判或评估自体的主动过程。 除了对自尊的本质和性质做了生动描述外，您在文章中还提及了自尊会特别地、紧密地依赖于自恋力比多。 这个观点再度引起质疑和争议。 如果自尊被当做一种情感概念，您怎能认为它与源自本能概念的自恋力比多同义或可交换使用呢？ 如果您将自尊解释为自体的力比多投注，当力比多被投注到客体时，它必然会减少；相反地，当力比多从客体撤离时，它必然会增加。 但是，我们的临床观察有时却显示出不同结果。 我们注意到具有高度自尊的人最能够关心别人，而那些低自尊的人却无法如此，反而只关心自己。

当自尊受到威胁、贬低或是阻挠，自恋必须动员起来行使保护、恢复以及稳定功能。 为了调节自尊而动员自恋，与持久的客体关系并不会不相容，因为后者也具有相同功能。

自尊的调节是个持续性、主动性的过程。 为了检验它，我们可以诉诸于一个同时以"水平"和"垂直"的方式来代表自恋的模式。前者的特征是把自恋作为一个发展阶段，它意味着一个特殊型态的客体关系（自恋型），以及一个调节自尊的系统。后者指的则是调节自尊的一个持续状态，适用于发展过程的每个阶段，自恋于是成为所有发展阶段的一个组成要素，或许这更符合临床实践中经常观察到的现象。

这篇文章其余部分的内容对我来说也非常丰富，比如您关于两种客体选择的杰出研究，自我理想的概念也尤其突出。您对爱所做的某些观察非常有价值，比方说，人们的客体选择可能遵循依赖型态（负责喂食的女性，或是负责保护的男性），或是自恋型态（自体作为爱恋客体被寻求）。您的某些其他结论，却不完全符合临床经验。您说过一个恋爱中的人已然牺牲掉他的一部分自恋，结果因为力比多投注的撤离而导致自我贫乏。这种为了让爱的客体获益而导致的自身受损并非一直出现，我们经常可以观察到的是，爱他人的能力提升了自尊并且滋养了自我。此外，您为何如此强调男女性别间客体选择的差异？我认为这是有失公允的。男性和女性一样，都会寻求被爱以满足其自恋，就如女性可能接受客体所有的爱并将她们的自恋转移到客体上，而您认为这种状态以男性为主。

我觉得您文章的这一部分反映出一个严重的盲点。还应该问问您，为何避而不谈另一种重要情感，即爱的对立面——恨。您将它放在随后解释本能变化的一篇文章中。您认为爱有不止一种而是三种的对立面：爱／恨、爱／被爱，以及爱／冷漠。您又补充说自我爱自己而恨外在世界，因为那是个令人不愉快的刺激的来源。我的想法是，爱与恨从生命一开始就并存着，而且导向客体和自我的分量一样多。我的观点是，恨和攻击这两种您在文章中并未提及的情感，对于理解病理性自恋是非常重要的。

这种病理性自恋正是自恋神经症的特征，这是您非常重视的病症，因为它可以佐证你对自恋的定义，即自恋是基于力比多在自我中的累积。

在区分移情神经症和自恋神经症时，您的标准是，后者不会产生移情关系。尽管您有更深层的信念，但您依然坚持这个观点；在别处，尽管起初是悲观的，但您却并未排除未来有一天自恋病人可被治疗的可能性，因为您曾郑重提到，在许多急性精神障碍病人的内心，可以找到一个躲在某个角落里的正常人。

自从您坚持自恋神经症病人无法被分析之后，广泛的证据却显示精神病病人确实会对他们的治疗师产生强烈的移情，这种效果取决于他们的精神病理与童年创伤史。 这些案例中的移情并非只针对完整客体，它也是一种原始的、婴儿式的反应，基于原始过程的某些方面并导向部分客体，是由这类病人的解离（dissociation）特征引起的。

我不禁遐想，敬爱的大师，如果您后来可以亲眼见证自恋病人的可分析性，以及他们产生的移情有多么强烈，您会在多大程度上修改您的自恋理论。 或许，您会因此而较少强调力比多数量和本能因素的重要性，转而注重潜意识动机和幻想，以及自尊、自我理想等颇有价值的发现。

理想化、理想自我，以及自我理想都是您文章中令人振奋的部分。 您的叙述非常具有说服力：部分因为旁人的责备，部分因为对自己的批判，孩子无法长久地相信自己的完美；后来，他试着通过在自己心中重建自我理想来恢复完美的信念，而这个自我理想变成了"自恋的继承者"——婴儿期失去的自恋。 这个自我理想源自理想化的内在客体，它接受了自体的良好感觉和有价值的部分的投射。

我觉得您强调理想化和升华之间的区别是很重要的，前者与客体有关，后者则关系到本能，这个本能从性目标上移开而改变了它的客体，但并未屈服于压抑。 我还想强调最后一点，升华不仅意味着拓展较高层次的兴趣，同时也因为它不受制于压抑，还能协助丰富和拓展自我。

依照自恋的目标，通过激发并且保护自尊，自我理想大致上满足了个体极重要的情感需求。 但是，即使接受自我理想带来了满足，您同时也认为它增加了自我的需求，也造成了压抑。 于是您提到一个精神部门——良知，它的特殊功能是监控真实自我，并且根据那个理想来评判自我。 您还说这个部门和自我理想一样，源自父母亲和社会的批判性影响。 深受良知影响的自我理想因此带有了"超我" 的特征，时隔几年之后您就发展出了超我的概念。

问题来了：如何看待自我理想和超我之间的关系？ 在后来的著作中，

您认为它们是同义词，但是后来您又将它们区分开，认为超我是自我理想的携带者或载体。 现在，许多分析师倾向于在描述常态和病态时保留这两个概念在理论和临床上的区别。 比如，大家开始注意到早期超我形成是多么的残酷，因为被内射进来的客体充满施虐特质，而这个特质源于孩子的口腔期施虐和肛门期施虐冲动的投射。 您本人也承认超我的严厉性不仅来自于内化了的父母的攻击，也来自孩子本身的敌意。 更高级发展状态的超我会变得更为成熟和友善。 正常的自我理想决定了个体渴望追求的价值和理想，有助于在适度区别内外在现实的前提下强化认同感。 另外，病态的自我理想是专制且具迫害性的，强加了极高且无法达成的目标，当自我无法满足完美的要求进而确保其自尊时，它通常会陷入自恋抑郁，感觉就像失去了具备这些特征的"自我理想客体" 的爱和保护。

矛盾的是，通过自我理想获得的完美特质要对压抑"自恋性完美" 和启动自体的释放负责。 您指出自我的发展存在于远离原始自恋的进程中，方式是将力比多转移到外界所强加的自我理想上。 您还强调自我理想具有个人和社会两种成分，举例来说，社会成分可以是家庭或国家的共同理想。 您又说，由于无法符合理想所带来的不满足会导致同性恋力比多的释放，继而转变成一种内疚感或社会焦虑。

遗憾的是，后面这一点这么重要，但是您在文章结尾时却只是简短带过。 无法跟踪这些引人入胜的概念的发展颇令人沮丧，好在您数年之后又回到了这些概念。 或许，是深刻的内省和充满智慧的教学唤起了您想要探索更多的欲望吧。

这封信已经相当冗长，但是在结束之前，我还想给出一个关于您的自恋理论造成的影响及后续发展的大纲。

自从您写下原文之后，出现了数量庞大的著作，其中包含将自恋概念应用到精神分析理论和临床的许多观点。 以下观点影响最为深远：将自恋概念化为力比多对自体而非自我的投注；客体关系理论带给自恋概念的影响；自恋中自体和客体表征的重要性；重新定义自恋为非本能化的术语，是一种情感福祉的"理想状态"；自恋型人格的临床重要性；将自恋视为一种结构或是一种状态；自我理想对于维持或调整自尊的影响；自恋和身份感

（feeling of identity）之间的关系；将自恋视为对情感的一种防御。

过去几年，许多理论在精神分析学界获得了广泛的关注。 第一种理论主张自恋概念相当于原始客体关系，全能感扮演着重要的角色，且不承认自体和客体的分离，嫉妒和攻击占据主导，这种病态的自恋要区别于另一种力比多的、正向的自恋。 第二种理论认为自恋是个享有特权的关系状态，代表人们意图回到出生前的住所。 根据第三种理论，孩子倾向于用两个部门来替代原始自恋的完美：夸大自体（grandiose self）和理想化的父母形象（idealized parental imago）；它强调力比多投注的发展，但未考虑攻击的变化带来的影响。 第四种理论则主张夸大自体并非被力比多投注的老旧构造，而是一种真实自体、理想自体，以及理想客体的病态凝缩；它关系到力比多和攻击两种本能，认为自恋投注和客体投注是同时发生的。

尊敬的弗洛伊德、我心中的弗洛伊德、我昔日的导师，与您这样的对话深深激励着我，让我对您文章中的重点有了进一步的理解，而将其他晦暗不明的部分留在了有用的联想中。

我不知道您对我写的这些会有何想法，我也不确定是否清楚传达了我对您这篇内容丰富的文章的敬意、疑惑，以及我对某些观点的异议。 无论如何，我打算公开这封信件，以便让学生、同事和我自己一起来反思您的观点，好沿着您的伟大发现为我们所开辟的这条道路继续前进。

利昂·格林贝格敬上

弗洛伊德的自恋

威利·巴朗热（Willy Baranger）❶

在精神分析理论建构中，自恋这个概念具有和认同概念差不多的地位：两者皆导致精神分析理论的大幅度重构。 认同衍生出彻底不同的精神结构观点，而精神结构主要源自于客体关系的变迁，负责建构任务的就是认同作用。 一经提出，自恋就彻底颠覆了本能理论；心理冲突的终极根源变成处于力比多与破坏性之间的斗争，即爱神（Eros，生本能）与死神（Thanatos，死本能）之间。

然而，自恋概念的另一个方面与我们现在的主题关系很密切。 自恋理论直接影响到客体和精神部门（自我，甚至是超我）的概念，也引发了某些相当复杂的问题。 只有最严谨地研究过弗洛伊德对于自恋的众多论述后，才能够了解他赋予这个术语的多重意义以及理论上特有的复杂性。 即使是他自己，当时在使用这个术语时所表达的意义也并不单一。 弗洛伊德在1909 年或是 1910 年将这个概念引进精神分析理论，但是它越来越频繁地被使用，最终包含了与原意明显不一致的现象。 同时，新的概念与旧有的论述共存，这在弗洛伊德思想演化过程中是常见的。 因此在研究任何理论之前，必须先回答两个问题：弗洛伊德提出自恋概念的必要性何在？ 这个概念演化的主要阶段为何？

第一个问题回答起来很容易。 提出这个概念的需要，首先来自于弗洛伊德的论文中关于达·芬奇（Leonardo da Vinci）的同性恋研究。 另一个

---

❶　威利·巴郎热，布宜诺斯艾利斯精神分析研究院培训和督导分析师，乌拉圭精神分析协会荣誉主席，COPAL（现在的 FEPAL）前主席，秘鲁精神分析协会荣誉会员。

重要因素是弗洛伊德及其信徒们对于我们现在所说的"精神病状态"（psychotic state）逐渐产生兴趣，这个兴趣在弗洛伊德关于史瑞伯的回忆录令人赞叹的分析中达到了巅峰。至今，使自恋的提出成为必要的仍然是这两个根源。

正如拉普朗什（Laplanche）、彭塔利斯（Pontalis）❶ 和史崔齐（Strachey）❷ 提到的，自恋这一概念的发展史经历过一次剧烈的方向转变。弗洛伊德在《自我与本我》（Freud，1923）中对于这个概念做了一次影响深远的修改，即使这些学者们竭尽全力想解决这次修改造成的矛盾，结果还是留下了悬而未决的疑问。此外，我们该如何解释亚伯拉罕想法中的矛盾之处❸？他不合格地拥护着一种"简单"的理解，认为力比多发展过程中有一个自体性爱阶段，接着出现自恋阶段，其特征是客体的口欲并入（oral incorporation of the object）。

自恋最终成为所有精神分析理论中最富争议也最模糊的概念之一。我们必须从纯粹的语义学入手，逐个检视弗洛伊德在著作中赋予这个术语的众多意义，然后探讨它们所引发的问题。

"自恋" 这个术语的九种意义

自恋有九种意义并且可归纳为三类，每一类分别包含三种意义。第一个类别主要认为自恋与力比多的型态或变动有关。在第二个类别中，重点是在自恋状态下的客体，而自恋问题则跟以内射型态呈现的认同并存。最后一个类别包括这个术语延伸出的态度、感觉和个性特色，这代表对一个人的某些部分的重视、贬低和过度评价。

"自恋" 这个术语包括了下列意义。

---

❶ 《精神分析的语言》（*The Language of Psycho-Analysis*）（London：Hogarth Press and Institute of Psycho-Analysis，1973：255）。

❷ S. E. 19：63-66.

❸ 卡尔·亚伯拉罕精选论文（*Selected Papers*，London，1927：496）的《从精神障碍视角对力比多发展的一项简短研究》（*A Short Study of the Development of the Libido，Viewed in the Light of Mental Disorders*）。

1. 力比多的一个发展阶段，其特征为所有力比多集中于或指向自我。依此观点，它标示出介于自体性爱阶段和客体选择阶段之间的中间阶段（$S.E.$14：69）。这样的话，自我的力比多兴趣从外在世界被分离出来的所有阶段，特别是睡眠（$S.E.$14：225）、精神病（$S.E.$12：72）、一般认定的胎儿期（$S.E.$14：222），都会被描述为自恋。

2. 让这个阶段成为可能的过程。比如，我们说到"原始自恋"，即力比多集中于自我（或在弗洛伊德区分了自我与本我之后，认为是本我的力比多集中于自我），或是过去朝向外在客体的力比多撤回并朝向自我，此为"继发性自恋"。

3. 关于这个发展阶段的固着点（point of fixation），牵涉到同性恋倾向，以及"自恋神经症"（以现在的术语就是精神病）的病因方程式（etiological equation）。

4. 在"自恋型客体选择"（narcissistic object choice）这个术语中，自恋有不同的意义，表示个体会依据自身的特征来选择客体，或符合他自己本身具有的某些真实特质（比如性别），或符合他曾经有过的、未来想拥有的等特质（$S.E.$11：100）。

5. 类似地，自恋型选择的情境可以被内射进来（"自恋认同"，$S.E.$14：250）。此处，"自恋"并非直接指向自我而是指向自我理想（$S.E.$14：94），或指向理想化客体，他要么模仿这个客体，要么遵循其指令行事。这种情况下，自恋的核心不是自我，而是超我或自我理想，并会为它做出调整，这是唯一真正值得称赞的。

6. 进一步来看，"自恋"这个术语指的是一整套态度、状态、甚至性格特征，来源于个体通过对自身的全部或部分做出不同程度的自我评估或高估，导致的结果在单纯的自尊到自大狂式的全能感这一范围内（$S.E.$12：72）。因此，这里的自恋指的是个体自豪于他或她的美丽（$S.E.$12：138），指的是孩子和"原始人类"对于他们自己的想法所具有的力量的高估现象（$S.E.$13：89-90），指的是女性心理学的一个特征：期待被夸赞与被爱（$S.E.$14：253），以及男性对阴茎重要性的高估现象等。弗洛伊德甚至描述不同型态的性格类型，其主要特征是它的力比多的"自恋" 本质。

7. 凡是减少自我的自尊，或是减少它被重要客体所爱的感觉的任何事物，称之为"自恋受损"（narcissistic wound）。

8. 有一个地方指涉"微小差异的自恋"，甚至指涉男性和女性之间的"微小差异"（*S. E.* 11：199）。

9. 最后，我们必须提到倒错自恋（perverse narcissism），这个术语也出现在其他现象中，意味着以自己的身体作为凝视和爱恋的客体。

自恋与自体性爱

注意到自体性爱与自恋概念提出的时间差距是件有趣的事。 前者第一次出现在弗洛伊德写给弗利斯（Fliess）的信中，日期是 1899 年；后者则迟至 1909 年才出现，比它被正式"引入" 精神分析理论的时间早 5 年。 弗洛伊德在信中认为自体性爱和自恋本来是无法区分的，直到 1909 年，他才认为有必要将它们区分开来。 接下来我们将看到，他在遭遇了不少难题后才成功地做出了这样的区分。

最低的性层级（sexual stratum）是自体性爱，它与任何心性目的（psychosexual aim）无关，只要求局部的感官得到满足。异体性爱（包括同性性爱和异性性爱）随后出现，但是自体性爱的确以一个独立趋势继续存在着……妄想症再度消解了认同作用，它重建了所有已经被舍弃了的童年期的爱的形象……它将自我本身分解成一些外来形象。因而，我将妄想视为自体性爱趋势的一股前进浪潮（*S. E.* 1：280）。

这段正确地预言了 15 年后在《论自恋：一篇导论》 一文中发展出来的许多议题；它清晰地表明，一方面自体性爱的概念是力比多发展的一个状态，另一方面，构成这个状态（自体性爱）的情境中也包含了某些客体关系。 这导致了若干年后弗洛伊德对自恋概念所做的区分。 从这个观点来看，当客体被引进这个理论时，自恋就与自体性爱清楚地区分开了，这个时间点与达·芬奇的同性恋和史瑞伯的精神病有关，也就是说，当区分力比多的性质已不再能摒弃客体关系及其结构时，理解其临床意义的需求就产生了。

看起来，将自恋概念引进精神分析理论或许并未带来太大的混淆，反而有助于澄清，但事实并非如此。正如下列引文显示，弗洛伊德在诸如自体性爱、自恋，以及它们之间的关系等概念之间摆荡，这些概念的前后发展顺序也无迹可寻（除了可能在1929年后倾向于不再认为自体性爱是一个发展阶段外；然而，正如我们将看到的，这一次摆荡被另一次同样重要的摆荡所取代）。在某些段落中，弗洛伊德认为自体性爱是力比多发展中早于自恋的一个阶段；在其他段落，他却认为这是一种自恋阶段特有的满足模式。在他的一些著作中，自体性爱被定义为客体缺失；在另一些著作中，他又认定自体性爱与客体关系共存，甚至认为是在关系建立之后才出现的。

作为一个阶段的自体性爱

这是弗洛伊德的第一个想法（请参阅1899年他写给弗利斯的信，上文已引用）。他在1910年时再度谈及："由于在婴儿期性生活的第一阶段，满足感是从自己的身体获得而外来客体是被漠视的，我们称这个阶段为［源自哈夫洛克·埃利斯（Havelock Ellis）所采用的字眼］自体性爱"（S. E. 11：44）。

在研究史瑞伯个案时，他再度更有系统性地谈及这个发展的观点。

最近的研究已经将我们的注意力引向力比多发展的一个阶段，即力比多从自体性爱通往客体爱恋的过程。这一阶段被称为自恋……在个体发展中有一个时间点，在这个点上他统合了自己的性本能（在此之前都被用于自体性爱活动）以便获得一个爱恋客体；他从将自己的身体作为一个爱恋客体开始，并且只有在这之后才能发展到选择他人作为客体（S. E. 12：60-61）。

他选择的外在客体非常类似于他自己（同样性别），之后才能逐渐选择异性恋，这十分合乎逻辑。 在此，弗洛伊德很清楚地描绘出一个分为四个阶段的发展过程：自体性爱、自恋、同性恋客体选择，以及异性恋客体选择。 同样的描述也呈现在《图腾与禁忌》（*Totem and Taboo*）（*S.E.*13：88-90）中。

在《论自恋》 中，弗洛伊德清晰地论述了将自体性爱与自恋这两个发展阶段区分开的必要性："一个相当于自我的单一体（unity）不可能从一开始就存在于个体中；自我必须被发展出来。 然而，自体性爱的本能打从一开始就已经存在，因此，为产生自恋，必定有某种东西——一种新的精神活动——被加到自体性爱上"（*S.E.* 14：77）。

作为自恋特有行为类型的自体性爱

弗洛伊德写道："最初，在精神生命的最开端，自我受到本能的投注，在某种程度上能够依靠它自己满足这些本能。 我们称这个情形为'自恋'，而称这种获得满足的方式为'自体性爱'。 此时，外在世界不被投注兴趣（一般意义上的），也与满足的目标不相干"（*S.E.*14：134）。 这段和之前引文的矛盾之处显而易见，而下面这一段落让问题更加复杂：

我们已经习惯于称呼自我发展的早期阶段为"自恋"，在这个阶段，性本能获得自体性爱满足，而并不急于探讨任何有关自体性爱与自恋间的关系。这样，窥视欲本能（scopophilic instinct）的初期阶段就必须被归入自恋，在这个阶段个案自己的身体就是窥视欲的客体，而我们必须把它描述为自恋的形成（narcissistic formation）（*S.E.*14：132）。

此处出现了阐明自体性爱和自恋间关系时的大部分难题的根源：自我概念的定义缺失，以及个体自己身体的定义缺失。 窥视欲（scopophilia）此时为两个彼此矛盾的概念建构起一个连结：客观地说，一个新生儿"拥有"一个身体却"没拥有"（对弗洛伊德而言）一个"自我"来充当一个有组织的部门。身体最先是所有满足感和痛苦的所在，自我是后来才建构起来的。正如弗洛伊德的建议和雅克·拉康（Jacques Lacan）所强调的（"镜像阶段"，the "mirror stage"）那样，窥视欲，即注视自己的身体带来的愉悦感，表征着把自我建构为一个拥有（或被容纳入）自己完整身体的有组织的部门的重要时刻。

稍后，在《精神分析导论》（the Introductory Lectures on Psycho-Analysis）中，弗洛伊德再度采纳这第二个观点：

自恋是所有事物共通和原初的状态，客体爱恋只能后来才发展起来，自恋也不必因为这个发展而消失……许多性本能开始于个体在自己的身体上找到满足感，即我们所说的自体性爱，而且……自体性爱的能力是在现实规则中性教育滞后于整个过程的基础。因此，自体性爱将会是力比多分配的自恋阶段的性活动（S.E.，16：416）。

很有可能，弗洛伊德本身的某些矛盾来自于其概念模式的含蓄改变。自体性爱在一个纯粹"本能的"架构中具有某种意义；我们可以说它被禁锢于这样一个封闭系统中：一种富含能量的形式中蕴含着拥有其本能的身体自我（body-ego），就如同发生在个体自己体内的能量释放过程。弗洛伊德写道："在自体性爱的本能中，器质性源头扮演的角色是如此关键，因此根据费德恩（Federn）和杰科尔斯（Jekels）颇具信服力的想法……器官的形态与功能决定了本能目的的主动性与被动性"（S.E.14：132-33）。此时，自恋牵涉到了客体（不要忘了，这个概念本身源自于客体关系的研究；同性恋选择／自我作为一个客体取代外在客体）。了解这个原因后，我们就不会惊讶于弗洛伊德在谈论自体性爱、自恋、客体间的关系时的摇摆不定。

一方面，自体性爱被定义为没有客体的力比多。另一方面，弗洛伊德认为力比多的性客体从出生后就已经存在：

　　当最初的性满足依然与营养的摄入联系在一起的时候，性本能就有了一个除婴儿自己的身体之外的性客体，以母亲的乳房形态存在。直到后来本能才失去了那个客体，时机或许就在孩子有能力形成一个"人"的整体概念时，给他满足感的器官就归属于这个人。一般来说，性本能因此变成自体性爱（*S. E.* 7：222）。

　　就起源阶段而言，我们因而得到了一个自相矛盾的答案：客体阶段早于自体性爱。

　　然而，我们的问题并未就此终止。逻辑上讲，总会有第三种解决方式，而这也可以在弗洛伊德的说法中发现——自体性爱和客体爱恋并存："随着这样那样的自体性爱活动，我们在非常幼小的孩子身上即可发现性愉悦的本能成分（或是，我们想说的力比多）的显现，而这必须以有一个外部客体为先决条件"（*S. E.* 11：44）。弗洛伊德关于时间点的论述（"精神生命的最开端""性满足的最初期""非常小的时候"等）非常模糊，因此我们想要整理出一个前后连贯且忠于其思想的脉络就失去了基础。弗洛伊德是在试着找出解决方法，并且通过轮流变换不同理论框架的参考架构来论述每一个解决方法。

　　然而，我们的困境依旧。弗洛伊德对于这些棘手问题的做法是提出新的概念和新的鉴别法：原始自恋和继发性自恋、自恋力比多以及客体力比多——所有这些却让自恋的概念更加复杂。复杂的情势随着死本能的发现而变得更糟。要论述施虐（sadism）与自恋状态之间的关系已经够困难了，还要对最后这些概念的兼容性做出一个连贯的论述，就更加困难了。

原始自恋与继发性自恋

　　弗洛伊德在其第一部伟大著作中提出的原始自恋和继发性自恋之间

的区别，事实上是他更早期作品的一个延续。史瑞伯的自大狂（megalomania）早已引发了弗洛伊德对重获婴儿式全能感的思考；他创造的"原始自恋"术语也与后者有关（或许也与针对史瑞伯的思考有关）。

（在自大狂中）从外部世界撤回的力比多被导向自我，因而产生了一种称为自恋的态度。但是，自大狂本身并非新创造；相反，据我们所知，它是之前早已存在的某种情形的夸大和更清晰的显现。这引导我们将通过客体投注而产生的自恋看成是继发性自恋，叠加在因为受到不同因素影响而变得模糊不清的原始自恋之上（S. E. 14：75）。

弗洛伊德后来在《精神分析导论》中重提这个争论。在《论自恋：一篇导论》中，他更彻底地研究了原始自恋的变迁：

自我的发展有赖于脱离原始自恋，并引发一股恢复那种状态的旺盛企图。脱离的过程是通过将力比多转移至一个外界所强加的自我理想而达成，而满足感通过实现这个理想而达成。

同时，自我散发出力比多客体投注。自我因为支持这些投注而变得贫瘠，就如它支持自我理想一样；而凭借自我在客体得到的满足感，它再一次充实自己，如同凭借实现理想所获得的满足感一样。

自尊的一部分是原始性的——这是婴儿期自恋的残留，另一部分则源自于被经验证实的全能状态（自我理想的实现），而第三部分则源自于客体力比多的满足感（S. E. 14：100）。

这个段落的确非常重要，不但因为它清楚地展现出自恋力比多的三种不同变迁，而且还因为它接受了个体可能接收自外部世界的自恋满足感——如同我们即将看到的，这造成了后来对力比多和客体的两种类型的区分——此外，也因为它引进了另一个部门以作为强而有力的自恋满

足感的来源，也就是自我理想，在 1923 年它改变了名称和内容而成为超我。

然而，弗洛伊德提出的自恋却面临着理论难题，因为他一方面假设存在着两个彼此冲突的本能类别（性本能与自我本能）——他无法舍弃这样的对立，除非他放弃整个思想体系的基础，即心理冲突——而另一方面他也假设存在一个位于自我的力比多，且正因为位于自我而难以和自我本能区分开。而这严重打乱了该理论。

下面这一段落显示了他对摆脱这一僵局的尝试：

某些性本能，就我们所知，有能力获得自体性爱满足，也很适合充当快乐原则所主导的发展的载体……那些从一开始就需要客体的性本能和那些从未有能力获得自体性爱满足的自我本能需求，很自然地破坏了这个（原始自恋）状态，并由此铺设了通往更高级状态的道路。的确，原初自恋状态（primal narcissistic state）将无法跟上发展的脚步……除非每个人类个体都会经历一段无助且需要被照料的时期，而这点不是事实（*S. E.* 14：134）。

这是一个令人惊讶的结论：首先，并非所有力比多都是自恋的，而只有一部分力比多一开始就需要客体；第二，自我本能从未获得过自体性爱满足的能力，因此它们需要一个外在客体（在婴儿早期无助状态下母亲的照顾，弗洛伊德这样描述）。我们有理由怀疑，在谈到"从一开始就需要一个客体"的力比多，以及需要一个客体以确保个体生存的自我本能时，弗洛伊德是否没有将"客体"这一术语用在两个根本不同的意义上。关于这一点，在他的其他著作中更为明确。无论如何，完全的原始自恋状态的想法被摒弃了（因为显然没有人能够脱离它）。

亚伯拉罕的模式 ［《对精神障碍视角对力比多发展的一项简短研究》］也是从一开始就被驳斥，因为假设的前提是存在某个没有客体的自体性爱阶段以及以"将客体完全并入"为特征的自恋阶段。如今，在《论自恋：一篇导论》一文中，到处都有客体。

一次失败的革命

在将自恋整合进"自我本能和力比多"这对相互对立的概念中时，弗洛伊德遇到了困难，加上他沉浸于对精神病、正常发展和神经症中的内疚及哀悼等的研究，导致了他对本能理论的彻底修改，同时也带来一场纷扰不堪的革命。这个革命开始于 1920 年的《超越快乐原则》（*Beyond the Pleasure Principle*），当时弗洛伊德将自我本能和力比多放在一起，当作生本能（Eros）的两种不同形式、两种生命本能："我们冒险再进一步，认定性本能就是生本能，是所有事物的保护者，自我的自恋力比多是从贮存的力比多中获得的，身体细胞是靠着那些贮存的力比多彼此相互依附的"（*S. E.* 18：52）。除了层面上（生物学层面和心理学层面）的混淆，在弗洛伊德的这篇著作中，这种混淆远比其他著作多，自恋力比多被用于较深层的意义，其根源直接来自于身体，无论如何其水平低于自我。这个革命已经开始，而它的原则不久之后在《自我与本我》（*The Ego and the Id*）（Freud，1923）中将得到非常清晰的论述。

然而，弗洛伊德在同一年，即 1923 年，出版了两篇百科全书文章（Two Encyclopaedia Articles），他在文中描述了他历年来的想法，不过却使概念更加混淆：

自恋：最重要的理论进展绝对是将力比多理论应用到压抑的自我上。自我本身被视为所谓的自恋力比多的存储库，客体力比多投注从这里流出，也可能再度被撤回至自我。在这个概念的帮助下，我们才有可能专注于自我的分析，并且在临床上将心理神经症（psychoneurosis）区分为移情神经症与自恋障碍（*S. E.* 18：249）。

在第二篇文章中，弗洛伊德隐约提及《超越快乐原则》（*Beyond the Pleasure Principle*），特别注明："自我保存本能的力比多现在被描述成自恋力比多，而大家公认这种高度的自我爱恋构成了事物的原始与正常状态"

（S. E. 18：257）。 时间和模式都被弄混淆了：在《论自恋：一篇导论》一文的开头，自我是这个力比多的"存储库"（而非水平低于自我的某种东西，如同前面的引述）。 这里自我保存的本能再度变成了"自恋力比多"，因为弗洛伊德一时忘了他在自我本能和自恋力比多之间确立起来的本质差异，前者的满足不可能是自体性爱式的，且从一开始就需要客体，而后者依定义可经自体性爱得到满足。 然而，弗洛伊德的健忘并不彻底，因为他只承认"高度的"自我爱恋为事物的原始阶段，暗示一定量的自我本能仍然置身于这个属性之外，或初始力比多的一部分并非自恋的。 我们纠缠在各种矛盾当中。

我们当然希望这些只是暂时性的。 的确，就在 1923 年，看起来弗洛伊德在《自我与本我》中已经对 1920 年的发现给出了一个最终结论，即将自恋力比多的"伟大的存储库" 置放于本我中，而现在则建构成一个部门：

这似乎暗示着自恋理论重要的扩展。在最开始，所有的力比多累积于本我，而自我则仍然处于形成过程中，或仍然脆弱不堪。本我将部分力比多投注于性爱客体，于是已经日益茁壮的自我尝试掌管住这个客体力比多并迫使自己作为爱恋客体依附于本我。因此，自我的自恋是从客体撤回的继发性自恋（S. E. 19：46）。

我们因此得到一个革命性的承前启后的概念：自我不再是力比多的"伟大的存储库"，本我才是，是本我发出了最初也是最重要的客体投注。

第一类的自恋，自我的自恋，已不再是原始自恋而是继发性自恋。 它的根源是被本我所"投注" 的客体，而本我正是自我认同的对象（即自我将本我内射进来）。 这个术语于是被颠覆过来：弗洛伊德曾经称为"原始自恋" 的，现在有必要称为"继发性自恋"。

然而，千万不要因为这个承前启后的发现而高兴得太早。 从 1923 年直到他的晚年，弗洛伊德又回到自恋的第一个概念，基本上认为它存在于自我而非本我。 从一段又一段的引文可以证实："自我本身被力比多所投注……

自我，的确是力比多最初的家，而在某种程度上仍然是它的总部。 这个自恋力比多转向客体，因此变成客体力比多；它可以再一次变回自恋力比多"（*S. E.* 21：118）。 再如："自我一直都是主要的力比多的存储库，客体的力比多投注从此处向外发出，也再度回到这里，然而大部分的力比多恒久维持在自我中"（*S. E.* 22：103）。 即使在 1938 年的《精神分析大纲》（*Outline*），一部被公认重要但却未完成的、整体理论也未经弗洛伊德本人修订的著作里，最重要的段落如下：

力比多在本我与超我中的表现很难评论。我们所知道的都和自我有关，所有可动用的力比多起初都被储存在其中。我们称这个状态为绝对的原始自恋。它持续到自我开始以力比多投注客体，将自恋力比多转变成客体力比多。自我穷其一生保持着伟大的存储库的角色，从这个地方力比多投注被发出至客体，而它们也会再次被撤回到自我，如同阿米巴原虫的伪足一般（*S. E.* 23：150）。

即使在 1923 年做了澄清，这个混淆依然未能解决。 这个革命留下彼此不相容的机构（此处指的是概念）同时并存。 让弗洛伊德无法对 1923 年的概念保持真实的最大困难或许是本我（因为它缺乏组织）可以"投注" 客体的想法。 为了爱（或恨）一个客体，必须要感知它、认出它，并且将它与其他客体区隔开。 可以执行这个任务的实体是一个具有有序的自我的主体（subject）。 虽然 1923 年的解答比较连贯，但却遭遇到主体这个问题，而这正是精神分析理论中每次艰难地改变方向时所遭遇的困境。

"伟大的存储库" 与 "阿米巴原虫"

刚刚引发的问题，也就是弗洛伊德在自恋理论上的自相矛盾，难逃詹姆斯·史崔齐（James Strachey）犀利敏锐的眼光，他在《自我与本我》 的附录 B 中特别提出，称之为"明显自相矛盾的观点"。 他巧妙地认为弗洛伊德在许多关于自恋的描述中，同时或连续诉诸两个隐喻：一个是阿米巴原虫伸出和缩回伪足，另一个是存储库，它可以将自己清空以填满某些其他东西，也可以取回它释放出的能量并回填到自己身上。 我们有了一个生物学模式，又有了一个水力学模式，这引发了矛盾。 因此，我们很难接受史崔齐调和这些矛盾的尝试。 让我们接着往下看。

史崔齐认为存储库的比喻是暧昧模糊的：它可以代表一个液体存储槽（或是类似的东西），或是供应这种液体或是其他物质的源头。 或许本我就是这个源头，而自我是存储槽，本我的产物则累积其中。 然而，从一开始，自我与本我，存储槽与源头，就未被区分开；根据史崔齐的说法，这减少了"明显的自相矛盾（用弗洛伊德的说法）"。 现在轮到我来替史崔齐作解释。 当他提到弗洛伊德"明显自相矛盾的观点" 时，他指的可能是一个明显的矛盾（an obvious contradiction）（这是事实），或是一个表面上的矛盾（an apparent contradiction），但并非根本矛盾（这是史崔齐的意思）。 在精神分析中，大致上我并不相信生物学隐喻的效用，更不用谈水力学隐喻。 既然这样，当谈到能量来源又同时涉及伸出伪足时，这些隐喻就变得不连贯了。

然而，正如史崔齐所言（我同意他的观点），这是次要问题。 重要的是，弗洛伊德有时候坚持客体投注是从本我出发，而只是继发性地间接地通过"向心的"（为了避免"内射" 这个字眼）认同到达自我；在其他场合，他又主张力比多整体被认为来自本我而朝向自我，只是间接地到达客体。

史崔齐的论点在此似乎无助于理解。 当他后来立即谈到或许这两个过程并非不相容以及"有可能都出现" 时，我再也无法理解。

自恋与客体关系中的力比多与客体

当然，尽管弗洛伊德主要将自恋定义为一个特定的力比多变迁，但伴随着的客体和精神部门或结构的变迁也是无法分隔开的。 我之前一直更专注于前者，必要时才提出后者。 现在我打算从第二个观点来检视自恋；在此再一次强调，分隔并不可行，而重复也难以完全避免。

客体选择的两种型态

正如我们所看到的自我本能和力比多间的对立关系，弗洛伊德认为前者

"从一开始"就需要一个客体，而后者的一部分必须从一开始就拥有一个客体，而另一部分则被集中于自我。自我因此被转变成为力比多的存储库，进行客体"投注"，接下来力比多又可能被撤回自我本身。然后，被导向客体的力比多和留存于自我内部的力比多会彼此对立。这些力比多型态之间会存在某种平衡，但是不曾有一个绝对的平衡，因为一定"数量"的自恋力比多有必要留存于自我之中，而被导向客体的力比多可能同样在性质上保有自恋的特征："大致来说，我们也观察到自我力比多与客体力比多之间的对立。其中一方越被使用，另一方就变得越匮乏"（S. E. 14：76）。

当弗洛伊德指出自我本能的客体依次变成力比多的客体时，这个"简单的"平衡变得复杂起来。在这种情况下，力比多被附加到自我本能上，产生一种特殊型态的客体选择："依赖"或"依附"型态，与此对比的是自恋型客体选择，即选择一个类似于个体本身的客体（或是类似于个体过去的或是期待的样子，或是类似于个体过去被爱的样子，或是与个体有着同样的性别等）。请注意："依赖"（Anlehnung）这个词指的不是力比多与其所"依附"的客体之间的关系，而是指力比多对一种自我本能的依附，而这个自我本能引领它（译注：指力比多）朝向一个特殊的客体：

性本能起初维系于自我本能的满足；直到后来它们才真正独立出来，此时我们才从一些事实获得了关于这个原始依附关系的启示，即负责喂食、照顾及保护婴儿的人后来成为他最早的性客体：最初是母亲或是替代母亲的人。然而，在发现我们称之为"依赖"或"依附"型态的客体选择类型和来源的同时，精神分析研究又揭示出我们未曾预期会发现的第二种型态。我们发现，第二种型态尤其体现在力比多发展遭受某些障碍的个体，比如性倒错和同性恋，这些人后来在选择爱恋客体时并不以母亲而是以他们自己本身作为模板。显然他们寻求以自己作为爱恋客体，展现出一种必须被称为"自恋"的客体选择类型。在这个观察中，我们有最充分的理由采纳自恋这一假说（S. E. 14：87-88）。

在这些情况下，"回归自恋的道路被铺设得特别平坦"（S. E. 16：426）。

爱恋明显源自依附型态（*Anlehnungstypus*），而非自恋型选择。弗洛伊德表示男性比女性更具第一类客体选择的特征，但是这个议题应放在不同的语境下考虑。

在自恋型选择的情况下（即被选择的外在客体类型），自恋的回撤必然更具致病性（无疑的，也较彻底）；阿米巴原虫伸出与缩回它的伪足，正常情况下，人类在隐喻层面也是如此，因而可以适时作出新的客体选择。在病态哀悼中，在抑郁中，在"自恋性"疾患中，变动的能力丧失，而（力比多的）回撤变得不可逆。弗洛伊德在此为心理学探索打开了一个广阔的领域。自恋性客体的结构仍然留有许多惊喜有待被发现。

爱与自恋

弗洛伊德对于恋爱状态的描述具有很高的理论重要性。这种状态暗示有相当分量的自恋力比多涉入其中，而这个力比多作为满足的条件被储存在客体。被客体爱恋对于个体自恋来说变得不可或缺："恋爱中的人，好比丧失了他的一部分自恋，且只能由被爱来替换。从所有这些角度而言，自尊似乎与恋爱中的自恋元素有着某种关系"（*S. E.* 14：98）。

再深入一步就会有不同的情况发生，类似于改变自恋力比多的核心；可以说这是将一个人被看重的那部分储存于客体："当我们在恋爱中，为数不少的自恋力比满溢至客体。尤其明显的是，在许多型态的恋爱选择（love-choice）中，客体都是作为我们未达成的自我理想的替代物。我们爱它是因为它的完美，而我们的自我也想努力达至这种完美，现在以迂回的方式获得，作为满足自恋的方式"（*S. E.* 18：112-13）。

弗洛伊德描述的另一个恋爱的案例将问题引向更深层，预设了一个更加完整的结构性转移，自我彻底变得贫瘠不堪，而自我理想则在客体中占据一个位置，所有的完美特质都加诸客体。"一只蠕虫爱上了一颗星星"，这是维克多·雨果（Victor Hugo）的一个剧中人物所言。这暗示了复杂的结构程序，我们只能根据弗洛伊德之后的著作来了解，比如梅兰妮·克莱茵的作品。

在下面的段落中，弗洛伊德显示出他对问题复杂性的觉察，也意识到不可能只用本能这一术语来论述这个议题，而这是我认为最重要的段落："必要时，我们可以说本能'爱'客体，并借此奋力达到满足的目的；但若说本能'恨'客体则会让我们感到奇怪。因此，我们意识到爱与恨的态度无法被用来解释本能和客体的关系，而适于解释整个的自我和客体的关系"（S. E. 14：137）。这解决了许多长久以来当我们思考"伟大的存储库"时所遇到的困难。伟大的存储库既不会爱也不会恨。爱与恨的实体是"一个"自我、一个人、一个主体。这种分析技术中基本的区分并未逃过弗洛伊德的观察，他写道："本我在哪里，我就会在那里"（这里的我，而非自我）。这个区分是由拉康指出来的，有别于当今常见的德语词汇的翻译。

弗洛伊德在许多段落中提到，恋爱很自然地引导我们进入理想化的历程。在某种意义上，这等同于自我的扩大（aggandizement），也可见于自大狂，通常还伴随着妄想。它也与自我理想的形成有很密切的关系："性理想可以与自我理想形成一种有趣的辅助关系。当自恋满足遭遇真实障碍时，性理想可以被用来作为替代性满足。在这种情况下，一个人在恋爱时的客体选择和自恋型态会是一致的，爱恋的人会是他曾经是但已不再是的样子，或是拥有其未曾拥有过的优点的人"（S. E. 14：101）。

自恋的结构化功能

弗洛伊德毫不怀疑婴儿的自恋和自我理想的形成之间有密切关系。自恋状态下的理想自我（即被理想化的自我）是自我理想的雏形，来自于先前被投射到一个外在客体的理想自我的重新渗入（reincorporation）。

理想自我现在成为自我爱恋的目标，在儿童期这是让真实自我享受的一个目标。个体的自恋被替换并现身于这个新的理想自我，而这个理想自我正如同婴儿期自我，觉得自己拥有所有宝贵的完美特质。从力比多角度出发，人也再度显示出对曾经享有过的满足感的无法放弃。人总是不愿放弃儿童期的自恋性完美；随着成长，人开始受到来自他人的训诫和严厉的自我批判的影响而无法再保有那份完美，他试图在一种自我理想的新形式中恢复那份感觉。眼前被他投射为他的理想的形象，即为他在儿童期所失去的自恋的替代者，当时他就是他自己的理想（S.E. 14：94）。

这个就是"自恋性认同"的过程，是"两者中比较老的"（S.E. 14：250）。弗洛伊德在此暗示了一个非常重要的结论。以自恋为基础的认同（现在的说法是"内射"认同）一开始是比较容易达成的。我们可以说内射进来的客体首先根据婴儿的需求被塑模，然后只经少许修饰后才被再度内射回去。尽管术语与弗洛伊德的有所不同，但是想法还是相当类似的。

现在轮到自我理想成为满足许多自恋性格的来源："能够想象自己优于他人"的满足（S.E. 21：143），或是"意识到克服一个困难"的满足（S.E. 23：118），即使这与力比多的需求是相违背的。

在此，带着想象中完美特质的自恋状态和认同作用汇聚在一起，对人格中非常重要的部分加以结构化（structuring）。

自恋与施虐

弗洛伊德已让我们确信，自恋概念对于解释临床实践中的许多常见现象的正确性和必要性。但仍有不少相关的难题，比如调和婴儿期自恋"完美性"的任何尝试，以及存在于内部的本质上的破坏性本能（1920年后更甚）对令人不舒服的真实世界的轻而易举的否认，这种破坏性本能与自恋的幸福感（narcissistic felicity）根本上并不相容。

弗洛伊德当然明白问题的存在，并在其理论发展过程中以不同的方式解决了它。这些解决方式都很有意思，甚至连他最忠实刻苦的读者也会惊讶不已。

这个主题在《本能及其变迁》（Instincts and Their Vicissitudes）（Freud，1915）一文中被提及，弗洛伊德比较了窥视癖和施虐的命运："同样地，施虐转化成受虐意味着对自恋客体的回归。在这两种情况下（即消极的窥视癖和受虐），通过认同自恋主体被另一个外来自我所取代"（S.E. 14：132）。具同样意义的另一段引文可在同一部著作中发现：

如果考量我们建构好的初级自恋阶段的施虐，应该会得出一个更为普遍的理解：（本能）被转向至个体自身的自我，历经主动到被动的反转，这些本能的变迁依赖于自我的自恋组织（narcissistic organization），并烙印着那个阶段的特征。它们或许类似于在自我发展的较高阶段出现的防御，是被其他方式影响而形成的（S.E. 14：132）。

这隐约透露了施虐的自恋组织。 这段引文怎么可能不被理解成是在表达原始受虐（primary masochism）？ 然而在同一部著作中这个观点却被明确否定了："不按我所描述的方式衍生于施虐的原始受虐，似乎未被发现过"（S.E. 14：128）。 在这部著作中，弗洛伊德提出一个更简易的解释，已被某些当代的精神分析学派用烂了："的确，恨的关系的真正原型或许并非源自性生活，而是来自自我延续与保存自己的努力"（S.E. 14：138）。 此外，"恨，作为与客体的一种关系，比爱还古老。 它源自于自恋性的自我对外在世界最初的排斥"（S.E. 14：139）。

至此，我们有两个可供选择的解释：第一，存在一个施虐的自恋组织，这意味着导向自我的施虐（即原始受虐——这是现在已经被扬弃的概念，但弗洛伊德稍后将会提到）；第二，施虐和自恋（主要是力比多性质的）无关，而是源自于现实带来的不可否认的挫折。

幸亏弗洛伊德并不满足于第二个（较简单的）解释。 一直到《文明及其不满》（*Civilization and Its Discontents*）（Freud，1930）我们才又找到另一个观点：

在性施虐中，死本能把性爱的目的扭曲成其自身的意义，同时又完全满足了性爱冲动，我们从中可以获得对其本质的最清晰的理解，以及它与生本能的关系。但是即使它出现在不带性目的的情况下，在最盲目的暴怒所造成的破坏性中，我们也能认清本能的满足是伴随着一种极度的自恋享受的，因为它呈现了自我获得全能感以达成自恋的古老愿望。当破坏本能被节制和驯服并在目标上被抑制，当它被导向客体时，必定满足了自我至关重要的需求，也是自我对天性的控制（S.E. 21：121）。

即使最后这段引文没有回答我们最初的疑点，它也已经趋近于问题的答案。

弗洛伊德的整条思路倾向于认为，自恋中有"一个施虐组织"。本我与其"死本能"（1920 年后），既是破坏性也是自我破坏性（self-destructiveness）的源头。正如弗洛伊德有时所认为的，这并不源于自我为了抵御外部世界或多或少的敌意的需要，而是源于纯粹的本能因素。

结论

在弗洛伊德著作中自恋概念史

自恋的概念在弗洛伊德的著作中有着非常复杂的历史，其发展道路不但不平坦，还时常中断、充满起伏甚至意义的改变。最初，后来被定调为自恋的概念和自体性爱的概念是混淆的（Freud，1899）。这个定调的过程在1900—1914 年之间逐渐进行，主要原因是必须斟酌一系列的现象，包括同性恋客体选择和自大狂。

自体性爱和自恋随后倾向于被清晰地区分开。前者指的是自我形成前的一个无客体状态，以及个体通过自己的身体获得力比多满足的模式。后者则最初隐含着力比多与外在客体选择间的关系，此时力比多放弃这个客体而返向自我本身，回复到先前自我是所有未来客体原型的状态。

我们于是有了五个术语：作为力比多的一个阶段的自体性爱、作为力比多的一个满足模式的自体性爱、继发性自恋、原始自恋，以及既不能达到自体性爱满足又不能像力比多那样可被区分成不同状态或阶段的自我本能。弗洛伊德犹疑在这五个术语之间，时不时地用不同的方法来片面地调和它们［比如，坚持有两个阶段（即自体性爱和自恋）与自我本能同时存在］。

1923 年，随着《自我与本我》 的完成，他的概念也形成了体系。 这时他假设有一个所有力比多集中于本我的原始自恋阶段，自我此时正在形成当中。 这个本我投注于客体，而自我接下来认同这些外在客体（伴随着从本我朝向自我的投注所对应的方向）而构成继发性自我；过去被称为继发性自恋的情况现在反而成为原始自恋。 自体性爱不过就是一种满足模式，是从结构上被定义的自恋状态的满足模式。 同时，自恋的概念日渐丰富，因为自恋满足可以来自于：①本我，本我爱恋自我就像它过去爱恋外在客体一样；②自我被超我爱恋的感觉；③超我的肯定，超我肯定自我服从了它的命令。 本我爱恋自我；超我爱恋自我；自我爱恋本我与超我。 那么，自恋应该是一种重现于这些部门间的天堂般的和谐状态——一种来自天父的恩赐，祝福亚当与夏娃结合在一个养分充足、远离仇恨、并且可以食用任何果实的天堂。

弗洛伊德没能坚守住《自我与本我》 一文所建构的原始自恋与继发性自恋的概念，以及自体性爱的定义。 因为某些有关于理论参考架构和本能理论发展的缘故，自恋的整个问题再次掀起波澜；自我的所有这些本能，不再与力比多有根本上的差异，另外，两者在根本上也与另一类本能，即死本能相反，死本能现在彻底撼动了现存的秩序。

问题于是变得难以解决，弗洛伊德又回到较早期的自体性爱与自恋的定义，甚至包括施虐的原始自恋组织（这绝对是合理的，只是与其他概念不一致）。 从历史观点来检验，我们看到：①自恋概念不可或缺；②弗洛伊德从未成功地完全让它与其他的分析理论兼容（而且这些理论又不断变化）；③我们将永远也无法得知弗洛伊德所谓的力比多的"伟大的存储库" 到底是指自我还是本我。

弗洛伊德探索自恋的结果

1. 荒谬的是，自恋的研究为客体关系与客体结构的研究带来了根本性的推动。

2. 弗洛伊德式的"客体学"（objectology）开启了新的篇章，特别是关于性倒错、恋爱中的状态、团体、精神病以及正常发展。

3. 我们开始了解客体结构和主体本身及其部门的（镜像的或是想象的）特征间的关系。 自恋就是结构化。

4. 任何过于简化的力比多发展阶段模式（亚伯拉罕）从一开始就被排除了。 不管是自体性爱还是自恋，现在都不能仅仅被视为一个线性演化中相对简单的阶段：①因为弗洛伊德并未解决自体性爱到底应该被定义为一个发展阶段还是一个满足模式的问题；②因为一个强大的力比多的对抗者，即死本能，出现于1920年后，同时伴随一个不可避免的"施虐自恋组织" 概念。 要是当时在这一点做过适当的考量，往后的精神分析思想或许可以避免许多错误与困境（我这么说是完全认同亚伯拉罕为了整合所做的努力，即使后来由于许多分析师顽固地决定不再思索这个问题而使其成为研究的障碍，但在当时仍然有其价值）。

5. 显然，弗洛伊德在他的后期著作中逐渐放弃了自体性爱的概念（除了作为自慰满足模式的意义之外）。

弗洛伊德掀起的问题

1. 弗洛伊德的犹疑和自相矛盾引发了重新定义自恋的需求，现在不是从力比多或是"死本能"阶段的角度，而是从客体关系的角度来看待。

2. 存储库与阿米巴原虫的隐喻未能重新定义。 假如它们被摒除，弗洛伊德思想中的矛盾的其中一个基础将会消失。

3. 弗洛伊德发现的两种客体关系型态（依附型态与自恋型态）本身具有无穷的发展潜力，只要依赖不仅仅被视为一种本能对另一种本能的依附，也可以被视为一种客体关系型态。

4. 自恋概念本质上似乎包括一个视觉的元素在内，就像纳齐苏斯（Narcissus）的神话。 自恋的客体摆荡在身体、身体影像、作为一种部门的自我，以及带有某种真实或想象特征的人之间。

"论自恋" 的当代解释

奥托·克恩伯格（Otto F. Kernberg）❶

弗洛伊德这篇内容极其丰富的短文透露出他思想中几个新的发展，提出了一些他最根本和最坚持的观点。 他发现自恋是心理发展的一个阶段，是正常恋爱生活的一个重要部分，从调节自尊的维度来看是多种精神病态（精神分裂症、性倒错、同性恋、疑病症）的核心动力，是自我理想的起源，以及通过自我理想成为大众心理（mass psychology）的一个方面。 仅有的与自恋有关但未在这篇短文中讨论的、涉及当代临床精神分析的议题有两个：被视为性格病理学（character pathology）的一种特定类型或范围的病理性自恋，以及病理性自恋作为自恋性阻抗（narcissistic resistance）被看成是精神分析技术的一个重要因素。 然而，使得这两个议题成为可能的理论与临床观察，却早已隐含在这篇影响深远的论文中。

接下来我会针对弗洛伊德这篇短文做出批判性的解读，聚焦在它涵盖的那些观点的命运上，特别针对它们日后如何被增补或修订。

研读弗洛伊德这篇短文的标准版（Standard Edition）（Freud，1914b）时，我们必须谨记史崔齐的"本能" 相当于弗洛伊德（Freud，1914a）的驱力（drive），此外，弗洛伊德将这个术语用于纯粹的心理学而非生物学架构，以表示精神动机（psychic motivation）的一个来源。 还有一点很重要，谨记译者的"自我"（ego）并非结构理论中的自我，而是史崔齐选择用来指代弗洛伊德所谓的我（德文的"*das* Ich" 或是英文的"I" ），具有更为

---

❶ 奥托·克恩伯格，纽约医院康奈尔医疗中心韦斯特切斯特分部副主席、医学总监；康奈尔大学医学院精神科教授；哥伦比亚大学精神分析训练和研究中心培训和督导分析师。

宽广和主观的含义。 比方说，当弗洛伊德描述到沉溺于爱恋中如何导致
"自我匮乏"（*S.E.*，14：88），很显然他指的是一个自体（self）的感觉，
而非一个一般性的精神结构。 除了导致概念的混淆之外，史崔齐对使用
"自我"（ego）这一术语的坚持还具有一种缓冲作用，我们今天在精神分析
语境下读到"本能" 时的惊讶反应，一定程度上补偿了这个缓冲。

驱力理论与早期精神发展

综合关于人类性发展、精神分裂症、神经症、性倒错，以及原始文化研
究的间接证据，弗洛伊德拓展了他的力比多理论。 他主张力比多从原始自
恋阶段演进到投资（investment）于客体，并且倾向于后来以继发性自恋的
形式将投资于客体的力比多撤回自我。 这种理论陈述，在这篇短文的开头
清晰且简洁地做出，立即在弗洛伊德心中引发出新的疑问（他在下面几页中
会讨论），对我们也是一样，而那是精神分析理论仍在处理中的问题。

弗洛伊德探索了原始自恋与自体性爱的关系，其结论是自体性爱是力比
多驱力的一个原始表现，并且必定在生命一开始就存在了；而自恋则是力比
多投资在自我身上，必须以自我本身的发展为前提，因此，自体性爱的出现
必须早于原始自恋。 其次，他也探索了原始自恋（作为投资于自我的力比
多）与自我保存驱力之间的关系。 标准版对于这段短文（Freud，1914b：
73-74）的翻译是："就这个意义而言，自恋并非一种性倒错，而是一种出于
自我保存本能的利己主义的力比多补充物。" 接下来的讨论中，有一个本
身具争议性的部分——即，弗洛伊德批评荣格包罗万象的"力比多"的新概
念——弗洛伊德极力主张暂时维持自我本能（自我保存）与力比多间的区
分。 如我们所知，他自己后来也于 1920 年扬弃了自我驱力的观点，当时他
主张力比多与攻击、生命与死亡驱力的双重驱力理论（dual-drive theory）。

在这篇短文中，关于自恋与客体力比多的论述，最引人注目的部分是弗
洛伊德关于力比多投资于自体和客体这两者间的紧密关系的概念，以及常态
与病态间辩证关系的核心功能——这个概念引出了后来的正常自恋与病理性
自恋的概念。 用当代的语言，我们可以说力比多投资摆荡在自体与客体之

间，产生于内射与投射机制，决定了自体与重要他人的情感投资（affective investment）的彼此强化，内在与外在客体关系世界同时建立，又彼此增强。然而，弗洛伊德的新论述还是带来了新的疑问。

即使我们不将自我保存与自恋力比多是否相同这个过时的问题纳入考量，原始自恋的概念本身依然是一个主要问题。根据目前对早期发展的了解，质疑弗洛伊德隐含的假设是合理的，即精神（psyche）源自于一个我们所谓的封闭系统。因此，马勒和弗雷尔（Mahler & Furer，1968）提出的最早期发展过程中的"自闭"（autistic）阶段的假设如今已经受到质疑（Stern，1985）。不管什么样的能力让自体-客体分化（self-object differentiation）存在于生命的前几周或几个月，内在精神发展（intrapsychic development）最早期的几个阶段似乎是以反映自体和客体的象征性结构的平行的、同时的发展为特征。换言之，我对在婴儿和原始客体间的真实关系的精神经验之前，就已经存在自体性爱和自体或自我的概念表示高度的怀疑。

精神分析师仍然持续论辩着，在克莱茵（Melanie Klein，1945 & 1946 & 1952）与费尔贝恩（Fairbairn，1954）学派中，是否人在最早的婴儿时期就已经存在着一个分化后的自体；或是，在雅各布森（Jacobson，1964）与马勒学派（Mahler & Furer，1968）中，是否发展过程中的共生阶段（自体与客体尚未分化）是精神生活中最早的组织框架；或是，是否像斯特恩（Stern，1985）所假设的，自体与客体分化的能力是与生俱来的，而我们需要对其转译成内在精神经验的部分进行探索。但是，所有这些理论趋势都指向非常早期就同时存在的自体与客体表征的发展，并且质疑自体性爱与原始自恋状态的概念（除非原始自恋被认为等同于原始客体爱恋）。事实上，在这篇自恋短文结尾的其中一页，弗洛伊德自己仿佛后来才想到似的，事实上已经将原始自恋等同于原始客体爱恋！"客体力比多返回自我并且转变为自恋，重现了一如从前的快乐爱恋；另外，一种真正快乐的恋爱相当于客体力比多与自我力比多无法区分的原初情境（primal condition），这也是事实"（Freud，1914b：100）。

一种平行的讨论已经确立了"原始受虐"概念的地位，以弗洛伊德后来的力比多与攻击双重驱力理论的观点来看，原始受虐构成了原始自恋的配对物，而这篇短文中完全未提及。这个讨论也点出，在弗洛伊德的作品中缺乏一个力比多和攻击发展概要的普遍性整合，时至今日这仍是一项未完成的任务。

虽然最近的婴儿研究认为，在实际行为中，婴儿在生命的前几周就有能力极其精细地分辨客体，我们仍然不得不对与生俱来的行为模式和其精神表征进行分辨。我们也有必要牢记对心理经验做象征化操作的能力是在哪个阶段发展的。依照雅各布森与马勒的说法，我认为大约从生命的第 2 个月到第 5 个月，婴儿开始发展自体与客体的原始表征（primitive representation），但是此时仍无法分辨这两者。

这些自体-客体表征（self-object representation）分为两类，依据它们形成的经验而定。如果经验是愉悦的（特别是在愉悦的高峰情感状态的情境下），就会建立起一个"正向"的自体-客体表征；如果经验是令人不愉悦的（特别是在创伤的、痛苦的高峰情感状态的情境下），则会建立起一个"负向"的自体-客体表征。我相信投向正向或愉悦的自体-客体表征的力比多，与投向相对应的痛苦的自体-客体表征的攻击性是平行存在的，因此，力比多与攻击同时被投向了原始的、未分化的、融为一体的自体和客体表征。然而，在轻微或中度的正向或负向情感状态下，一种较分化的经验的整合才可能发展出来，伴随着对于自体和他人的更具现实导向的知觉，逐渐地与较"极端"的心理结构相整合，而这些结构是由被力比多和攻击性投资的、情感体验非常强烈的自体和客体表征所构成的。

回到我们的起始点，我认为自恋力比多与客体力比多同时发展于情感投资（affective investment）中，就自体与客体而言它们尚未分化，而自恋力比多与客体力比多只能逐渐从未分化的、正向的自体-客体表征的母体中分化出来。攻击性也是一样的，不管针对的是自体还是客体。

利用这个发展框架，我提出了情感的概念，这与驱力和驱力发展的概念密切相关，而这异于生命初期就存在一个已分化的驱力的概念。作为总体驱力的力比多与攻击，在出生的瞬间有多大程度是"现成的"，以及（或）在往后的时间中会有多大程度的成熟与发展，以及情感与驱力发展间的关系，仍旧是精神分析领域中具争议性和研究性的议题，在其他学科中亦然（Kernberg，1984：227-38）。

精神分裂症、妄想症和疑病症

在整篇自恋短文中，弗洛伊德提到力比多自客体撤离至自我（或自体）的各种不同的例子。他提到了睡眠状态，此时力比多撤离至自体；在身体疼痛和疾病的情况下丧失了对于外部世界的兴趣的情况；以及疑病症的例子。他认为疑病症反映出客体力比多撤离至自体和身体，方式如同其他"真实神经症"（神经衰弱与焦虑神经症）将客体力比多撤离至"幻想客体"一样，我们称之为客体表征。相对于疑病症，精神分裂症〔弗洛伊德努力地设定一个词汇来涵盖精神分裂症和妄想症，那就是"妄想痴呆"（paraphrenia）〕反映的是客体力比多很极端地撤离至自我的一个例子，这类似于心理神经症（psychoneurosis）通过"内投"的过程将客体力比多很极端地撤离至幻想客体（其他真实神经症反映的是客体力比多较有限的撤离）。弗洛伊德将客体力比多撤离至自我和身体所带来的极端不愉悦，归因于力比多的急剧堆积。他认为所有紧张感的激化都会被体验成痛苦，所有的紧张感和快感一样，都需要释放。这个说法曾被雅各布森（Jacobson，1953）质疑，她强调临床观察显示既存在令人愉悦的紧张和释放，也存在令人痛苦的紧张和释放。

根据他对于力比多量的转换产生的效应所做的大胆总结，弗洛伊德论述了精神分裂症的精神分析理论，他假设在精神病发病过程中，力比多是由客体撤离至了自我或是自体。力比多的过度堆积导致自大狂的产生，相当于力比多的精神控制；这种精神功能若是失效就会导致妄想痴呆的疑病现象。弗洛伊德认为最后这个结果与移情神经症中的神经性焦虑的发展是相类似的。他也提到精神分裂症中的补偿性现象，后来他（Freud，1917a）将之描述为一种对此类疾病中典型的幻觉与妄想中的客体所做的精神病性的再投资。

即使在过去的四十年里，对精神分裂症和躁郁精神病所做的精神分析性探索形成的理解已经将精神分析的观点引向一个新的方向，弗洛伊德早期的假说仍然预见了这些趋势，并且可以在当代关于精神病的精神分析理论的根基中寻得。因此，弗洛伊德的关于力比多自客体撤离至自体的概念首先使大家注意到了自我边界的“去投注”（decathexis），然后又注意到无法区分自体和非自体，最后则是自体表征与客体表征间的无法区辨，而这是丧失区分自体和他人能力的内在心理前提。雅各布森（Jacobson，1971）对精神病做了探索，她的描述是“精神病性内射”（psychotic introjection）（发生在未分化的或融为一体的自体和客体表征的退行），弗洛伊德关于精神病的观点从早期的、量化的、能量形式的到质性的、结构性的转变，她的探索所做出的贡献可能远远大过其他任何因素。

弗洛伊德关于哀伤与抑郁的研究（Freud，1917b）与他后来发展出来的力比多和攻击的双重驱力理论，都指出了攻击在精神病性退行现象中的重要性。受此激励，费尔贝恩（Fairbairn，1954）和克莱茵（Melanie Klein，1940 & 1945 & 1946）钻研了原始客体关系和原始防御机制，试图解释力比多和攻击性的投资。沿着相同的路径，哈特曼（Hartmann，1953）与美国自我心理学（ego psychology）也大致聚焦在中和精神病的攻击性的失败上。根据马勒（Mahler & Furer，1968）和雅各布森（Jacobson，1964）关于发展过程中的共生阶段的概念，我曾经提议在精神分裂症中，固着于并且（或者）退行到自体与客体表征融为一体的病理状态，这种情况会出现在所有早期关系中过度侵略性的部分力比多占据优势的情况下，伴随着英国学派所描述的，以原始的防御运作为主（Kernberg，1986 & 1987）。

稍后，在他的自恋短文中，弗洛伊德提到自我理想（ego-ideal）对于偏执狂的被害妄想的形成相当重要。“自我理想”这个术语在此被用来涵盖了某些后来被他并入超我概念中的功能。弗洛伊德将自我理想的根源追溯到严厉父母所带来的影响。然而，我们并不清楚，这样的被害妄想（和幻觉）是否被他认为是由自我理想的病态所引起的，还是被他当做了复原现象（restitutive phenomena）的一部分，这种现象意味着病理性的重新投资客体的努力。事实上，对于精神病的自恋性退行在多大程度上意味着力比多舍弃外在客体并退缩回自我，或是意味着舍弃外在客体而退行到内化了的原始的、病理性的客体表征关系，弗洛伊德对这个主要问题尚无定见。

这个问题背后再次呈现的问题是：原始自恋是否早于客体关系？或者原始自恋是与客体关系的内化形成过程平行发展的？当弗洛伊德认为力比多驱力是与生俱来的，而自我则是发展出来的，我的看法是，他似乎认定这样的驱力有一个客体存在，即便作为一个部门的自我或自体尚未形成。 如果是这样，他是否暗示着驱力的客体以及与自体形成关系的客体是不同类型的？再者，不管过去或是现在，牵涉到自恋概念的重要问题之一就是自恋的发展和客体关系的密切关联。

依赖型与自恋型的客体选择

对选择爱恋客体的两种类型的描述，无疑是弗洛伊德自恋一文的核心主题，并且为常态与病态爱恋关系的心理学奠定了基础。 令人惊讶的是，相对于近来有关性心理学的数量庞大的文献，弗洛伊德关于爱恋心理学的同样重要的观察，多年来在精神分析思想领域中却是相对被忽视的。 直到过去的二十年里，我们才得以见证这一议题的新一批文献的大量涌现，尤其是在法国。 此刻我想到的是布朗施韦格和费恩（Braunschweig ＆ Fain，1971）、大卫（David，1971）、 奥莱格（Aulagnier，1979）、 冈萨莱特（Gantheret，1984）、 查舍古特（Chasseguet-Smirgel，1985）及其他人的作品。

弗洛伊德认为一个人可能根据自恋型态选择其爱恋的对象，即爱上他自己现在、过去或未来想要成为的样子，或是爱上曾经是他自己的一部分的某个人。 此外，一个人也可能根据依赖或依附型态来选择爱恋对象，即爱上喂养他的女性、保护他的男性或这些角色的替代者。 弗洛伊德强调："两种客体选择类型是任由个人决定的，即使他可能偏爱其中一种"，并且补充说道："人原本就有两个性客体——他自己和哺育他的女性……我们认定每个人都有一个原始自恋，并在某些个体的客体选择中显现出其主导优势"（S. E. 14：88）。

弗洛伊德假设男性主要体现出的是根据依附型态所做的爱恋选择，其在恋爱状态中的特征，即对于性客体显著的性欲高估现象，源自于儿童的原始自恋转移至性客体。 相对地，女性"最纯洁与最真实的"型态表明了自恋的客体选择，对于自己的爱反映在被爱的渴望中，因此符合这个条件的男性就是得到她欢心的人。 弗洛伊德对男性和女性心理学所做的区分，受到探讨爱恋关系的当代精神分析文献的强烈质疑，特别是上述提到的法国文献（Kernberge，in press a，in press b）。 再者，弗洛伊德为自恋之爱和依赖型态之爱所做的区分在整篇短文中疑点重重，在自恋和客体爱恋的辩证关系（dialectic relationship）脉络中，其中许多观察似乎迅速转变成相反面。

举例来说，一个女性爱上一个男性是因为他爱她，但同时她也选择了依赖型态的客体，因为她挑选的男性喂养（满足）她的自恋需求并且保护她，因此她的客体选择弥补了她的自恋。 或是，这个男性因为依赖需求而对一个女性尽情理想化，这个男性高估了她的性魅力，并且将他对于自己的自恋性高估（narcissistic overvaluation）投射到她的身上。 此外，婴儿的原始自恋实际上与其父母投射的自恋是一致的，是父母将他们自己的婴儿期自恋移转到婴儿身上。 弗洛伊德说，女性尤其会将她们自己的自恋投射至她们的婴儿，这是一条"通往完全客体爱恋"的道路（S.E. 14：89）。 而"婴儿陛下"（His Majesty the Baby）则根据这个婴儿的性别向不同的方向演化，并以此指出（暗示）婴儿性特质对于两性的自恋和客体爱恋变迁的影响，弗洛伊德在此篇短文中仅就这个主题进行了简短的论述。

拉普朗什（Laplanche，1976）令人信服地指出，弗洛伊德此处描述的其实是客体力比多和自恋力比多之间亲密、恒久、复杂的关系，以及力比多自体和客体投注于爱恋关系中的许多变形、整合及交互作用；这引领我们逐渐将注意力从自恋投资转向自我理想的投资。

自我理想

弗洛伊德此时第一次提出了日后发展为超我概念的概要。 当他指出，婴儿期自恋的重要部分的压抑是由自我的"自尊"所驱动的，史崔齐的术语"自我"（ego）的不充分之处才显露出来：我们很难想象一个不具人格特性的自我会发展出自尊来。 暂且不论到底是婴儿期自恋的压抑导致它被自我理想所替换或取代，还是自我理想促成婴儿期自恋的压抑，自我理想现在成为儿童时期自体爱恋（self-love）原本就享受的目标。婴儿期自恋，即力比多投资于自体，被自我理想的力比多投资所取代（至少很大程度上被取代）。弗洛伊德做出了澄清，即自我理想形成过程中的理想化必须与升华相区分，升华是影响客体力比多的过程，而理想化则与客体有关，而非驱力。弗洛伊德还假设了另一个部门，即"良知"，其功能是评估自我理想的要求与自我的实际成就之间的关系，并在此过程中调节个体的自尊。

这些观点的形成呈现出弗洛伊德迈向三重结构（tripartite structure）理论的重要进展。对完美的追求，与自我理想的理想化过程有关，隐约牵涉到源自于超我禁忌与惩罚部分的自我攻击与批判，他对于"良知"功能的评述指向我们现在所说的性虐待前驱（sadistic precursor）（Sandler，1960；Jacobson，1964），为更成熟地整合父母的指令和禁忌的建立奠定基础，以最终发展为超我。弗洛伊德明确地将良知的正常的自我批判与妄想状态下的被害幻觉和妄想联系在一起（S.E. 14：95）。

基于弗洛伊德对客体力比多与自我（或自体）力比多的挣扎变迁的讨论，显然，作为原始自恋继承者的自我理想也代表了婴儿爱恋的理想化客体的内化，而这种对于早期客体的理想化也反映出依赖型态的客体力比多的挣扎。弗洛伊德借此假设一个循环过程，首先，假设原始自恋被投射到理想化的客体，自恋因而转变成客体力比多，同时伴随着依赖型态的客体选择的重演。接下来则是理想化客体（反映了客体力比多）被内化到自我理想中，而同时婴儿期自恋则转变成对自我理想的自恋投资。

在我看来，理想化的实际过程以及这个过程的产物，似乎会随着时间逐渐地转变。早期的理想化及其不切实际的特点，以及早期自我理想强烈的自恋意味，逐渐转变为建立儿童早期复杂价值体系的理想化过程，而这促进了更高级的或正常的青春期理想化过程的发生，这一过程隐含在对美学、伦理学及文化价值观的投资当中。

在这个脉络中，再次思索攻击这一基于弗洛伊德后期的双重驱力理论的现代精神分析概念的发展变迁，联系到力比多的转型，我们可能会补充道：最早的理想化过程也是对被分裂出去的、与被投射的攻击有关的被迫害倾向的防御，而后期的理想化过程则是对潜意识罪恶感（由于攻击冲动）的反向形成，也具有关于客体的力比多力求修复与升华的特点。 的确，弗洛伊德（*S. E.* 14：95-97）在他评论良知及其在常态与病态中的自我批判功能时，在评论良知与梦的审查制度间的紧密联系时，隐约提及了力比多的变迁与攻击间的紧密关系，即使他还尚未着手将自我理想、潜意识、婴儿道德观（infantile morality）整合成超我的结构。 然而，构成要素就在那儿，整合自然会发生，不仅是弗洛伊德，后继的精神分析师们也共同参与了这个过程。 比如，桑德勒（Sandler，1960）全面性地分析了弗洛伊德著作中超我的概念，以及雅各布森（Jacobson，1964）系统性地分析了超我的结构发展与整合。

自我理想的概念，即婴儿期自恋的基本替代者/补充物，为弗洛伊德提供了一个参考架构以研究自尊的调节，这正是我的下一个主题。

自尊的调节

在这篇短文的后半部中，弗洛伊德转向自尊调节的临床层面。 为自恋建立了一个理论架构后——这是一个元心理学——他将焦点投注于自恋最实时性的临床表征，即自尊的波动。 事实上，自恋概念的这两个基本层面也符合当代临床实际上对于"自恋" 这个词汇的双重用法：自体的力比多投资（由哈特曼在 1950 首先详细解说）与（常态或病态的）自尊调节的临床过程。

在元心理学论述层面，我宁愿视"自体" 为自我系统的一个次结构，反映了自体影像（self-image）各个组成部分的整合，或是通过所有真实和幻想的与客体互动的经验发展起来的自体表征的整合。 自体的力比多投资与客体及其心理表征（又称客体表征）的力比多投资平行发展，构成客体力比多。 我认为客体力比多与自体力比多紧密关联，并且也与平行存在的攻击对自体和客体表征的投资关系密切。 一个健全的自体会同时整合力比多投资与攻击投资的自体表征。 相反，一个病态、自大的自体，即自恋型人格，隐含着整合攻击所投资的自体表征的无力或者失败，相应地，也有整合力比多及攻击所投资的客体表征的失败。

现在回到作为自尊调节功能的自恋概念的临床应用，弗洛伊德一开始指出自尊取决于自恋力比多，与客体力比多有潜在的冲突；而对于爱恋客体的投注导向了自尊的降低："恋爱中的人，好比丧失了他的一部分自恋，且只能由被爱来替换"（S. E.，14：98）。弗洛伊德在许多地方都回到这个观点，而这正是长久以来被质疑之处，如查舍古特（Chasseguet-Smirgel，1985）对于自我理想所做的全面性探讨。事实上，弗洛伊德本人也观察到单恋的结局是降低自尊，而有回应的彼此爱恋则增加自尊。再者，在一个满意的爱恋关系中自尊的提升，指向的是自恋力比多与客体力比多之间的紧密连结。

我的观点是，恋爱本身可以提高自尊，但仅限于被投射到爱恋客体上的不是自我理想的原始型态，而是正常的青少年和成人成熟的、发展良好的自我理想这种情况，映射出一种价值判断，将成熟的自我理想的各个方面转变成由对客体的爱和理想化的关系而创造出的新的现实。在恋爱关系中实现自我理想可以提高自尊。神经质地陷入恋爱，包括了更原始层面的理想化和自卑感的许多其他源头，与正常地陷入恋爱是不同的。如果爱情没有得到回应，正常的爱情会通过哀悼过程逐渐地消逝，相应地使自我进一步得到成长，而非降低自尊；对于没有回应的爱情（单恋）的神经质的反应则刚好相反。对于单恋客体的正常哀悼丰富了自体的体验，也拓展了新的升华的可能性。

弗洛伊德接下来检视了因为爱无能而引发的自尊降低的情况，即因为严重的压抑而使得性爱变得不可能时，自尊随之减少。如果我们接受爱恋客体的表征通常都会被内化到自我这一观点，我们可能会认同，是从外在客体和内化了的客体表征（包括形成自我理想的部分和并入自我的部分）收获的爱，增加了自尊。

比对后来几代精神分析师对于这一议题的贡献，仔细琢磨弗洛伊德的思想，我们或许可以这样说，自尊的震荡起伏依据的是与他人关系中的满足或挫败的经验，以及一个人受到他人赞赏或排斥的感觉，还有自我理想所作出的"目标与心愿"跟"成就与成功"之间的差距的评估。自尊还取决于超我加诸自我的压力：超我越严苛，自尊就越低下，而最重要的是，这样的自尊低下反映的是朝向自我的攻击（源自于超我）凌驾于力比多对自体的投资。 此外，自尊可能因为无法满足力比多和攻击性本能的需求而降低，以至于用来压抑觉察和表达这样的本能需求的潜意识自我防御，将使自我的满足体验变得贫瘠，因而"耗竭"力比多的自体投资，并降低自尊。最后，内化力比多投资的客体为力比多投资的客体表征，大大地强化了自体的力比多投资；换言之，在我们的内心，我们所爱的和爱我们的形象强化了我们的自体爱恋。 相反，当充斥着攻击的极端冲突盖过了对于他人和他们相应的客体表征的力比多投资，自体的力比多投资与自我爱恋也会跟着受损。

这些关于自尊调节的观察，再一次指出了自恋与客体力比多之间、力比多与攻击之间紧密而复杂的关系。 从这个观点出发，相信我们可以对弗洛伊德短文中的某种倾向提出质疑，即认定自恋力比多与客体力比多的总量是固定的，彼此之间是此消彼长的关系。 我认为，投资于自体的力比多和投资于客体的力比多事实上可能是互相加强和互相补充的关系。

弗洛伊德最终的总结和一些进展

在这篇短文的最后部分，弗洛伊德重新整理了其早期的思想并增加了新的议题，暗示着某些即将到来的发现。 在总结自尊与客体力比多投资之间的关系时，一开始弗洛伊德不但重申单恋降低自尊而被爱则增加自尊，而且还提到"一种真正快乐的恋爱相当于客体力比多与自我力比多无法区分的原初情境"（*S. E.* 14：100）。 再一次，原始自恋实际上被等同于原始的客体力比多。

弗洛伊德提到，即使自尊的其中一部分是原始性的，即"婴儿期自恋的残留"，另一部分则起源于实现自我理想的全能感，而"第三部分则源自于客体力比多的满足感"（*S. E.* 14：100）；再一次，自恋与客体爱恋此消彼长。

在一个有趣而隐晦的评论中，弗洛伊德提到，恋爱"是自我力比多倾泻于客体之上，有消除压抑的能量，并能纠正性倒错"。 弗洛伊德接着提及多形性的性倒错挣扎（polymorphous perverse strivings）作为正常爱恋关系一部分的重要性 [（这一议题在精神分析思潮中直到最近才开始被进一步探索，（Kernberg，1988）]，并且指出性倒错与理想化间的紧密关系。 他还提出，当一个神经症个案通过自恋性的客体选择找到了他或她的性理想对象时，则性爱具有自恋功能。 这就是"爱的疗愈"（cure by love），弗洛伊德也把它当做某些最初没有恋爱能力的病人的一种典型的妥协形成来提及，这些病人由于广泛的压抑而导致爱无能，逐渐在精神分析性的治疗中好转，但随即为了逃避移情中的挫败而选择一个替代的理想化的性客体，以合理化过早中断治疗的行为。 在短文最后一段，弗洛伊德简短谈到自恋与群体心理学的关系，但是这个议题过于复杂，无法在此深入探索。

如同我在文章一开头提到的，实际上，有一个与自恋相关而弗洛伊德又未能触及的主要议题，即作为性格病态（character pathology）的自恋。 他只提到一种与自恋有关的性格病态，即男同性恋病人的自恋型客体选择。这些病人可能选择另一个人来代表他自己，而他们自己则向母亲认同，爱另一个代表自己的男人就如同他们自己被母亲爱着一样。 依据我们现有的认识，这一人格类型只是众多人格的其中一种。 我曾经描述过下列几种型态（Kernberg，1984：192-96）。

1. 正常成人自恋，其特征是正常的自尊调节。 它依赖于一个正常的自体结构，与正常整合了的或"完全" 内化了的客体表征有关，具有一个整合的、基本个体化和抽象的超我，以及在稳定客体关系和价值体系中获得本能需求的满足感。

2. 正常婴儿期自恋，因为固着或是退行到婴儿期的自恋目标（婴儿期的自尊调节机制）而具有重要意义，是所有性格病态的一个重要特征。 正常婴儿期自恋意味着使用与年纪相称的满足方式来调节自尊，包括或隐含一个正常的婴儿期"价值体系"、需求和（或）禁忌。 第一种病态自尊调节的类型，反映出最轻微的自恋型性格病态，由精确地固着或退行到这个水平的正常婴儿期自恋构成。 这一类型可见于常见的人格或性格疾患案例，其自尊调节似乎过度依赖于表现或是对抗幼稚的满足，而一般而言这在成人期是被舍弃的。 此时，问题在于自我理想受制于婴儿式的抱负、价值观以及禁制。 事实上，我们可以说当弗洛伊德描述神经症中与过度压抑性驱力有关之自尊降低时，他其实暗示着后来被论述为心理神经症与精神官能性人格病态的结构性特征。 这是一个极常见，而且——从我们现在对于更严重的自恋病态之了解而言——相当轻微的障碍，通常可在一般的精神分析治疗过程中得到解决。

3. 第二类较严重、 但相对较少见的病理性自恋型态，就是弗洛伊德在他的短文中描绘并且举例的自恋型客体选择。 在此，如同男同性恋个案的情形，这个个案认同一个客体，同时他的婴儿自体表征被投射到那个客体上，因而产生一个自体与客体功能彼此互换的力比多关系。 这确实在某些男性与女性同性恋中可以发现：他们爱恋他人的方式就是他们期待被爱的方式。

4. 第三类、而且是最严重的病理性自恋型态是自恋人格障碍（narcissistic personality disorder），临床精神医学界最具挑战性的综合征之一。 因为对其精神病理学以及解决它的最适当精神分析技巧的密集研究，这个疾患已经成为精神分析治疗的标准适应证之一。 弗洛伊德这篇探讨自恋的短文引起后来许多人对于自恋人格的研究，包括与弗洛伊德同一世代的琼斯（Jones，1955）、亚伯拉罕（Abraham，1949）及里维埃（Riviere，1936），后一世代的克莱茵（Klein，1957）、赖希（Reich，1960）、雅各布森（Jacobson，1964）、范德瓦尔斯（Van Der Waals，1965）以及塔科夫（Tartakoff，1966）。 最近格伦伯格（Grunberger，1979）、罗森菲尔德（Rosenfeld，1964 & 1971 & 1975）、科胡特（Kohut，1971 & 1972 & 1977），以及我本人（Otto F. Kernberg，1975 & 1984）曾经尝试发展新的理论模式，作为自恋人格病态的参考架构，以及专为处理这些病人所设计的治疗方式。

我相信病理性自恋反映的力比多投资并非发生在一个正常整合后的自体结构，而是发生在一个病态自体结构。 这个病态的自大自体（grandiose self）结构浓缩了真实的自体表征、理想自体表征，以及理想客体表征，然而被贬抑或取决于攻击的自体与客体表征被分裂或解离、压抑或投射。 换言之，相对

于力比多与取决于攻击的自体与客体表征正常整合为正常自体，此处所谓的
"纯化的享乐自我"（purified pleasure ego）构成了病态自体结构。

这些病人经常将自己的病态自大自体投射到暂时性的爱恋客体，这样一
来，他们不是理想化那些潜意识中代表他们自己的人，就是期盼来自他人的
赞美，自己认同于自己自大的自体结构。

对于这些病人，自体与客体一般的连结多半都丧失了，取而代之的是一
个自大的"自体-自体"连结，构成了他们脆弱的客体关系的基础，其病态
的发展真正构成了一种严重病理性的客体关系，结果是既失去了正常的自体
结构的投资，又丧失了发展正常客体关系的能力。自恋人格并未用自体爱
恋取代客体爱恋，有证据反而显示，如同范德瓦尔斯（Van Der Waals，
1965）首先指出的，自恋人格是对自体和对他人的病态爱恋的结合。

参考文献

Abraham, K. (1940). A particular form of neurotic resistance against the psychoana-
lytic method. In *Selected Papers on Psychoanalysis*. London: Hogarth Press

Aulagnier, P. (1979). *Les destins du plaisir*. Paris: Presses Universitaires de France.

Braunschweig, D., and Fain, M. (1971). *Eros et Anteros: Réflexions psychanalytiques
sur la sexualité*. Paris: Payot.

Chasseguet-Smirgel, J. (1985). *The Ego Ideal: A Psychoanalytic Essay on the Mal-
ady of the Ideal*. New York: W. W. Norton.

David, C. (1971). *L'Etat amoureux: Essais psychanalytiques*. Paris: Payot.

Fairbairn, W. R. D. (1954). *An Object-Relations Theory of the Personality*. New
York: Basic Books.

Freud, S. (1914a). *Zur Einfuhrung des Narzissmus: Gesammelte Werke*, 10:137-70.
London: Imago, 1949.

———. (1914b). On narcissism: An introduction. *S.E.* 14:73-102.

———. (1917a). A metapsychological supplement to the theory of dreams. *S.E.*
14:217-35.

———. (1917b). Mourning and melancholia. *S.E.* 14:237-58.

———. (1920). *Beyond the Pleasure Principle. S.E.* 18:1-64.

Gantheret, F. (1984). *Incertitude d'Eros*. Paris: Gallimard

Grünberger, B. (1979). *Narcissism: Psychoanalytic Essays*. New York: International
Universities Press.

Hartmann, H. (1950). Comments on the psychoanalytic theory of the ego. In *Essays
on Ego Psychology*. New York: International Universities Press, 1964, pp. 113-41.

———. (1953). Contributions to the metapsychology of schizophrenia. In *Essays on Ego Psychology*. New York: International Universities Press, 1964, pp. 182–206.

Jacobson, E. (1953). On the psychoanalytic theory of affects. In *Depression*. New York: International Universities Press, 1971, pp. 3–47.

———. (1964). *The Self and the Object World*. New York: International Universities Press.

———. (1971). *Depression: Comparative Studies of Normal Neurotic, and Psychotic Conditions*. New York: International Universities Press.

Jones, E. (1955). The God complex. In *Essays in Applied Psychoanalysis*. New York: International Universities Press.

Kernberg, O. (1975). *Borderline Conditions and Pathological Narcissism*. New York: Jason Aronson.

———. (1984). *Severe Personality Disorders: Psychotherapeutic Strategies*. New Haven: Yale University Press.

———. (1986). Identification and its vicissitudes as observed in psychosis. *Int. J. Psychoanal. Assn.*, 67:147–59.

———. (1987). Projection and projective identification: Developmental and clinical aspects. *J. Amer. Psychoanal. Assn.*, 4(35):795–819.

———. (1988). Between conventionality and aggression: The boundaries of passion. In W. Gaylin and E. Person, eds., *Passionate Attachments: Thinking about Love*. New York: Free Press, pp. 63–83.

———. (in press a). Sadomasochism, sexual excitement, and perversion. *J. Amer. Psychoanal. Assn.*

———. (in press b). Aggression and love in the relationship of the couple. *J. Amer. Psychoanal. Assn.*

Klein, M. (1940). Mourning and its relation to manic depressive states. In *Contributions to Psycho-Analysis, 1921–1945*. London: Hogarth Press, 1948, pp. 311–38.

———. (1945). The Oedipus complex in the light of early anxieties. In *Contributions to Psycho-Analysis, 1921–1945*. London: Hogarth Press, 1948, pp. 339–90.

———. (1946). Notes on some schizoid mechanisms. In J. Riviere, ed., *Developments in Psycho-Analysis*. London: Hogarth Press, 1952, pp. 292–320.

———. (1952). Some theoretical conclusions regarding the emotional life of the infant. In J. Riviere, ed., *Developments in Psycho-Analysis*. London: Hogarth Press, pp. 198–236.

———. (1957). *Envy and Gratitude*. New York: Basic Books

Kohut, H. (1971). *The Analysis of the Self*. New York: International Universities Press.

———. (1972). Thoughts on narcissism and narcissistic rage. *Psychoanal. Study Child*, 27:360–400.

———. (1977). *The Restoration of the Self*. New York: International Universities Press.

Laplanche, J. (1976). *Life and Death in Psychoanalysis*. Baltimore: John Hopkins University Press.

Mahler, M., and Furer, M. (1968). *On Human Symbiosis and the Vicissitudes of Individuation*. Vol. 1, *Infantile Psychosis*. New York: International Universities Press.

Reich, A. (1960). Pathological forms of self-esteem regulation. *Psychoanal. Study Child*, 15:215-32.

Riviere, J. A. (1936). A contribution to the analysis of the negative therapeutic reaction. *Int. J. Psycho-Anal.*, 17:304-20.

Rosenfeld, H. (1964). On the psychopathology of narcissism: A clinical approach. *Int. J. Psycho-Anal.*, 45:332-37.

———. (1971). A clinical approach to the psychoanalytic theory of the life and death instincts: An investigation into the aggressive aspects of narcissism. *Int. J. Psycho-Anal.*, 52:169-78.

———. (1975). Negative therapeutic reaction. In *Tactics and Techniques in Psychoanalytic Therapy*. Vol. 3, *Countertransference*, ed. P. L. Giovacchini. New York: Jason Aronson, pp. 217-28.

Sandler, J. (1960). On the concept of the superego. *Psychoanal. Study Child*, 15:128-62.

Stern, D. N. (1985). *The Interpersonal World of the Infant*. New York: Basic Books.

Tartakoff, H. H. (1966). The normal personality in our culture and the Nobel Prize complex. In R. M. Lowenstein, L. M. Newman, M. Schur, et al., eds., *Psychoanalysis: A General Psychology, Essays in Honor of Heinz Hartmann*. New York: International Universities Press.

Van Der Waals, H. G. (1965). Problems of narcissism. *Bull. Menninger Clinic*, 29:293-311.

弗洛伊德和克莱茵著作中的自恋理论

汉娜·西格尔（Hanna Segal）❶ & 大卫·贝尔（David Bell）❷

弗洛伊德的自恋理论

弗洛伊德论自恋的论文是其思想发展的分水岭。《梦的解析》（*The Interpretation of Dreams*）（Freud，1900）第 7 章所展现的理论模式，直到 1913 年一直是稳步发展和扩展的。 然而《论自恋》 这篇文章却带来了"令人不愉快的心理震撼" 和 "一些困惑" （Jones，1958）。 这篇论文见证了弗洛伊德对本能理论的第一次修订，表明他开始回到主要的理论疑点，《论元心理学》（*Papers on Metapsychology*）（Freud，1915） 这篇文章对这些疑点做了最详尽的阐述。 阅读这篇论文时，我们能切身感受到弗洛伊德的不安。 他写信给亚伯拉罕："自恋这篇论文费尽千辛万苦才诞生，满布与畸形相应的各种标记" （Jones，1955）。

在其理论发展的第一阶段，弗洛伊德的首要目标是通过检视性倒错来追溯力比多的变迁。 但是到了由论自恋这篇论文开启的下一个阶段，他开始逐渐专注于探索自我的功能。 仅仅在这篇论文发表的 4 年之前，弗洛伊德才创造出"自我保存本能" 这个术语（Freud，1910b）。

即使多数弗洛伊德的理论著作是用本能术语来表达的，但他的文章仍然清晰揭示了对于一个内在世界的觉知。 然而，直到建立认同理论，他才真

---

❶ 汉娜·西格尔，英国精神分析协会培训和督导分析师，英国皇家精神科医学院职员，国际精神分析协会副主席，也曾担任英国精神分析协会主席。

❷ 大卫·贝尔，在伦敦里士满卡塞尔医院担任顾问，英国精神分析协会会员。

正找到概念化这个内在世界的方法。 阅读弗洛伊德的著作时，人们常常能感觉到其文学性与科学性的两个面向是彼此尴尬地共存着的。 认同理论提供了一种让这两种概念化的方式产生联系的方法。 1916 年，也就是写下《哀悼与忧郁》（*Mourning and Melancholia*）仅仅 1 年后，他在《精神分析工作中遇到的某些性格类型》（*Some Character Types Met with in Psycho-Analytic Work*）一文中雄辩地论述了性格与内在世界的议题，其中他讨论了莎士比亚的剧作《理查三世》（*Richard* Ⅲ），以及易卜生（Henrik Ibsen）的《罗斯墨松》（*Rosmersholm*）。 然而，在尚未确立内化和认同理论的 1914 年，他就已经尝试概念化某些与同性恋和精神病有关的非常重要的观察。

《论自恋》 这篇论文，正如弗洛伊德所言，因为缺乏一个充分的概念体系来涵容他想考量的那些重要观察而显得"畸形"。 其天才之处就在于，即使在没有充分的理论解释某些精神分析观察的情况下，他仍不会放弃观察。但是在自恋这篇论文中，理论被扩展至临界点。 这种张力在后来的三篇重要论文中被巧妙地化解，每一篇都在讨论这篇论文时被预见。 这三篇论文是：《哀悼与忧郁》（*Mourning and Melancholia*）（Freud，1915），以一种较连贯的方式提出了基于认同的内在世界理论；《自我与本我》（*The Ego and the Id*）（Freud，1923），见证了结构模型的创立；《超越快乐原则》（*Beyond the Pleasure Principle*）（Freud，1920），包含了本能理论的第二次也是最后一次修订。 稍后，我们将以这些论文为起点来检视克莱茵著作中自恋理论的发展。

弗洛伊德撰写论自恋这篇论文的主要动机，宽泛地说，一方面是出于临床和理论，另一方面也是出于政治目的。 在这个时期，盘踞在他脑海中的主要精神病理问题是同性恋与妄想性精神病。 自恋理论为把这两种精神病理状态联系起来提供了一个概念性的工具。 处理这些问题的主要著作是讨论达·芬奇（Freud，1910a）的文章和史瑞伯的案例（Freud，1911）。 由于这些著作是基于传记或自传性材料所做的推测，我们首先将检视弗洛伊德在出版自恋论文之前所做的临床案例的情况，即狼人（the Wolf Man）这个案例（Freud，1918）。 即使狼人案例的撰写与出版是在自恋论文之后，但所有临床工作是在自恋论文发表前的 4 年间（1910—1914）完成的。

在对这个案例的详尽阐述中，弗洛伊德特别关注到自恋和认同的关系。在被他所钟爱的奶妈（Nanya）断然拒绝后，狼人将他的情感转向了他的父亲。根据弗洛伊德（Freud，1918：27）的说法，他"以这种方式得以重复他的第一次也是最原始的客体选择，这与儿童期自恋一致，且经由认同发生"。弗洛伊德此时将认同概念化为一种自恋行为，而这种认同出现的时间早于涉及客体选择的较成熟的情境。狼人随后发展出一个指向他父亲的被动的性目标："他的父亲现在再度成为他的客体；符合他较高阶段的发展，认同被客体选择所取代。"因此，狼人这个案例呈现了对病人人格中的被动（受虐）态度这一重要倾向的研究❶，这是他压抑了的同性恋倾向的核心，也是他的自恋认同。

当然，狼人是一个严重性倒错性格障碍（perverse character disorder）的案例研究，而且很清楚的是，弗洛伊德不仅研究力比多的变迁，同时也探索性格发展的整体，检视其与各种占据主导的本能倾向和认同之间的关系。狼人与史瑞伯一样全神贯注于排便、宗教及对暴力性交中的被动角色的认同。即使在他接受弗洛伊德分析时，其症状被认为主要是神经症性的，后来的精神崩溃也显示，这些幻想形成了其精神病核心的一部分。

弗洛伊德用自我需要防御自身来概念化对被动（女性化）潮流 [passive（feminine）currents]❷ 的摒弃。他说道："自我只对自我保护和保存其自恋感兴趣。"一个关键的难点出现在这里，并一直是某些争议的主题，即自恋与性倒错的关系。弗洛伊德在狼人案例中很清楚地将两者联系起来，但也将自恋说成是自我保护自己的一部分，这很难被视为性倒错。

在这个案例研究中，我们得到了一个场景（一对性交中的配偶与一个观察者）的内在表征的真实印象，各自扮演的角色有着变动的认同（shifting identification）（Meltzer，1978）。将父母性交的表征 [或错误表征（mis-representation）？] 视为一种性虐行为对于性格发展有着深远的意义。在狼人案例中，弗洛伊德第一次阐述具有变动的认同的内化的原初场景，从而进入了自恋的性格形成。

---

❶ 对一个受伤母亲的受虐认同在这篇论文中得到了广泛的探索。
❷ 对于弗洛伊德那个时代来说，被动和女性特质就是同义词。

然而，弗洛伊德第一次论述自恋是在分析达·芬奇的著作中❶。 这篇著作也凸显出弗洛伊德对性格研究日益浓厚的兴趣，因为他开始根据早期经验和精神病理学来检视人的生活和工作。

关于达·芬奇的同性恋，弗洛伊德（Freud，1910a：100）写道："男孩压抑他对于母亲的爱：他将自己摆在她的位置，认同她，并且以他本人为模板，从与他相像者中挑选他爱恋的新客体⋯⋯他依循着自恋的路径寻找爱恋的客体。" 弗洛伊德指出在这一认同过程中，男孩"保存了他对于母亲的爱"。 不过，他相当含糊地提出，"他（达·芬奇）所做的实际上是退回到自体性爱"。 这引发了另一个概念争议，因为对弗洛伊德而言，自体性爱代表早于客体爱恋的状态。 而在弗洛伊德的叙述中，他描述的却是一个不折不扣的客体关系。 我们稍后将会回到这个复杂的问题。

一个共同的主题贯穿着狼人、 达·芬奇，以及史瑞伯的论文，即：同性恋与自恋的关系，以及自恋与精神病的关系。 在此我们没有足够篇幅来叙述史瑞伯案例的许多细节，但是我们必须了解，在一次疑病症之后，史瑞伯出现精神病状态，其间为了全能地恢复一个被灾难摧毁的世界，他建造了一个夸大的妄想世界。 这个系统的关键特征是，"为了恢复这个世界"，史瑞伯必须想办法与上帝建立"一个神圣的关系"，而这个状态通过他变成一个女人而产生影响。 弗洛伊德阐明，世界末日妄想是内在灾难的一种投射，即：由于"兴趣" 的撤回而造成的内在世界的末日❷。 他的解释是，在精神病中力比多从客体（即外在世界）被撤回至自我。 他借此将妄想症、自恋及自大狂联系起来，并提到妄想症病人被"固着" 在了自恋阶段。 在此，他使用了《性学三论》（Freud，1905）的措辞，即力比多组织可以固着于发展过程的不同阶段。

当弗洛伊德写到撤回外在世界的力比多（或"兴趣" ）时，这似乎是一个非常被动而安静的过程。 的确，他认为所有妄想症病人的"喧哗"

---

❶ 尽管在《性学三论》这篇论文中已经有了关于自恋的注脚，但是在 1910 年列奥纳多（即达·芬奇）案例出版时仍被添加进去。
❷ 在史瑞伯案例中，弗洛伊德第一次使用了更加通俗的词语"兴趣"（interest）而不再使用"力比多投资"（libidinal investment）这个词。

（noise）都是病人尝试重建其内在世界的结果。 梅尔策（Meltzer，1978）注意到，弗洛伊德提及撤回力比多时引用了歌德的《浮士德》："啊，悲哀啊，你用有力的拳头摧毁了一个美丽的世界，毁灭了它，被魔鬼打碎了！"因此，弗洛伊德的直觉告诉我们，内心世界的毁灭毕竟不是一个安静的过程，而是由一个"带着强力拳头的上帝" 所带来的。

史瑞伯案例必定早已存在于弗洛伊德的心中，当他在自恋这篇论文中写道："正如移情神经症让我们能够追溯力比多本能的冲动，早发性痴呆与妄想症将会引领我们深入探索自我的心理。" 弗洛伊德接着说，史瑞伯的妄想在某种意义上是真实的，而且更符合弗洛伊德发展中的自恋理论，也就是说，当所有的力比多"兴趣" 从外在世界撤回后，结果就是内在的灾难，也就是内在世界的终结。

理查德·沃尔海姆（Richard Wollheim，1917）早已指出精神分析理论不仅提供了精神功能的模式，而且还描述了这些精神功能如何在大脑中表现出来。 他指出，尽管这在弗洛伊德理论中只是含蓄提及，但直到梅兰妮·克莱茵都没有人真正深入探索。 然而，在史瑞伯案例中，弗洛伊德（Freud，1911：75）对此做出了一个明确的陈述："我的理论是否存在比我愿意承认的更多的妄想成分，或者，史瑞伯的妄想的真实性是否比其他人迄今愿意相信的还要多，这些有待未来进一步验证。" 对于弗洛伊德而言，史瑞伯的妄想乃是构成精神病的决定性机制的具体表征。

史瑞伯案例为弗洛伊德推测精神病的本质提供了丰富的素材，特别是妄想症、自恋与自大狂之间的关系。 因而史瑞伯的妄想系统为弗洛伊德提供了一个自我与客体力比多的模型，并在此后的自恋论文中得以深入探讨。

至于弗洛伊德撰写这篇自恋论文的政治动机，史崔齐在他的介绍中指出，自恋概念提供了替代阿德勒的"雄性主张"和荣格的"非性力比多"的另一种观点。 我们认为这些重要的理论难题直到弗洛伊德写下《超越快乐原则》（*Beyond the Pleasure Principle*）一文后才获解决，其中本能的双重性（duality）通过生本能与死本能理论而得以恢复。 阿德勒的攻击驱力也因此得以与弗洛伊德的理论结构更为一致地兼容。

这篇自恋论文不容易阅读，因为它混合了两种不同的精神生活模式，即力比多理论和一种隐含的内在客体关系理论。 在与论文所引发的问题所做的斗争中，弗洛伊德使用前一种理论的术语，使其失去了原有的意义。 例如，"自我本能" 这一术语暗示了"本能"一词的不同用法❶。

《论自恋》起头叙述的是方法，这让弗洛伊德的第一阶段成果丰硕。 精神病理学研究的是发展抑制（developmental arrest），因此研究精神病理学带来了发展理论。 这篇论文探讨的是"自恋神经症" 的现象学与动力，同时也探究了为何这个新兴的知识必需一种不同的思维模式。

在这篇论文中，"自恋" 这个词首先被用于描述一个人将自己的身体当作性客体的关系。 与《性学三论》 的方法一致，这一性倒错情境代表着力比多固着于发展的较早期阶段。 然而，弗洛伊德很快就清楚地意识到，他所面临的是比其他性倒错更为根本的问题，因此他进一步指出这个"自恋态度"是个体对精神分析易感性的一种限制。

弗洛伊德接着寻找这个重现于性倒错的原始状态之证据。 他从三个来源得到证据，每一个都是间接证据，因为它们并非基于临床资料。 它们是来自一个精神病病人（史瑞伯）的书面报告、对儿童的观察，以及对原始人类（primitive peoples） 的记载。 弗洛伊德提到"分离的自我和客体本能的假设几乎完全没有心理学基础"。

正如我们所说，史瑞伯的妄想为弗洛伊德提供了重要的证据以支持原始自恋的存在。 弗洛伊德将精神病的两个重要现象学特征相联系：对外在世界的排斥和自大狂的表现，并假定两者之间必存在着某种动力关系。 精神病病人将他的兴趣从外部世界转移且并未以内在幻想取而代之的状态一定让我们觉得奇怪，需要更进一步阐述。

正如桑德勒和他的同僚 （Sandler，1976） 所指出的，当弗洛伊德谈到与外在世界的关系时，我们必须假定他指的是与外在现实的心理表征的关系❷。 然而弗洛伊德谈到"真实客体" 与"假想客体"，而后者取代前者

---

❶ 这标志着拥有一种资源、目标、客体的本能概念开始向一种更为排他性的兴趣作为本能目标转变。事实上，的确很难说什么将会构成自我本能的一个源头（Wollheim，1971）。

❷ 鉴于从现实当中的退缩的确意味着从现实的心理表征当中的退缩，我们可以很清楚地看到这种退缩如何导致了一场内在的大灾难。

成为神经症所关心的客体。因此，"真实客体"必定是外在现实的准确心理表征，而"假想客体"或许就是外在现实的扭曲（被幻想与记忆所扭曲）。事实上，弗洛伊德认为，精神病异于神经症之处正是在于，自我与内在和外在现实的表征之间的关系❶。

精神病的这两种典型特征（从现实退缩与自大狂表现）之间的连结是以力比多变迁的观点来描述的。力比多自客体撤回并投注于这个人的自我。依循这个理论模型，弗洛伊德认为这种现象必定重复了先前的一个发展阶段，当时力比多主要投注于自我。这进一步引出了原始自恋的概念。弗洛伊德因此推论（基于理论），在客体爱恋之前存在一个自恋的原始阶段。

沃尔海姆（Wollheim，1971）曾经指出自体性爱与自恋之间的区分在这篇论文中处理得较肤浅。在某种程度上，这取决于"自体"或"身体"是否被当作爱恋客体。然而，既然自我是"首要的，也是最重要的一个身体性自我"（Freud，1923），这样的区分就无法令人满意了。因为缺乏临床依据，这个辩论变得相当理论性，而弗洛伊德显然也对此极度不满。提及儿童与原始人类的思想全能感更多的只是举例说明，而不能算做证据支持。

弗洛伊德对于这一理论的不满意程度，即对原始自恋、客体力比多和自我力比多的假设，在这篇文章的下一部分已经很清楚了。主要困难之一是，他意识到自己几乎是假设了一种单一的心理能量。这个问题不仅具政治性（因为这让他更接近荣格），而且也具理论性，因为弗洛伊德的模式需要一个必要的二元论。没这一点，很难解释压抑现象。弗洛伊德坦承自我力比多的概念"内容并不丰富"，对此我们假定他的意思是它缺乏临床支持性的数据，而这对弗洛伊德总是严峻的考验。他通过说"完全没有任何本能理论来帮助我们找到立足点"（S. E. 14：78），来表明他对这一问题的察觉。弗洛伊德提出了生物学上的区别（饥饿与爱之间的区别），即使受到诱惑，他仍清楚地表明，心理因素必须与生物因素相区分。他反复地与自己辩论，

---

❶ 正如已经提到的，弗洛伊德将兴趣从外部现实撤离作为一种被动的步骤来理解。然而，一年后，他在《本能及其变迁》这篇论文中提出，在原始自恋中自我对于外部世界的明显的冷漠实际上是对外部世界的憎恨。他说："冷漠应该被理解成一种特殊形式的恨或不喜欢。"

并最终说，"我们得坦然面对犯错的可能性……如果精神分析实践可以为本能提出另一个更有用的假设，我绝对会秉持一贯的态度（我一向如此）放弃这个假设"（*S.E.* 14：79）。事实上，这类证据在后来的精神分析工作中确实出现了。受虐和强迫性重复的问题带来了一个新的本能理论——生本能与死本能理论。

疑病症的问题引起了类似性质的难题。将疑病状态定位于接近精神病而非神经症（就如在狼人和史瑞伯的案例中所见），弗洛伊德再次证明了其过人的临床直觉。因此，这些状态必须以自我功能的观点来理解。弗洛伊德后来建构出一个身体自我，将疑病症与深层潜意识对于身体的幻想相联系。然而，在此情境中，他必须在第一焦虑理论的范围内处理疑病性焦虑的问题。他认为"堆积的力比多"（焦虑的成因）位于自我。然而，他也恰如其分地承认，很难解释为何这会带来不愉快，因为存在于自我的力比多量的增加理应带来令人愉悦的全能感。确实，他接着说，更有趣的问题是，为何力比多必须离开自我的第一个位置，换句话说，为何婴儿期自恋及其相关的全能感是应该被抛弃的。

弗洛伊德此处再度转向文学作品，并在海涅（Heine）的一个诗意而发人深省的叙述中发现了一个纯粹的心理学观点：为了保持健康，人类需要创造。客体爱恋能力（相对于自体爱恋）这一整个问题成为精神健康的核心。不过，弗洛伊德又再次返回力比多理论，认为人必须释放力比多以免罹患神经症；因此，他剥夺了这一观点的核心心理影响。

当弗洛伊德从精神病和随之而来的理论难题转向情欲生活的整体时，似乎觉得轻松自在了许多。他认为在研究情欲生活时，我们才具备"提出自恋假设的最强而有力的理由"。原因是因为它们建立在临床数据基础之上。然而，值得特别指出的是，所有例证都是指向继发性自恋。当他提到一个人在爱恋客体身上寻找自己（投射的）自体时，他清楚地想到了受到临床工作支持的达·芬奇的案例。在他的两种不同类型的爱中，即依赖（或依附）型（爱上可提供滋养的客体）和自恋型（自体爱恋），弗洛伊德正致力于定义一种非自恋的爱恋关系。当他描述依附（因此是非自恋）型态的"完全客体爱恋"时，弗洛伊德将之形容为受一个理想化客体的奴役。在我们看来，即使包含了对于客体的需求，这类关系仍然带着强烈的自恋特征。 我们以后会讨论到，这般的奴役是通过将自体的某些面向投射到客体而带来的。

论文中这一段衍生出的某些困难来自于弗洛伊德使用"客体" 这个术语来泛指外在客体。 然而，他清楚地指出外在客体的特征来自于被投射的内容。 在这篇论文的前面部分，他称这是一种"自恋转移" 至性客体，通过理想化自体的投射得以完成。 他在讨论儿童的理想化时进一步使用了这个观点。

当我们继续讨论弗洛伊德的第一次关于自我理想的阐述时，我们发现他更明确地提出了一个内在世界，在这个世界里，认同和投射会发生，这是将外在投射（比如自我理想）至外在客体的一个必要前奏。 此处，他区分出了一个不属于自我的内在客体，因此，事实上，他区分出了自体与自我。自我理想是一个婴儿发展的遗留物，"他将之投射在他前面成为他的理想"。因此，在达·芬奇的案例中，在自恋型的客体关系的基础上，弗洛伊德展示出一个自体的理想部分可以被投射在里面的内在情境（internal scenario）。形成自我理想和将之投射到其他客体上的能力，对于客体选择有着明显重要的意义，但并未在这篇论文中被完整探讨。

接近结尾处，当弗洛伊德试图厘清非自恋的爱的特征时，他再度面临本能理论的局限性。 当他提到从客体"返回的爱" 时，似乎较接近于水力学模型。 此时，他还没有能力探讨，是什么样的内在前提才使得自我获得因爱的能力而带来的丰硕成果。 当弗洛伊德将因为被爱而获得的正常的愉悦状态等同于返回到客体与自我无法区分的原初情境，即原始自恋时，问题变得更加令人困惑。 在文末，当弗洛伊德提到病人更愿意通过爱而不是分析来疗愈时，或许他指的是病人更想获得一种无法抵抗的自恋之爱，但因其脱离现实而注定会失败。

这篇自恋论文在当时已经触及弗洛伊德第一个模式的局限性。 这篇论文中隐约可见发展的客体关系理论，以及对性格和内在世界问题的兴趣，然而并未深入论述。 我们认为这篇论文具有以下理论难题：①自我力比多和客体力比多的模式；②原始自恋的问题；③自我的本质与功能。

自我力比多和客体力比多模式威胁到弗洛伊德理论系统核心的二元论，因为主要的心理冲突，正如所呈现的，存在于具有相同起源的本能力量之间。沃尔海姆1971年说："去掉二元论，整个心理神经症（psychoneurosis）理论必将瓦解……原始自恋的发现所威胁的正是二元论。"这个疑问持续萦绕在弗洛伊德的脑海中，最终在《超越快乐原则》（*Beyond the Pleasure Principle*）中找到了解答，其中生本能与死本能的提法让二元论重新成立。原始破坏力量的观点被克莱茵再三强调，它与自恋的关系则是由赫伯特·罗森菲尔德（Herbert Rosenfeld）进一步探索（后面将会讨论）。

　　原始自恋——自我与客体关系形成前的一种状态，一直是最难令我们满意的一个概念。在某种程度上，这个概念难就难在弗洛伊德和许多学者赋予了它不同的意义。比如，它有时被认定是介于自体性爱与客体选择之间的一种状态，或是一种早于自体性爱的无客体的、未分化的状态，这一状态被认为接近子宫内状态（intrauterine state）。此处我们同意拉普朗什和彭塔利斯（Laplanche & Pontalis，1983）的反对意见，即：假如我们接受一个无客体状态的存在，那么称之为自恋就是个错误，因为从纳齐苏斯（Narcissus）的角度，他的确感受到了一个让他深深爱恋的客体。就现象学而言，这是一种客体关系的状态，只是其中自体的某些部分感觉被放到了客体身上。

　　自恋论文的最后一段大胆地呈现出结构模式的开启。写完自恋论文之后，自我与其功能逐渐成为萦绕于弗洛伊德心头的重要概念。在《哀悼与忧郁》（*Mourning and Melancholiu*）（Freud，1915）中，他第一次得以充分说明一个涉及投射与认同的内在客体关系。这个进展为建立在"被舍弃的客体投注"基础上的自我理论的出现铺平了道路，后来该理论在《自我与本我》（*The Ego and the Id*）中有了更全面的论述。克莱茵正是从这一点出发，更进一步探索在创造内心世界的过程中，投射与内射彼此间的持续性互动。我们已经说过，自我理想与监察部门的假设都预示着结构模式和超我概念的形成。弗洛伊德后来也肯定了克莱茵的观点（Freud，1930），他赞同超我的严酷与真实父母的现实情况毫无共同之处，而是源自于内在的强烈冲动的投射。越接近他的后半生，弗洛伊德就越专注于对攻击性的研究，赋予了它更为重要的地位。

克莱茵著作中自恋理论的发展

尽管自恋论文中呈现的一些矛盾在弗洛伊德的后期著作中得到了部分解决，但他仍然坚信存在着一个早于客体关系的原始自恋状态。 克莱茵在她为数不多的明确提及原始自恋的文章中，其中一篇清楚地与弗洛伊德划清了界限。 她说道：

存在一个早于客体关系且长达数月的阶段的假设，意味着在这个阶段除了依附在婴儿自己身体的力比多以外，冲动、幻想、焦虑及防御在他身上并不存在，或者说与客体无关，也就是说它们的运作（似在真空中）……没有不涉及外在或内在客体的焦虑情境和心理运作过程……此外，爱和恨，幻想、焦虑和防御都不可否认地连结到客体关系。

(Klein，1952)

在同一篇文章中，她继续阐述，"自恋性撤回"的状态事实上是撤回到内化客体的状态，并因此明确脱离了弗洛伊德关于客体关系之前有一个自体性爱与自恋阶段的观点。 我们早已说过，弗洛伊德在这一议题上绝对不算清楚。

克莱茵认为从一开始就有一个初步的自我（rudimentary ego），交替出现在相对整合状态（relative cohesion）与未整合（unintegration）及崩解状态（disintegration）之间。 这个初步的自我与客体形成紧密的联系，并且运用防御机制。 一开始这些客体是原始的"部分"客体，但随着进一步发展变得更为整合。 它具有理论和临床的双重重要性，因为从这个观点出发，不管病人有多么退行，是不会存在无客体和无冲突的精神状态的。

克莱茵强调投射与内射之间持续性的互动，以建构一个内在客体世界，其中自我与客体形成关系，同时客体之间也被经验为彼此有关系。 正是在她对这些过程的艰苦研究中，她证明了在自我和内在客体状态下会发生的快速摆荡现象。

延续弗洛伊德最后阶段的研究成果，克莱茵非常强调婴儿因为感受到他自己对于客体猛烈的破坏冲动而引发的焦虑。她对婴儿式的超我的古老且残忍的特质印象极为深刻，这个超我几乎与外在现实无关。她认为这个情境建立在婴儿自己的破坏冲动的投射的基础上，而这种破坏冲动最终源于死本能。

她的一个主要创新是"心位"的概念，而非发展阶段。这个概念指的是自我的状态、呈现出来的焦虑、对抗这些焦虑的防御及内在的客体关系。她描述了两个心位，代表现象学上的两种不同状态：偏执-分裂心位（paranoid/schizoid position）和抑郁心位（depressive position）。

我们以后会讨论，自恋的客体关系是偏执-分裂心位的特征。在这种状态下，世界被严重分裂成好客体与坏客体；分裂发生于内部且被投射到外部。最显著的焦虑具有偏执的特性，而防御的目的在于保护自体和理想化客体，免于受到坏客体的攻击，而这些坏客体包括来自婴儿自身的、分裂出去的、被投射的攻击性。否认、分裂与投射的防御机制是这个心位的特征。最基本的发展任务是建构一个足够安全的好客体，以待进一步整合的发生。假如这个任务达成了，婴儿将会有更好的能力去面对与处理抑郁心位特有的焦虑，而在抑郁心位上婴儿将发展出与"完整"客体的关系。

要充分了解"好"客体与"坏"客体在现实中并非分开的这一点，婴儿必须具备内在的力量以耐受分离和对丧失的恐惧，承受随着对强加于好客体的破坏的承认而来的罪恶感。承受这种罪恶感的能力大大地强化了自我。对内在被破坏客体的关心引发了修复这些客体的愿望，而非对破坏的否认，婴儿得以进入一个道德的世界。成功地克服这些忧郁性焦虑使得婴儿获得了与内、外在现实更稳固的关系和区分自体与客体的能力。

克莱茵使用"心位"这个字眼来强调这些不只是发展阶段，并且也是联结内在与外在现实的两种不同方式，在某种程度上它们一直都是并存的。创伤性情境可能引发从抑郁心位到偏执-分裂心位的某种退行，但是假如有一个足够安全的内在好客体，这种退行只会是暂时的。

克莱茵在《对某些分裂机制的评论》（*Notes on Some Schizoid Mecha-*

nisms）（Klein，1946）这篇论文中提出她对于自恋的主要理解。 她所描述的分裂的客体关系（schizoid object relation）就是今天我们所说的"自恋"。 在偏执-分裂心位中，正确感受内、外在现实的能力因为否认、分裂和投射的防御机制而被屏蔽。 内在和外在现实长期处于崩塌而彼此混淆的危险中，万一真的发生，结果就是精神病。 就是这个原因使得克莱茵坚持认为，精神病的"固着点"位于比成功进入抑郁心位更早的一个发展阶段。和弗洛伊德一样，她也认为自恋与精神病源于同一个早于成熟客体关系的发展阶段，但是与弗洛伊德不同的是，她所描述的这个状态并非没有客体，而是包含了更原始的客体关系。

在这篇重要的论文中，克莱茵第一次对投射性认同这一机制做出了详细的说明。 在投射性认同中，自体的某些部分被全能地否认，并被投射入客体，而这个客体则认同了这些被投射的自体部分。 当被认为是好的部分自体被投射出去，就导致对客体的理想化，同时，有敌意的破坏冲动被分裂且被投射至别处。 由于分裂、偏执与理想化一直是共存的，而理想化经常被用来对抗偏执。 这类的过程是建构"反转"与"反向形成"的防御机制的基础。 因为客体认同了自体的某些部分，以致它的真实性质被屏蔽，因此这个机制是自恋性客体关系的基础。 我们很熟悉的临床现象是，自恋型或是"边缘型"病人一样倾向于理想化或贬抑他们的客体。 一种关系可以迅速变换成另一种关系。 在这两种情境中，病人都极度没有能力将其客体看成他们"真实的样子"。 当然，从主观的角度看，已经认同自体的客体是不会被感知为自体的一部分的。 当纳齐苏斯凝视着他在水中的倒影时，他并不知道他看到的就是他自己。

过度使用投射性认同机制的病人受困在一个由他们自己投射出去的面向所建构的世界里。 强烈的否认与投射导致了自我的弱化，使得自我更加难以应对焦虑，带来了更进一步的分裂与投射，这是一个名副其实的恶性循环。 除了探讨自恋性客体关系的基础之外，克莱茵也检视了她所说的"自恋状态"，是从现实撤回并转向一个理想化的内在客体。 如果我们回忆弗洛伊德对于达·芬奇的描述，我们可以看到达·芬奇让自己认同他的理想化客体（母亲），同时投射自己的另一部分（匮乏而依赖的自体）到他所追求的年轻男性身上。

更极端的投射性认同经常可在精神病个案中看到。 这个过程的程度可能大到病人丧失了他自己的整个身份认同，而承接了客体的许多特征（如妄想性信念认为他是另一个人，通常是个强有力且非常出名的人）。

举例来说，A女士，一位精神病个案，在第一年分析中，大部分时间都处于惊恐状态而僵直地躺在沙发上。 后来她能够解释说，当她跟在分析师后面走向咨询室的时候，她发觉自己被迫盯着他的屁股。 她将此体验为对分析师的猛烈攻击并开始害怕分析师。 她感到她用自己的眼睛进行了一场暴力的侵入性的攻击。 其结果是她觉得她自己的暴力与侵入性的部分此刻呈现在了分析师身上，因此她觉得被一个令人可怕的客体困住了，担心受到客体的报复。 这个病人有一个特点，就是她经常需要听到分析师说话，这样她才得以从他的声音判断他是否就是她所担心的那个可怕的客体。

这样的情境常见于症状较轻微的病人，并且经常是急性幽闭恐惧症焦虑的根源。 这些病人有一个坚定的信念，即被攻击的客体必然会反击。 从这个意义上看，所有客体都被认为无法应对他们自己觉得无法处理的情境。使用投射性认同机制达到这种程度的病人，会完全被这些客体的状态所占据。 他们专心聆听分析师的解释，并不在意言语上交流了什么，而只是为了据此揭示分析师的心理状态。

在其1946年的论文的后半部分，克莱茵对精神分裂的客体关系做了详尽的现象学描述。 这些病人经常觉得自己不真实或是虚伪的。 他们可能表现得非常疏离，必须与客体保持一定距离，因为他们认为这些客体包含了被他们自己投射出去的骇人的部分。 或者，他们与客体发展出紧密而强迫性的连结关系，感觉上如果失去了客体就等于部分自体的湮灭。 正因为投射性认同导致自我的耗竭，这些病人经常会抱怨感到空虚。

还有许多病人觉得爱是一种威胁，深怕爱会让他们耗损殆尽。 男性病人有时会把爱体验为非常具象的事情，抱有丧失精液会使自己变得无能的理论。 事实上，这类病人相信他们自己是以符合弗洛伊德关于力比多的第一个水力学模型的方式在运作。 他们觉得爱是一种有限量的物质，因此他们必须避免让它流失到客体身上。 在某种特定意义上他们是正确的，因为在他们惧怕的爱恋关系中，他们的确通过投射性认同而丧失了他们自己的某些部分。 弗洛伊德将其中的某些特质归因于依赖型的爱。 正是因为如此，我们说弗洛伊德所描述的那种依赖型的爱，具有强烈的自恋成分。

举例来说，B先生，过着非常局限的生活，特点是极度的性压抑。 即使受过良好的教育，他却一直无法施展其才能，从事着相当卑微的工作。他过去曾经有一个心仪的女友。 他疯狂地迷恋着她，无法容忍她离开自己的视线，觉得自己濒临崩溃。 结束这段关系之后，他的生活变得退缩、疏离。 他宣称可以自给自足，无法理解为何有人会允许另一个人变得对自己很重要，这样的事情纯粹就是浪费时间。 基本上，他相信所有客体都可被取代，而他也尝试这样过他的生活。

有时他会描述一些情境，他能从中感受到两个人彼此抱有真实的兴趣与热忱。 这样的感受伴随着强烈的痛苦，仿佛他缺失了某些东西。 然而，这个短暂的觉察很快就会被一种傲慢的优越感取代，他会嘲笑这些人"非常像婴儿"。

在前18个月的分析中，他实际上每一次都迟到，一心一意不要"浪费时间在等候室"。 他与一位黑人女性长时间维持着关系，他认为她完全地依赖着他，并经常对她充满鄙夷。 他将自己所痛恨的依赖的部分完全投射到她的身上。 他经常以类似的态度看待他的分析师，觉得分析师依赖着他。 即使B先生尝试自给自足，时不时地他还是会感觉到一种浪费生命的可怕感觉，伴随着对"孤独终老"的恐惧。 他是个嫉妒心很强的人，心中总是惦记着谁比他好或谁比他糟这些事儿。 他一直害怕发觉那些他认为"一无是处"的人实际上比他还要能干。

下面呈现的是他在整合路上取得了一些进展，开始逐渐脱离自恋心态的那个阶段中的一次分析。 他开始觉得分析对他有一定的重要性。 这次的分析发生在休假前的数天。

他迟到了，在简短道歉后，他接着谈到前一天晚上发生的事情。当时他看到身后的一辆车子，"从车头灯的形状判断"，他知道这辆车与他的分析师的车是同款（他自己的车也是这一款式，在开始接受分析后几个星期，他买了相同款式与型号的车）。他当时非常急切地想要知道前一晚看到的到底是不是分析师的车。那辆车的某些特征并不符合，而且驾驶者是一位女性（分析师是男性）。他觉得必须确认车究竟属于谁的念头简直要把他逼疯了。

顺着他过去的思路，我做了一个解释：他一直想要好好看看他的分析师的内心世界，深入了解他到底是个什么样的人，尤其想知道分析师是否和他自己不一样，这在过去在他看来是不可能的。他似乎释怀多了，并且对这个解释产生了兴趣，并继续谈起一个他过去描述过的情境，但从未如此生动。他说，每当他看到一个他认为具备某种他自己欠缺的珍贵特质的人，他都会感到一股急切地想要与对方融合的冲动，或者干脆进入这个人的身体。他称这个过程为"殖民"（colonization）。他形容这种想要融入客体的急切感令他无法忍受，在此情境下，他会产生想要自慰的强烈冲动，但是他尝试抗拒它，因为觉得是浪费。他还解释说，同样的情况在他对原先认为"一无是处"的人突然有了新的看法时也经常发生。

这些材料生动地描述了这个病人的困境，以及他如何应对。因为他如此频繁地使用投射性认同的机制（比如，通过将自己匮乏的部分投射给女友和等待他的分析师），他的生活变得乏味而重复。他的所有客体看上去都类似，因为实际上他们都是他自己所投射出去的部分的容器。在这节分析中，他似乎被这个令他感到新鲜的解释冲击到了，也让他对分析师有了新的看法，认为他是个对他来说有价值并且重要的人。在这次治疗会谈中，分析师被体验为与他分开的且不受他控制的独立的个体。这回他并没有像过去那样很快就嘲笑解释并认为其毫无意义，也未喧宾夺主地据为己有（如同他将分析师的车变成自己的车那样）。他觉得自己与分析师是分开的，并立即感受到对一个他并不拥有的客体的难以忍受的强烈渴望。想通过"殖民"的方式进入客体的愿望，无非是想避免与客体的分离并迅速而贪婪地拥有它。他也可能将自己好的部分投射到客体上，并死命地通过"殖民"与他维持关系。

这些临床材料呈现了一个重要的进展，就是他在此刻尚能意识到，他所渴望的客体与他自己是分开的，然而，紧接着就又出现了在自慰幻想中再度拥有客体的愿望。

这些材料中的一个重要方面是嫉羡的议题——B 先生执着于确定他人比自己好还是糟。他看待同一个客体的态度可以非常轻易地从非常令人尊敬变成一文不值。这个过程似乎是由难以忍受的嫉羡所引起的，同时也保护他以对抗嫉羡。

嫉羡在自恋障碍中的重要性受到克莱茵学派学者愈来愈多的关注。原始嫉羡的问题在《嫉羡与感恩》（*Envy and Gratitude*）（Klein，1957）这本小书中首次得到完整的处理。在这本著作中，克莱茵指出嫉羡这种心理表现是最具破获性的人性冲动。她引用乔叟（Chaucer）（译注：英国诗人）的话："嫉妒无疑是最恶名昭彰的罪恶；所有其他的罪恶只是对抗一种美德，然而嫉妒却是与所有美德与良善为敌。"嫉羡心重的人无法接受来自客体的事物，因为接受代表肯定其价值并承认对方是独立的人。这类人能轻易地贬低任何潜在的对他们有用的事物（就像 B 先生经常做的）。他们"咬那只喂养他们的手"（即忘恩负义）。嫉羡从根本上令人无能，因为它恨的正是客体的好，因此从客体身上得不到任何有用的东西。此外，嫉羡心重的人也持续地被迫害，因为当他因嫉羡而攻击其客体时，这些客体也经由投射作用从爱的客体变成了嫉羡的迫害性客体。这类病人经常会为他们所拥有的东西感到极度焦虑，因为他们长期觉得别人会因嫉羡而夺走它们。

在《嫉羡与感恩》一书中，克莱茵展示了嫉羡与投射性认同之间的紧密关联。对客体的攻击由嫉羡所驱动，但同时也保护个体以对抗嫉羡。她强调原始的嫉羡经常是隐性的、分裂的、悄无声息的。在移情情境中，这类嫉羡经常严重地限制病人利用精神分析工作的能力，是严重的负性治疗反应的根源。

过度嫉羡以致过度使用投射性认同所衍生的困难，是偏执-分裂心位的特征。弗洛伊德在这篇文章中承认自恋心态确实限制了个体对于精神分析治疗的易感性。从我们的观点出发，这是由于这类病人极难容忍从客体接受任何有价值的东西；出于嫉羡，他们摧毁客体而不是看见和使用客体，也连带摧毁了他们自己对自身行为的自知力，因为他们也离自己很远。 在《本能及其变迁》（*Instincts and Their Vicissitudes*）（Freud，1915，14：136）一文中，弗洛伊德在讨论原始自恋时，提到婴儿觉得他们自己就是所有满足感的来源这样一个状态："处于原始自恋阶段时，客体出现了，作为爱的对立物，即恨，也得以发展起来。"他在同一篇文章中还提到："恨，作为一种与客体间的关系，比爱更早出现。 它源自于自恋性自我对于外在世界的原始排斥"（Freud，1915，14：139）。 如果赞同原始自恋理论，我们会认为外在客体好的部分是较晚被发现的，并导致自恋暴怒（narcissistic rage）。 如果赞同克莱茵的观点，我们则认为人从一出生就有了察觉到外在客体的能力，而自恋暴怒是一种嫉羡的表达。

因此，对于克莱茵而言，嫉羡是偏执-分裂心位的基本态度和组成部分。 从她的书名可知这个态度的对立面是感恩。 一个能够真心地感谢客体，并且承认他与客体是分开的人，就会有能力发展出真正的创造力。 越少嫉羡，就越少感觉到嫉羡性客体的迫害，并能与好的内在客体建立更为安全的关系，也因此得以从经验中学习。 换言之，他的客体关系主要处于抑郁心位。 从偏执-分裂心位进入抑郁心位自然导致自恋全能感的减少。 随着病人逐渐意识到分析师是个可给予他帮助的独立个体时，他欲掌控并接管分析的需求也随之降低。

对于克莱茵而言，嫉羡与死本能的原始破坏性之间有着密切关系。 生本能与死本能之间的抗衡被认为是发展过程中的持续性冲突，并在心理上通过爱与感恩、恨与嫉羡之间的抗衡呈现出来。 罗森菲尔德（Rosenfeld，1971）曾进一步论述这些议题，将嫉羡与死本能做了一个明确的连结。 他探讨了存在于某些病人中的深层分裂，一边是自体的力比多或匮乏的部分，期待被理解并得到帮助，另一边则是自体的残暴的、破坏性的、嫉妒的部分，寻求主导和战胜客体及被憎恨的依赖的自体。 这类病人倾向于贬低他们的外在客体，嫉妒性地暗中伤害他们，同时理想化自己全能的破坏性。承认自己需要帮助等同于让自己置身于一个难以忍受的屈辱中。 每当分析师谈到他们任何匮乏的部分，他们都将之体验为使他们更为依赖的尝试，也就是说，强迫把依赖再次投射到他们里面。 罗森菲尔德描述这些病人就像被"势力庞大的帮派"掌控了一样，这个帮派意图掌控他们并宣扬自己比分析师优越。如果这样的病人允许自己接受帮忙，经常会感到自己陷入了这个势力庞大的帮派的可怕威胁中。

C 先生，一位精神分裂症患者，在多次分析中陷入一种极度幸福的、嘲弄式的安详状态，默默地盯着他的分析师。他偶尔会因为听到某些东西而傻笑，或是以充满优越感与施舍般的言论回应。他似乎不必依靠任何人，也似乎是自恋全能感的化身。在一次分析中，他告诉他的分析师，自己正在和一群"科学家"沟通，那些人劝告他"不要跟贝尔医生（即分析师）谈话，因为他相当疯狂"。他们告诉他死亡是一件好事，因为如果他死了，他就可以获得永生。病人能够提及这些显然是极其重要的；他期待可以逃脱那个势力庞大的帮派的掌控。这次分析之后不久，他变得痛苦不安并且威胁要卧轨自杀。他觉得自己身处巨大的危险之中，因为他泄漏了"科学家"的秘密。他的自杀冲动是基于对"科学家"的恐惧，也因为自己处于一种痛苦的困惑状态；他不再能确定谁是疯狂的，谁又是正常的。这恰恰表明了嫉羡与死本能的密不可分。

我们有可能在许多病情较轻微的病人身上看到相对不那么显著的此类过程。D 小姐，即使明显经常经历极度的焦虑绝望，却始终用充满优越感的方式谈及这些，并且还邀请分析师一起来鄙视她的匮乏自体。比如，她时常谈到与死亡恐惧有关的可怕的焦虑感。她会不时中断这个话题，并以一种嘲讽而优越的语气评论道："多么特殊啊！"对于任何意在理解她的恐惧的解释，她都体验为是分析师迫使她变得依赖的尝试，以令她自卑。她会拿着她在家里写好的信来到分析室，其内容是对她如何迫切需要帮助的详细描述。她表现得似乎是她不被允许将其那极度匮乏的部分带进分析情境，而只能以一种秘密信息的形式偷带进来。她似乎只能接受"一方在上，另一方在下"的关系型态。与这一致的是，当她真正感受到急需帮助的时候——比如，在让她深受困扰的假期来临之前——她感觉自己是和一个暗自得意、窃喜的分析师在一起，也就是说并没有人能帮她。很长一段时间后，她才能开始好好思考一下她自己的这个念头，就是她觉得如果她陷入了一种依赖与匮乏的状态，她的分析师只会感到得意。从这个意义上而言，她坚信分析师与她是一样的。

罗森菲尔德认为"自恋组织"既是一种嫉羡的表现，也是对抗嫉羡的防御机制。他强调觉察到与客体分离，作为一种会带来挫败的感觉，必然导致嫉羡。他进一步阐述："放弃自恋位置时，指向客体的攻击似乎难以避免，而全能自恋客体关系的强度与持续性似乎与嫉羡的破坏冲动强度有密切关系。"

自体的自恋性全能感面向经常发挥一种强大而具诱惑性的影响力，使得病人健全的、匮乏的部分更加难以碰触。这在更为严重的精神病病人身上特别明显，他们经常憎恨生命、理想化死亡，把这当成解决所有问题的灵丹妙药。他们仿佛受到了死亡的诱惑，将死亡当成可以免于所有匮乏与挫败的状态。这些病人经常感觉是分析师使他们背负了令他们憎恨的求生的意愿。从技术层面看，这当然是一种极端困难的情况。罗森菲尔德认为："临床上，最重要的是从病人受困之处找出并拯救其健全的依赖的部分。"

之前提过的 A 女士，过去曾经致力于照顾精神科病人。在那种情境下，她把所有的病人与自己受憎恨的依赖的部分相认同。她开始接受分析是为了"解决某些问题"，但是后来却解释说她坚信自己接受分析是为了成为一位分析师。当她知道分析师也正接受分析作为其精神分析训练的一部分时，这个事情就变得更加复杂。接受分析 1 年之后，她因为一次急性崩溃而被安排住院，而她的分析在那个医院持续进行。在病人来看，这代表她进入分析师体内并返回理想化的子宫的愿望成真（enactment）了，此时她可以放下所有活着的负担。

因此，这个病人给出了两个继续生活下去的选择。一种选择是她将所有分离统统废除，居住在被称为"精神分析医院"的分析师身体里面，将这种状态理想化，但事实上却代表着无助的久病状态（invalidism）。另一种选择是全能地接管分析师所有的能力，成为他，以减轻她对于好客体的依赖与嫉羡。这个病人多次服药过量，并时常秉持一种妄想信念，即其困境的最佳解决方案就是死亡，她觉得死亡是一个理想状态，能确保从生的挫败与负担中完全解脱出来。显然这代表着她潜意识中回到子宫内状态的渴望。然而，为了达到这样的状态，她必须死亡。

西格尔（Segal，1983&1984）曾经进一步探索这些病人对于死亡的理想化。弗洛伊德（Freud，1924）使用"涅槃"（亦即：解脱）这个词汇来描述死本能的诱惑力。 再次引用拉普朗什与彭塔利斯（Laplanche&Pontalis，1983）的话："'涅槃' 唤起了愉悦和毁灭之间深层的连结。"对于这类病人最困难的技术问题之一是如何从其具破坏性的部分中区分其健全的部分，即真诚地期待分析师帮助的部分，而其破坏性部分则将分析师的帮助完全视为占有与控制。

出院 6 个月后，A 女士有了某些重要进展，她决定接受一所日间中心（她过去曾拒绝）的照顾，而不再是像过去那样忍不住地"整天躺在床上"。参加日间中心意味着她愿意与分析师合作了，但这也让她置身于极大的危险中。 在一次休假前的分析中，一段颇长时间的沉默后她说："我想我并不想让你知道我需要你。"当被问及是什么使得她说出这个想法时，她回答说，她想象自己在医院中与一个高大强壮的病人打架，这个病人突然袭击并制服了她。 她接着想象一名特定的护士（她过去曾经求助于这名护士并感念她的帮助）跑来询问她要不要紧，她回答说没事。 就是这个幻想让她说出了自己并不想要分析师知道她需要他。

这个案例描绘出了这类病人的持续困境，因为当病人在现实层面变得配合且感到有帮助，她会突然感觉到被自己的嫉羡、鲁莽、暴力部分压倒，对抗令她感到无助的部分，并压制其寻求帮助的愿望。 这个案例也表明，帮助性的客体主动接近病人被压抑、匮乏的部分，而不被病人"一切安好"的陈述所蒙蔽，是多么的重要。

这次分析会谈显示，病人相信，用她自己的话是告诉自己，如果她把对于分离的恐惧和真的很需要分析师的感觉告诉分析师，她会被指责想要占有他并不容许他离开。 在这个意义上而言，她表达的是，分析师可能无法从她穷凶极恶地想占有客体的那些部分之中分辨出她健全而匮乏的部分。

构成自恋性困境核心的"自恋帮派"（narcissistic gang）或"病态组织"问题，在过去 15 年间逐渐得到了克莱茵学派学者越来越多的关注。 基本上，他们所有人都赞同，在健全、依赖的那部分自体和试图掌控的自恋的、破坏性的组织之间存在严重的分裂。 这类病人经常觉得他们可以全能地接管客体的不同部分，并占有客体以避免依赖与嫉羡。索恩（Sohn，1985）将它形容为"认同"的形成。这些学者也同意这种分裂相当于人格中精神病与非精神病部分之间的分裂，而这普遍存在于我们所有人当中（请尤其要参阅 Bion，1957）。斯坦纳（Steiner，1979）强调某些病人能够达到的相对的稳定性，他们卡在偏执-分裂心位与抑郁心位之间的"边界地带"。他（Steinr，1982）也描绘了人格中较倒错的部分如何试着诱惑和腐化病人健全的心智。这些病人偶尔觉得他们必须与自己具有破坏性的部分"做交易"。比如，A 女士在分析中的不同时间点经常必须进行强迫性计数仪式（obsessive counting ritual），为的是避免"大灾难"，通常这指的是她的死亡、分析师的死亡或是她父母的死亡。她觉得如果她能够参与这些程序一定的时间，全能的力量会被取悦，而她或许也会被允许转向分析师并听他的话。但是，有时她也会认同全能的破坏性组织，在这种状态下她会猛烈地攻击分析师的话语，将它们击碎成一个个音节，漫无目的地盘旋于她的脑海，直到这些话语变得毫无意义。这个过程带有强烈的胜利的兴奋感。

结论

在这篇短文中，我们沿着弗洛伊德在其自恋论文中提及的不同思路做了探索。我们试图表明，直到后来的《哀悼与忧郁》（*Mourning and Melancholia*）和《超越快乐原则》（*Beyound the Pleasure Principle*），他才解决了这篇论文先天存在的某些理论争议。随着生本能与死本能之二元论的恢复，以及他对攻击的重要性的日渐重视，自恋问题整体上呈现出不同的面貌。再度引用沃尔海姆（Wollheim，1971）的说法："原始自恋所引发的问题直到《超越快乐原则》（*Beyound the Pleasure Principle*）出现后才戏剧性地得到解决。从弗洛伊德陈述其新观点的明显的释然姿态，我们可以想象他和他的理论在过去几年里承受了多大的压力。"

弗洛伊德并未放弃自我本能与客体本能的概念，而是把它们一同作为生本能的一部分，而生本能被视为死本能的反面（Freud，1940）；此外，尽管有些时候他接受第一个性客体就是母亲的乳房的说法，但他仍然继续坚持在客体关系出现之前存在着一个原始自恋阶段。 我们认为这个概念在临床上没有用处，在理论上含糊不清。 再度引用拉普朗什和彭塔利斯（Laplanche & Pontalis，1983）的说法："从地形学的观点来看，我们很难看到在原始自恋中到底什么该被投注。"

某些学者认为自尊是原始自恋的一个健康残留。 然而，依照我们的想法，健康的自尊更多地与一种内在状态有关，即与一个好的内在客体而非理想化客体形成安全的关系。

我们也仔细推敲了弗洛伊德对自恋的破坏性更为直观的概念。 这可见于他将自恋与分析工作中的一种根本性阻抗联系在一起，亦可见于他察觉到的自恋心态对一切创造力的阻碍，以及最后，但可能也是最重要的，即他对于自恋与精神病之间紧密联系的理解。 这些议题在克莱茵学派中已经被深入探讨过。

从这种视角出发，只有当抑郁心位顺利通过时，稳定的非自恋的客体关系才可能出现，因为只有在这一过程中才有自体与客体的区分。 朝向抑郁心位移动，是向着某种状态的方向移动，在这种状态里，对于外在和内在的好客体的爱与感恩，足以对抗对任何好的且被认为是自体之外的事物的憎恨和嫉羡。 逐步提升的整合和分离源自于将投射撤回，允许对客体的爱被客观地感知到。 这也意味着允许客体脱离主体的掌控，同时接受客体与其他客体也存在关系的事实。 因此，根据定义，通过抑郁心位的能力也包含了修通俄狄浦斯情结的能力，以及允许向有创造力的父母认同的能力。

在罗森菲尔德、索恩、西格尔以及斯坦纳的著述中，不管是精神病个案还是较轻微的病人，自体的自恋与非自恋部分之间的关系成为分析工作的核心。 清醒地意识到需要一个不受自体掌控的外在客体的滋养，是力比多爱恋的基础，而这与弗洛伊德所描述的依赖型的爱有某些关系。 人格中的自恋部分会尽其所能地否认这个现实（依赖的现实），并且宣扬自恋式自给自足的优越状态。 在某些病人中，对于自恋的理想化以理想化死亡和憎恨生命的形式表现出来。

总而言之，我们返回最初的纳齐苏斯神话。 纳齐苏斯被困住了，凝视着某个他主观认定为一个失去的爱恋客体，但客观上却是其自体被理想化的部分。 他坚信自己陷入爱河，然而，却死于饥饿，因为他无法将注意力转向一个真实的客体，而这才是他本来有可能获得的其真正想要的对象。

参考文献

Bion, W. (1957). Differentiation of the psychotic from the non-psychotic personalities. *Int. J. Psycho-Anal.*, 39:266–75.

Freud, S. (1900). *The Interpretation of Dreams. S.E.* 4 and 5.

——. (1905). *Three Essays on the Theory of Sexuality. S.E.* 7.

——. (1910a). *Leonardo da Vinci and a Memory of His Childhood. S.E.* 11.

——. (1910b). The psycho-analytic view of psychogenic disturbances of vision. *S.E.* 11.

——. (1911). Psycho-analytic notes on an autobiographical account of a case of paranoia (dementia paranoides). *S.E.* 12.

——. (1915). Instincts and their vicissitudes. *S.E.* 14.

——. (1916). Some character-types met with in psycho-analytic work. *S.E.* 14.

——. (1918). From the history of an infantile neurosis. *S.E.* 17.

——. (1920). *Beyond the Pleasure Principle. S.E.* 18.

——. (1923). *The Ego and the Id. S.E.* 19.

——. (1924). The economic problem of masochism. *S.E.* 19.

——. (1930). *Civilization and Its Discontents. S.E.* 21.

——. (1940). *An Outline of Psycho-Analysis. S.E.* 23.

Jones, E. (1955). *Sigmund Freud: Life and Works.* Vol. 2. London: Hogarth Press.

Klein, M. (1946). Notes on some schizoid mechanisms. In *The Writings of Melanie Klein.* Vol. 3, *Envy and Gratitude and Other Works.* London: Hogarth Press.

——. (1952). The origins of transference. In *The Writings of Melanie Klein.* Vol. 3, *Envy and Gratitude and Other Works.* London: Hogarth Press.

——. (1957). Envy and gratitude. In *The Writings of Melanie Klein.* Vol. 3, *Envy and Gratitude and Other Works.* London: Hogarth Press.

Laplanche, J., and Pontalis, J. B. (1983). *The Language of Psycho-Analysis.* London: Hogarth Press.

Meltzer, D. (1978). *The Kleinian Development.* Strath Tay, Perthshire: Clunie Press.

Rosenfeld, H. A. (1971). Clinical approach to the psycho-analytical theory of the life and death instincts: An investigation into the aggressive aspects of narcissism. *Int. J. Psycho-Anal.*, 59:215–21.

Sandler, J., Holder, A., and Dare, C. (1976). Narcissism and object love in the second phase of psychoanalysis. *Brit. J. Med. Psychol.* 49:267–74.

Segal, H. (1983). Some clinical implications of Melanie Klein's work: Emergence from narcissism. *Int. J. Psycho-Anal.*, 64:269–76.

———. (1984). De l'unité clinique du concept d'instinct de mort. In *La pulsion de mort*. Paris: Press Universitaire de France.

Sohn, L. (1985). Narcissistic organization, projective identification and the formation of the identificate. *Int. J. Psycho-Anal.* 66:201–13.

Steiner, J. (1979). The border between the paranoid schizoid and depressive positions. *Brit. J. Med. Psychol.*, 52:385–91.

———. (1982). Perverse relationships between parts of the self: A clinical illustration. *Int. J. Psycho-Anal.*, 63:241–51.

Wollheim, R. (1971). *Freud*. Glasgow: Fontana.

从自恋到自我心理学再到自体心理学

保罗·奥恩斯坦（Paul H. Ornstein）[1]

　　20 世纪 60 年代中期，精神分析的临床实践再度将自恋这个议题推向舞台中央。 第一次出现在 1914 年，在迈出了较小但却意义重大的几步之后，弗洛伊德被迫提出了一个更为宽泛的自恋概念。 在这种情况下他修订了自己的力比多理论——当时这是精神分析概念的基础——并且为未来的临床和理论的重大转变做了准备，这凸显出自恋这篇论文的绝对重要性。

　　自恋这个概念的最初提出和最近的再度出现，都撼动了精神分析理论和实务的基础，其原因显然是类似的。 不管是弗洛伊德自己的理论还是后来科胡特的新理论，都威胁到了现存的精神分析的核心冲突理论（Ornstein，1983；Wallerstein，1983）。 无论在过去还是最近，自恋都因此卷入了这场火热的争议中。 难怪盖伊（Gay，1988&338）形容这篇 1914 年的自恋论文"颠覆"了弗洛伊德自己之前的所有理论。 它确实是一种颠覆。 根据梅·图尔兹曼（May-Tolzmann，1988）针对那一时期（1914—1922）的文献进行的仔细而深入研究，正是这个原因令当时的大多数分析师对其反应消极，充满了迷惘和困惑。 很少有人能够欣然接纳其中的某些要素，大部分人是漠视它的，因为不知如何将这些新观点整合入既有的冲突理论中。 琼斯（Jones，1955：302-06）也表示说他与其他几个弗洛伊德身边的人也觉得这篇论文"令人困扰"。 琼斯的说法值得重新思考："它给予了迄今为止作为精神分析立论基础的本能理论以令人不快的冲击。 那些观察作为新的自恋

---

　　[1]　保罗·奥恩斯坦，辛辛那提大学精神医学系国际精神分析自体心理学研究中心联合主任，精神科教授；辛辛那提精神分析学院培训和督导分析师。

概念发现的基础，是如此明确且易于确认，以至于我们必须坦诚地接受，但是很快我们就清楚，我们所熟悉的理论势必得要做些改变了"（Jones，1955：303）。

几年之后，这个理论确实被做了某些修改：力比多理论被进一步修订（Freud，1915&1920&1923），接着精神分析的基本模型被彻底重整（Freud，1923&1926）。当今很少有人会质疑弗洛伊德做出的革命性的举动：以三重模型取代地形学模型，将本我心理学范式替换为自我心理学范式，这也给精神分析技术带来了极大的转变。这些变化在新的自恋理论中已看到预兆。我们现在对它燃起极大兴趣是因为我们不仅可以在其中发现自我心理学（新的自恋理论在此达到顶点）的核心，也可以找到客体关系理论与自体心理学的核心。

因此，弗洛伊德在《论自恋》一文中陈述的观点无疑是后续精神分析发展的基础。我们有必要检视弗洛伊德的论文，以便评估他在 1914 年及后来的自恋观点对于精神分析演进的历史影响，以及它们目前在我们这个领域中的理论地位（Bing et al.，1959；Pulver，1970；Moore，1975）。这也让我们得以将科胡特所做的贡献归入合适的位置。

重读《论自恋》，以回顾的方式显出其主张的过渡性本质并关注它们后续的发展，应该可以让我们更自如地将精神分析理论作为可扬弃的观察工具来使用。重读为我们所有人提供了一次矫正性的情绪体验（corrective emotional experience）。

回到这篇短文的特定议题之前，我们应该快速回顾一下写作的背景。弗洛伊德当时对于阿德勒（Adler，1911）和荣格（Jung，1913）的叛离反应相当激烈，并且以同时发表于 1914 年的两篇文章——《精神分析运动史》（*on the History of the Psychoanalytic Movement*）和《论自恋》分别回应了他们的挑战。他在《论自恋》中的回应被认为更"客观"且更"具科学性"，即使有时他表现出一副执着于摧毁其对手的样子，对他们所提出的正当问题都毫不认可。弗洛伊德费尽心力驳斥荣格关于力比多理论无法解释史瑞伯案例（Freud，1911）中的特定精神病现象的论断。但是，正如琼斯所见，弗洛伊德这时"非常难以证明冲突的其中一方，也难以定义任何自我的非自恋成分。 他的学术生涯显然面临着一次考验"（Jones，1955：303）。 因此，对于弗洛伊德而言，这是个严重的问题，他尽可能地调动所有的情绪与智力来反击变得可以理解了。 在第二篇文章《精神分析运动史》 中，他更加公然地攻击他的反对者，据他自己形容，显然是"怒气冲冲"。

这些背景无疑促成了自恋这篇论文，无论是形式上还是内容上。 然而，若过度强调这些助长事件，认为这篇论文主要是弗洛伊德自我辩护的努力，将会是一种误导。 毕竟某些时刻被他编织进自恋理论的主题已经萦绕在他心头有些时间了，且已缓缓浮现，即使不时受到外界压力的刺激。 正是这种从内部的缓缓浮现，这种精神分析演化的内在逻辑，是我们有兴趣追寻的。 通过这个过程，我们将会发现《论自恋》 的确是弗洛伊德最重要的著作之一。 即使它站在本我心理学与自我心理学的转折点上，并因而很快就被更新的观点所掩盖，但它已包含了推动弗洛伊德在之后大约十年间改变自己的重要理论模型的所有元素 （Freud，1923 & 1926）。

弗洛伊德自恋理论中的关键因素：迈向自我心理学之路

若想要恰当地理解这部复杂而多层次的作品，对其进行简短的历史和概念的探索，就必须将我们自己融入当时的精神分析架构中。 弗洛伊德使我们很容易就能了解精神分析在 1914 年的处境。 为了远离阿德勒与荣格，弗洛伊德仔细地划清界限，以示其反对者处在这个领域之外 （Freud，1914a）。

他认为精神分析理论是构筑于移情和阻抗的临床"事实"之上的。 这在当时是以压抑、潜意识和婴儿性特质的理论来解释的。 这些事实和观点决定了何为分析师的临床焦点。 在他的探讨中，分析师搜寻病人的潜意识、婴儿期性欲以及幻想（性本能的表征），而这些与病人的自我保存需求（自我本能的表征，促进压抑）彼此冲突。 分析师的核心活动正是以这个冲突为特征的。 冲突理论是如此重要与核心，以至于分析经常被称为一种"卓越的冲突心理学"，而精神分析的这个时代则被称为"本我心理学"的时代。

然而，自始至终，弗洛伊德都关注冲突的另一面：（自我本能的）自我、压抑、审查制度、继发过程等。 他开始形成一个想法，不只是力比多的发展，还有自我的发展问题，共同构成了神经症与精神病性障碍。

这就是 1914 年左右自恋概念被引进时精神分析的概况。 理论缓慢地演进，在 1914 年之前有了数次显著的进展。 史崔齐、琼斯以及其他许多人都提及过这些进展，因此在此简短描述即可。

观测的参照物以及 1914 年之前自恋概念的线索

"自恋"这个词汇在世纪交替（19 世纪进入 20 世纪）之初就已经出现，灵感来自于希腊神话中的纳齐苏斯。 从狭义来说，自恋是一种自体爱恋的倒错形态，身体成为他自己的爱恋客体。 弗洛伊德首先扩展了这个狭义的概念，将之与萨德格尔（Sadger）对某些同性恋呈现的自恋性客体选择（Nunberg&Federn，1967：303-14）的观点相联系。 弗洛伊德认为"这（自恋）并不是一种孤立的现象，而是从自体性爱过渡到客体爱恋的一个必要的发展阶段。 迷恋自己（自己的性器官）是一个不可或缺的发展阶段"。

弗洛伊德接着进一步论述了某些同性恋病人的自恋型客体选择的议题［Freud，1909（1905 年第二版《弗洛伊德》）&1910］，并且对自恋做出了两个额外的贡献。 第一个是与史瑞伯的妄想症的分析有关的观察（Freud，1911）；第二个则与《图腾与禁忌》（Freud，1913）中的万物有灵论及魔法的分析有关。

在 1911 年的文章中，在尝试了解妄想症个案被压抑的同性恋愿望的意义时，弗洛伊德使用了他前不久在关于达·芬奇的文章（Freud，1910）中所提到的自恋概念。 他在此更详尽地说明了在自体性爱和客体爱恋之间的发展阶段所发生的（Freud，1911：60-61）："个体在发展中有一段时间会整合其性本能（在此之前是全心投入于自体性爱活动中的）以获得一个爱恋客体；起初他将他自己，即他的身体，当作其爱恋客体，随后才能发展到选择一个有别于他自己的他人作为他的客体"。"这个中间阶段，"弗洛伊德谨慎地说，"正常情况下，或许是不可或缺的；然而似乎有许多人反常地久久固着于此，而这个阶段的许多特征也延续至他们后来的发展中。在此情况下，被选为爱恋客体的个体的自体，其中最重要的可能早就是其性器官"（Freud，1911：612）。力比多分布的心理经济概念（psychoeconomic concept）（将力比多投资于客体，以及撤离后再度投资于自我）使得弗洛伊德能够解释史瑞伯的"自大狂"和他从外部世界撤回并最终达到世界末日妄想的顶点的这一过程。在自大狂中，从客体撤回的力比多被再度投资于自我（继发性自恋），而这个投资加剧了原初的、婴儿式的"思想全能"（原始自恋）。从客体撤回力比多导致对病人内在世界崩溃的内心感觉，而这表现为外化的世界末日妄想。

弗洛伊德对于自恋的第二个额外贡献可见于《图腾与禁忌》（Freud，1913）中。此处，思想全能的观点（原始自恋的观念成分）扮演了更大的角色，因为它替弗洛伊德打开了一条解释在万物有灵论和魔法中运转的动力学机制的道路。

1914 年自恋理论之观测的参照物以及主要构成要素

或许用这些脉络编织而成的理论中，最令人瞩目的部分是其设计的宏观性：弗洛伊德将大量不同的临床与理论议题置于广义的自恋概念架构下。随着这个理论的扩展，自恋能解释的范围大幅增加。难怪我们可以从大部分后来的精神分析重要概念一路追溯到这篇关键的著作。

1. 极端或严重的自恋型态。弗洛伊德是通过聚焦于临床上可观察到的病态型态展开其综合推理：自体性爱和性倒错；精神分裂症的自大狂和从外部世界退缩（世界末日妄想）。

2. 较轻微和较广泛的自恋型态。他接下来立即提出一个观点，那就是在其他临床情境下，极端自恋态度中个别的、较轻微的部分也是可以观察到的。比如，在同性恋个案中，客体选择本质上就是自恋性的。弗洛伊德此处谈到，较严重的和较轻微的自恋形式都会限制病人对于分析影响的感受性（susceptibility）。

3. 无所不在且正常的自恋型态。 在不同的神经症状态下辨认出严重和轻微型态的自恋，使得弗洛伊德假定自恋"可能在人类的性发展过程中占有一席之地"（Freud，1941b:73）。 弗洛伊德对于自恋的基本定义此刻浮现：基本上，他认为自恋"并非一种性倒错（即病态），而是一种出于自我保存本能的利己主义的力比多补充物"，因此，自恋是正常发展的一部分。

弗洛伊德详细论述了他曾提到过的精神分裂症的自大狂与妄想，以支撑他的这些观点。 他又增加了对于儿童和原始人类（这些人的行为是由"思想全能"的信念所掌控）精神生活的观察，以及对恋爱中的人的观察，这些都足以说明自恋概念在正常发展中的重要意义。 他著名的阿米巴原虫意象描绘了他对于力比多分布的心理经济观点：投注于自我的力比多越多，可用来投注于客体的力比多就变得越少，反之亦然。 他将器质性疾病、疑病症，以及男女间的性生活也加入观察数据中，并且从力比多分布的观点出发来解读它们。

与力比多理论的扩充并行的是当时依旧处于雏形期的自我心理学的扩充；很大程度上这两者不可避免地在发展中纠结在一起。 它们彼此影响，任何力比多分布的改变看来都会改变自我，反之亦然。 弗洛伊德早已描述过，自我是继发性过程，是审查者，是压抑、阻抗、现实检验的煽动者；现在，他又清楚地看到，自我是自我本能的所在地、是力比多的存储库，也是其分布的部门。

但是，弗洛伊德的思考更为深入。 至此，他提出了崭新且广义的自恋理论主要的观察性与理论性观点，又立即尝试解释更深入的问题，并意外地得到极具启发性且影响深远的结果。 他在这篇论文中重点提出的是自我理想（并且定义了与之相关的升华与理想化）；进一步论述了良知的起源与发展［并且解释了与其相关的被监视妄想，以及其正常的对应表现：自我观察、自我批判，以及"内在心理研究"——这是弗洛伊德对于内省（intro-spection）的措辞］；特别将自我（更精确地说是自我的自尊）看成压抑的煽动者；思考了压抑给力比多分布带来的结果；最后又详细讨论了自尊的来源与功能——所有这些全都源自于自恋，并在这个新的理论中得到了解释。

在辨识婴儿期（原始）自恋的诸多变迁的过程中，弗洛伊德感兴趣的是正常成人的自我力比多的终极命运。 他问道，是否有可能所有的自我力比多都成为了客体力比多？事实并非如此。 他进一步描述自我理想这个新的部门是如何、在何种情况下在自我内部确立起来的。 它的出现是对我们称之为良知的内在看守者的回应，而内在看守者的出现又是对来自于父母亲、众多他人，包括整个社会的批判的回应。 这些对批判的回应，以及自身觉醒中的批判性评断，使得成长中的孩子不再认为其真实自我是完美的。 他试图在其自我理想中恢复失去的完美特质，这吸收并束缚了他可观的自恋力比多与同性恋力比多，这些力比多因而被移转回自我，再一次充实自我。从此之后，他的满足感将来自于达成这个理想。"良知"这个部门将会衡量真实自我与自我理想之间的距离，并且保证遵从自我理想就可获得所需的满足感。

满足感来自于高涨的自尊（self-regard，self-respect，self-esteem）。 自尊取决于"自我的大小"，且有各种不同的来源。 它一部分是原始性的（婴儿期自恋的残留），另一部分源自于经验的全能感（自我理想的实现），第三部分则来自爱情的满足感（客体力比多的成功配置）。

检视了这篇 1914 年的论文最宽泛的要点之后，在我们转向接下来数年中所衍生的问题之前，让我们对弗洛伊德的关键主张做片刻的沉思。

弗洛伊德认为自恋是出于自我保存本能的利己主义的力比多补充物，自我是其存储库。 作为正常发展的一部分，自恋是介于自体性爱与客体爱恋之间的一个阶段，因此，这也是力比多理论的一个方面。 由于这个缘故，它受到力比多分布"法则"的支配，而存储库内力比多的量是固定的。 这意味着投资于客体的力比多越多，留存于自我的力比多就越少，反之亦然。此处，"自体爱恋"恰好与"客体爱恋"对立。 然而，对于弗洛伊德而言，自恋还有其他极其重要的层面。"自恋型客体选择"与"思想全能"无法轻易地套用于力比多理论中（尤其是其心理经济观点），尽管弗洛伊德把两者都作为其自恋理论的依据。 在自恋型客体选择中，人们"单纯地寻求他们自己作为爱恋客体"，弗洛伊德如是说。 但是，那些"爱恋客体"的四种不同变化展现出的并非寻求力比多满足，而是促进、强化及完成自体。 在那些全能思想中，人们固然有其自恋的一面，但这也正是其自我发展的孵化器（费伦奇的自我发展理论属于这类）。在这个例子中，同样难以想象力比多分布的核心关联何在（费伦奇并未将其现实感发展理论置于力比多理论中）。此外，自恋还有一个更重要的成分，是作为自我理想的部分构造的那个层面，从力比多理论的观点出发，它只被部分地理解。接下来，我们会来检视这些观点的结局如何。

大体而言，自恋的单轴（single-axis）理论一开始似乎就已经过于狭隘，无法轻易容纳自恋两个明显不同的倾向（See May-Tolzmann，1988）。后来出现的许多理论与技巧的复杂问题似乎都与这些议题有关。

弗洛伊德之主要自恋观点在其后续著作中的命运

1. 自恋概念最重要的部分，即其心理经济层面，以及将核心心理冲突置于性本能与自我本能之间的概念，已经明显跳脱其早期的架构，当时，性本能是受到自我打压的（译注：此处也许是本文作者误植。在《论自恋》一文中，弗洛伊德是将核心心理冲突从他先前主张的界于性本能和自我本能之间，修正为发生在"客体力比多"和"自我力比多"之间，而自我力比多正是自恋，因此核心心理冲突是发生在"客体力比多"和"自恋"之间）。弗洛伊德持续不断地重新评估他的力比多理论（Freud，1915&1917，特别是1920&1923）。重新评估的其中一个结果是，在1914年之后，他将攻击驱力定位在自我本能之内。随着心理三重模型的提出，更进一步或者说更彻底的修订成为必要。弗洛伊德此刻认定驱力有两种基本类型，即性驱力和攻击驱力。在新的自我组织结构脉络下，自我保存驱力现在被纳入自我保存的自我兴趣（ego-interests）之下（因此不再被视为驱力）。

2. 这个新的自我心理学成为精神分析的主要典范，再一次清楚地指出，冲突位于驱力（性与攻击）与自我的控制结构之间。驱力在"本我"中组织成，而本我取代了自我被视为力比多的原始存储库，自我只是继发性地获得自恋投注，因为它来自于客体投注的撤离。在新的自我中还有一个特别的部门，即"超我"——自我理想的终极继承者——通过自我防御的运作来影响驱力。

3. 自我理想的概念在 1914 年与 1923 年之间经历了多次的改变，直到弗洛伊德在自己的著作中从根本上用超我取代了它。 自我理想的发展也涉及"认同"，后来被称为"自恋认同"（Freud，1917）。 因此，（伴随着相关机制，如"投射"与"内射"）这不但是超我概念的出发点，从更广义的观点来看，通常也是客体关系理论的出发点。 换言之，透过这些概念，弗洛伊德也为客体关系理论打下了基础。 然后，由于客体关系的大部分论述都被视为与力比多紧密相关，所以客体关系理论在弗洛伊德自己的著作中未曾以一种独立的、成熟的典范出现。 自体心理学也是这样，即使较不容易明确指出其初期形式，因为弗洛伊德将自我与自体混用。 然而，当他开始将自我（一个精神部门）作为一个系统给出一个较精确的定义时，这样的混用，正如史崔齐所追溯的，再也行不通，因为这会令人困惑。 不过，自体未曾在弗洛伊德的著作中获得一个元心理学的地位。《论自恋》 一文中明显需要这样一个关于自体的精神分析概念，而史崔齐的确也（刻意地）在某些地方弄错，并这样翻译自我："自我理想也成为一个被较明确认定的、与外在世界和社会的桥梁，就像它的后继者——超我那样。 然而，从精神分析角度理解团体的形成和崩解，超我似乎又无法取代自我理想"（Freud，1921）。

在粗略地了解了弗洛伊德关于自恋的观点后，我们现在可以走出他自己的参考架构，从一些后起之秀的视角检视一下他的重要概念，他们将再次引导我们对于这些议题的思考，未必需要改变弗洛伊德的自我心理学的基本典范，而仅仅（暗示或是明示，依当时需要而定）是调整（或在实践中确实扬弃了）他的力比多理论。

自恋概念在后弗洛伊德时代的文献中的发展

超越弗洛伊德的自恋定义的第一个主要进展，无疑是哈特曼将之重新定义为"力比多并非投注于自我，而是自体"的"一小步"（Hartmann，1950，85；1956；433）。 哈特曼借此在精神分析理论中给予了自体一个重要的地位，即使仍然只是三重精神装置的内容之一。 他也修正了互相替换使用的词汇"自我"、"自体"以及"自己本人"（one's own person）。 为了将自恋概念引入结构框架并将它摆在三重模型中，这样的改变是必要的。 这样的必要性还有一个原因，关于自恋，我们处理的是自我（das Ich）的不同用法中两个非常不同的议题：其一，我们指的是自我的功能和投注（以区别于对人格不同部分的投注）；其二，我们指的是自体投注与客体投注的对立。 哈特曼保留了弗洛伊德在 1914 年和 1923 年对于力比多分布的心理经济观点，并且加入了攻击（与自恋概念未完全整合）。 通过他带来的改变，为其他人开辟了一条深入提炼精神分析概念的道路。 其中较为重要的是为建立自体心理学所做的各种努力，使之与已然建立完善的客体心理学比肩（比如 Jacobson，1954&1964；Lichtenstein，1965）。 而克恩伯格从双重驱力理论（dual-drive theory）与自我心理学的立场出发，最广泛最深入地论述了自恋问题（1975 年与后来的著述）。

哈特曼从概念上将自体与自我做区分的结果之一，是成功地还原与重新定义了自我理想，以及对理想自体的定义（Sandler & Holder & Meers，1963）。 弗洛伊德新的超我概念并未完全涵盖自我理想在其众多暂行架构中被赋予的功能；在其著作中对于这两者间的关系也一直保有某种程度的模糊。 桑德勒与其同僚曾经描述过弗洛伊德在 1914—1923 年间对自我理想的定义所做的变动，并且扩展了这个概念使之得以与临床接轨。

另一个从根源上修正的努力牵涉到力比多分布的心理经济学原则（Joffe&Sandler，1968）。 正如我们所知，弗洛伊德能够运用这个观点来解释许多精神病、神经症及正常现象，同时也能证明他新修订的力比多理论的广泛用途。 但是，这个观点基本上是量性的，而临床精神分析需要的是质性的研究方式。 约菲和桑德勒（Joffe & Sandler，1968：57-58）在此处通过简短而发人深省的临床案例使我们了解到了力比多分布概念的局限性。他们将理解自恋障碍的研究引向了对自我状态或是情感状态的研究：

状态作为对自恋的考量中很重要的一部分，不仅取决于驱力状态，从能量投注的假设性分布来说它们也只能被部分了解……对自恋及其障碍的临床理解，应该明确导向就情感、态度、价值及与这些有关的意念内容的元心理学所做的概念化，并且要从现在的功能和基因发展的双重立场来看。

（Joffe & Sandler，1968：63）

他们的观点聚焦于情感状态而非驱力释放（并未忽略后者）及其经济学观点，这是精神分析的重大转变。 这个转变显然窄化了力比多理论的适用性，尤其是在自恋障碍方面。

因为这是个重大转变，我们就来看看约菲和桑德勒对于相关文献所做的回顾（Joffe&Sandler，1968：60-62），它们指向同一个方向。 他们发觉，弗洛伊德的定义中自恋是力比多对于利己主义的补充，而弗洛伊德"在描述这个关联时，总是涉及后来被称为自我的态度"（Joffe & Sandler，1968：59）。 雅各布森也认为试图将情感、价值、自尊、自我贬低这些概念与能量的数量（quantity of energy）相联系带来了极端的复杂性（Jacobson，1954&1964）。 费尼切尔（Fenichel，1945：40-41）提到"自恋需求"（narcissistic need）与"自恋供给"（narcissistic supply）时也未牵涉到能量值。 他也将自尊及自我爱恋跟婴儿全能感相联系，而不是与驱力有关的经验（Fenichel，1945：39）。 最后，赖希（A. Reich，1960）的焦点在于自我状态、自我态度、防御形成及它们的调节模式，并指出这些在自恋障碍中是最重要的。

约菲和桑德勒（Joffe & Sandler，1968：65）论述自恋病理的本质是潜藏在底层的痛苦情感，而病人的症状与行为则是应对这些痛苦情感的努力。 这些主张的诸多好处之一就是，使得情感与态度不仅具有描述主观经验的特质，还可被具有共情的观察者（empathic observer）用于解释。

我们必须快速浏览一下过渡到科胡特的自体心理学时的一个临床面貌："我们可以从暴露癖驱力冲动（exhibitionistic drive impulse）释放的神经症性冲突的角度，来评估一个患有暴露癖的孩子。"在这个评估中，他们说："我们也考虑到孩子暴露癖的功能，在于维持一种特殊型态的客体关系，并作为一种获得崇拜与赞赏的可能性技巧，以消除潜在的卑劣感、无能感和罪恶感。"

我们必须提出下列问题：这个特定的孩子的两种病理学观点可以同时并存吗？它们彼此是互补还是对立的？如果是互补的，哪个应该优先被解释？先后次序重要吗？倘若是对立的，在此情形下我们该如何决定哪个更适用？我们暂且先不回答这些问题，等到检视过科胡特对于自恋议题和自体心理学的贡献后，我们会再度回到这个议题。

然而，除了这些特定疑问之外（这些疑问反映了在此领域中与自恋议题相关联的核心临床问题），我们应该把对 19 世纪 60 年代中期悬而未决的问题的观察结果，加入自 1914 年起的所有关于自恋议题的讨论中。

理论方面的进展比较容易被确认和认可。它们是实质性的，即使依然令人混淆（Moore，1975）。然而，临床议题呢？我们陷入了更多的难题和更尖锐的争议中。概括地说，自恋作为基本上是常态的概念自 1914 年以来已经被论述得很清晰。但是，因为它在力比多发展的单轴（自体性爱、自恋、客体爱恋）理论中（Ornstein，1974）的替代位置，使得它被视为某种必须被克服的病态，即使不断重申并非如此。自我内部残留的自恋是一种固着状态，等待释放并转变为客体爱恋。一部分的原始自恋被"保留"在自我理想的结构中。自尊作为正常自恋的承载者（此时与自我理想的功能相联系）在治疗过程中并未完全获得承认。这是因为分析的焦点大多落在源自性驱力与攻击驱力的冲突以及超我所挑起的自我防御上，即使嵌入了客体关系理论。定义的另一个方面也妨碍了临床治疗过程，即自恋或者说病人的"自恋态度"（正如构想的那样），严重降低了精神分析对病人的影响程度。

这些特定的不利条件（成为自恋理论的一部分）阻碍了理论与实践方面的深入发展，且这种情况持续了一段时间。在我看来，这是不可避免的，因为基本上所有新的论述都保留了单轴的自恋理论，从而继续把自恋表现基本上看作防御和阻抗（Ornstein，1974）。然而，约菲和桑德勒（Joffe & Sandler，1968）让我们看到他们已徘徊在重要进展的大门之外。在呈现其对于病人暴露癖的观点中，他们隐约寻找到了第二条发展路径，因为在其案例中，他们并不认定自恋是用来防御原始的、与驱力有关的冲突的。虽然这已非常显著，最终还是没能引领他们打破单轴理论。

在所有这些情形下，移情何在呢？将移情视为诊断的核心指导原则，终于打开了僵局。

科胡特之自恋理论中的关键元素：通往自体心理学之路

科胡特将他自己的著述与弗洛伊德的其中一个观点相联系："儿童原初自恋所面临的困扰，为了保护自己免于这些困扰而做出的反应，以及被迫做出这些反应所依循的路径——这些议题我建议暂时搁置不谈，可以将它们当作仍待探索的重要工作领域"（Freud，1914b：92）。科胡特的著作广泛而详尽地探索了这些领域（Kohut，1966&1968&1971）。

然而，科胡特没有从归纳整理自恋理论开始，尽管他发现哈特曼的定义有所帮助，并认定自恋（起初）是力比多对于身体-心灵-自体（body-mind-self）的投注。相反，他的研究开始于针对自恋型人格障碍病人进行的精神分析性探索，并详尽地描述了他们的移情。通过研究这些（当时称为自恋性）移情的修通过程，科胡特得到了其基本的临床和元心理学概念。对这些移情所做的简略的勾画可以当作背景，帮助我们思考作为其自体理论构成要素的一些概念。

科胡特在分析他的病人时发现他们的期待、需要、请求及幻想围绕着两类主要议题（后来他又加上了第三类）。首先，病人表达出他们需要某个人作为一种回声（echo）存在，给他们以确认、赞同和钦佩，支撑他们的自尊。分析师的价值仅仅取决于他能够被病人感觉到堪当行使其所需功能的程度。这种"镜映移情"（mirror transference）一旦建立，将促进病人功能的改善，分析师的角色就好像是必要的"心理黏合剂"（psychic glue）。每当病人的期待落空，当然这是不可避免的，移情的破裂要么反映在病人功能障碍的重现，要么就是彻底的破碎。因此，分析工作必须聚焦于找出当下移情急剧破裂的原因（通常与分析师某些"未能共情"的反应有关）。因此，重构分析中的促成因子（intra-analytic precipitants）（经常随之也重构了病人的脆弱和易于破碎的倾向的起源学前驱物）可以恢复移情的统整性（cohesiveness）。

第二类，科胡特称之为"理想化移情"（idealizing transference），表现在某些病人需要依附在分析师身上，并将他捧上神坛，视他为无所不知、无所不能、完美无缺之人，而这些病人则借此分享那种伟大与完美。当感觉到这些期待与需求被满足时，同样可以给予病人一点统整性、活力，以及内在的平静。然而，失望在所难免，而病人崩溃的倾向一旦被创伤性地触发，自恋暴怒（narcissistic rage）接踵而来，其他我们熟知的理想化移情坍塌的后果也会跟着出现。同样，分析师此时的反应必须是做出重构性的解释。

详尽论述这些移情经验及其修通、其正面或负面的结果，让科胡特得以重构婴儿与儿童时期的创伤，这些创伤在精神世界里留下了发展不足或过度防御的结构，这些都是他深入彻底地观察和描述的那些"自恋病理"的典型表征。科胡特假定上文所简短描述的这两种移情的发生，与婴儿的"夸大自体"（启动镜映移情）和"理想化的父母形象"（启动理想化移情）有关。在这一部分，科胡特的移情理论，建立在压抑和（或）否认婴儿需求与愿望的基础上，与弗洛伊德以俄狄浦斯情结作为移情神经症的基础的假设并无差异。这三种婴儿结构在临床及理论上的对等物是非常重要的，因为自恋型人格障碍现在也被认为是可分析的。也就是说，不仅是他们的防御性自恋，还有（且更重要的）他们的自恋缺陷或不足（表现为固着于这些古老的自恋现象中的其中一种或是两种）现在是其分析的核心。自恋与客体爱恋是两条不同的发展路径的假设，是科胡特的第一个理论创新。它的基础是对这些移情的修通会让原始自恋转变为更为成熟的型态，而不会激发俄狄浦斯移情神经症的观察。因此，他选择从经典力比多理论中分出自恋态度与自我状态（同时保留自恋的力比多本质的观点）。

这个极不受欢迎的变革所牵涉的临床及技术应用却是最重要的。分析师不再期待（且隐晦地推动）病人舍弃自恋位置而选择客体爱恋。分析师必须在促进自恋从原始形式转向更为成熟形式的气氛和态度下展开分析。在镜映移情中，这意味着达到一个较稳定的自尊调节状态、追求目标的能力有所增强，以及享受一个人身心功能的能力的提升。在理想化移情中，这样的转变意味着获得自我抚慰、自我平复、自我控制及驱力疏通（drive-channeling）的能力，其基础是自我基质（matrix of the ego）的强化，以及价值和理想的"蜕变性内化作用"（transmuting internalization）。

在此，我们必须指出弗洛伊德、大部分的后弗洛伊德文献与科胡特的论述之间一些最显著的差异。第一个议题是关于力比多的性质［此处，我们应该记住，当科胡特提到力比多时，他指的是"有关主要经验的**心理**意义的抽象概念"（Kohut，1971;39;黑体字是后来加上的）］。对于科胡特而言，力比多投注的目标或是方向（不管是针对客体还是自体）并非力比多性质的决定性因子。他开始假定有两种不同的力比多，即自恋力比多与客体力比多。以这种方式，他强调了人类经验的质性（情感）层面。通过辨认自恋（后来是自体客体）移情，他得以表明"他者"可以得到自恋力比多的投资，即可以被体验为病人自体的一部分。对科胡特来说，客体-本能力比多（object-instinctual libido）在某些情况下也可投资自体，例如，在客观的自我评估中或是在精神分裂症的初期症状中。这样的质性区别是重要的，因为对于弗洛伊德而言，客体只有得到和没得到力比多投资这两种情形，这导致了各种并不精确的临床观察结论。比如，拥有一个或是两个朋友可能意味着强烈的客体投注，然而拥有一大群朋友也可能依然意味着自恋投注。

科胡特认为自恋本身是构成结构的正常"燃料"。在此语境下的病态并非自恋的病态，而是自体结构的病态（不足、缺陷或是防御构造），源自于不足的自恋投注，而非过量或病态形式的自恋。

在细致的临床观察（详尽叙述于科胡特的所有著作）之下，以下这些理论概念才得以推出"自恋与客体爱恋是两条不同的发展路径"的假设、"自体客体移情"、自体客体的发展概念，以及经由"蜕变性内化作用"而构成结构。

临床理论和元心理学的修订必然导致发展理论的修订。在这样的关联中，科胡特得以回答弗洛伊德关于"儿童原初自恋所面临的困扰"的疑问，通过重构"夸大自体"和"全能、理想化的客体"的发展——两者都是试图应对原始自恋自然呈现的早期障碍而产生的古老结构。古老的理想化后来会转变成超我的自恋面向，以确保其价值和理想的力量，这是对弗洛伊德所说的自我理想的另一种构想。通过对这些古老结构的发展和临床变迁的描绘，科胡特提出了关于健康和病态的新观点，其中自尊的调节起着主导性的作用。

科胡特并非忽视驱力（只是驱力理论，这是另一回事），不过是以不同的视角看待它们并将之整合入他的自体心理学中。他依然认为力比多和攻击的二元性是将重要内在经验分类的好方法。但是，婴儿与儿童的"镜映"与"理想化"需求，对科胡特而言显然更是心理发展主要的情绪养分。弗洛伊德假定，性驱力和攻击驱与自我的防御运作（在超我的要求之下）之间的冲突是无可避免的，是原始性的：冲突本来就在精神装置之内。然而，科胡特根据其临床经验假定，婴儿天生具有一种适应性，能从具共情的自体客体环境中汲取他们所需要的。自体客体的回应从来都不是完美的；冲突一定会出现，但更重要的是，严重且持续的自体客体的机能不全将会导致不完全的或是畸形的精神建构。此处出现了一个重大的（即使仍具争议性）差异：是将冲突摆在首位，还是将缺陷摆在首位而冲突在其次，这是当代精神分析争论的焦点。

　　从这点开始，仅仅只差微小但却重要的一步，就可以舍弃自恋而从自体-自体客体基质（self-selfobject matrix）的角度来谈自体的发展了，且不涉及力比多理论。从这个有利位置出发，最终导致自作主张的攻击性一极（pole）的夸大自体的发展变迁，以及带来理想和价值观一极的理想化父母影像的发展，令科胡特形成了自体的两极的观点，即双极自体（bipolar self）。位于心理世界的核心，双极自体现在可以被视为一个高级结构，对它的研究给了科胡特修正精神分析的动力，正如弗洛伊德在 1923 年提出了自我的新概念，也给了他当时修正精神分析的动力。

　　现在，作为结尾，我们应该可以从自体心理学的观点出发，回应之前针对约菲和桑德勒为暴露癖孩子所做的临床解释提出的疑问。面对完全相同的困境，我们将顺着占主导地位的、持续的移情的指引，因为它将帮助我们确定究竟是原始的暴露癖愿望所致的神经症冲突，还是被崇拜与赞赏的需求；到底我们所见证的本质上是俄狄浦斯移情（或由此而来的退行）还是镜映移情。在此，只有移情的脉络才能指引我们。在镜映移情中，"驱力释放"是次要的，为的是满足自恋需求。例如，像约菲和桑德勒所说的那样，从自体心理学的观点出发，是试图"排除潜在的卑劣、不足，以及罪恶的感觉"或羞耻感。如果我们在处理镜映移情的时候将解释焦点放在了驱力释放，仿佛那是十分原始的，就会使临床问题恶化。在这个意义上，这两种观点是互相对立的。试图恢复自尊（从自体的观点来理解）失败所导致的驱力释放非常合乎这个观点。我相信这就是约菲和桑德勒的意思，当他们提到孩子会维持一种特定的客体关系类型时，同时也在指孩子获得赞赏和表扬的技巧。

这些疑问需要进一步的实证研究才能获得更清楚、更可靠的答案。持续探索移情是非常重要的，但是我们也需要一种临床的认识论（clinical epistemology）来促成自我心理学、客体关系理论和自体心理学处理方式的比较性的评估。到目前为止，我们还没有找到这样一种认识论（Ornstein，1987）。

参考文献

Bing, J. F., et al. (1959). The metapsychology of narcissism. *Psychoanal. Study Child*, 14:9-28.

Fenichel, O. (1945). *The Psychoanalytic Theory of Neurosis*. New York: W. W. Norton.

Freud, S. (1905). *Three Essays on the Theory of Sexuality*. S.E. 7:125-243.

———. (1910). *Leonardo da Vinci and a Memory of His Childhood*. S.E. 11:59-137.

———. (1911). Psycho-analytic notes on an autobiographical account of a case of paranoia (dementia paranoides). S.E. 12:3-82.

———. (1913). *Totem and Taboo*. S.E. 13:1-161.

———. (1914a). On the history of the psycho-analytic movement. S.E. 14:3-66.

———. (1914b). On narcissism: An introduction. S.E. 14:67-102.

———. (1915). Instincts and their vicissitudes. S.E. 14:109-40.

———. (1917). Mourning and melancholia. S.E. 14:237-60.

———. (1920). *Beyond the Pleasure Principle*. S.E. 18:3-64.

———. (1921). *Group Psychology and the Analysis of the Ego*. S.E. 8:67-143.

———. (1923). *The Ego and the Id*. S.E. 19:3-66.

———. (1926). *Inhibitions, Symptoms and Anxiety*. S.E. 20:3-74.

Gay, P. (1988). *Freud: A Life for Our Time*. New York: W. W. Norton.

Hartmann, H. (1950). Comments on the psychoanalytic theory of the ego. *Psychoanal. Study Child*, 5:74-96.

———. (1956). The development of the ego concept in Freud's work. *Int. J. Psycho-Anal.*, 37:425-38.

Jacobson, E. (1954). The self and the object world. *Psychoanal. Study Child*. 9:75-127.

———. (1964). *The Self and the Object World*. New York: International Universities Press.

Joffe, W. G., and Sandler, J. (1968). Some conceptual problems involved in the consideration of disorders of narcissism. *J. Child Psychother.*, 2:56-66.

Jones, E. (1955). *The Life and Work of Sigmund Freud.* Vol. 2. New York: Basic Books.

Kernberg, O. (1975). *Borderline Conditions and Pathological Narcissism.* New York: Jason Aronson.

Kohut, H. (1966). Forms and transformations of narcissism. *J. Amer. Psychoanal. Assn.,* 14:243–72.

———. (1968). The psychoanalytic treatment of personality disorders. *Psychoanal. Study Child,* 23:86–113.

———. (1971). *The Analysis of the Self.* New York: International Universities Press.

———. (1984). *How Does Analysis Cure?* Chicago: University of Chicago Press.

Lichtenstein, H. (1964). The role of narcissism in the emergence and maintenance of primary identity. *Int. J. Psycho-Anal.,* 45:49–56.

May-Tolzmann, U. (1988). Ich- und Narcissmustheorie zwischen 1914 und 1922 im Spiegel der "Internationalen Zeitschrift fuer Psychoanalyse" Manuscript.

Moore, B. E. (1975). Toward a clarification of the concept of narcissism. *Psychoanal. Study Child,* 30:243–76.

Nunberg, H., and Federn, E. (1967). *Minutes of the Vienna Psychoanalytic Society.* Vol. 2, *1908-1910.* New York: International Universities Press.

Ornstein, P. H. (1974). On narcissism: Beyond the introduction. Highlights of Heinz Kohut's contributions to the psychoanalytic treatment of narcissistic personality disorders. *Annual of Psychoanal.,* 2:127–49.

———. (1983). Discussion of papers by Goldberg, Stolorow, and Wallerstein. In J. D. Lichtenberg and S. Kaplan, eds., *Reflections of Self Psychology.* Hillsdale, N.J.: Analytic Press, pp. 339–84.

———. (1987). How do we know what we know in psychoanalysis? Groping steps towards a clinical epistemology. Keynote address to the Academy of Psychoanalysis, New York City, January 15.

Pulver, S. (1970). Narcissism. *J. Amer. Psychoanal. Assn.,* 18:319–41.

Reich, A. (1960). Pathological forms of self-esteem regulation. *Psychoanal. Study Child,* 15:215–34.

Sandler, J., Holder, A., and Meers, D. (1963). The ego ideal and the ideal self. *Psychoanal. Study Child,* 18:139–58.

Wallerstein, R. S. (1983). Self psychology and "classical" psychoanalytic psychology—the nature of their relationship: A review and overview. In J. D. Lichtenberg and S. Kaplan, eds., *Reflections on Self Psychology.* Hillsdale, N.J.: Analytic Press, pp. 313–37.

作为一种关系型态的自恋

海因茨·亨斯勒（Heinz Henseler）❶

导论与论点

弗洛伊德这篇论文的标题令人困惑。为何是"导论"？ 我们从琼斯那里得知，弗洛伊德在获得萨德格尔（Sadger）的启发后，早在1909年11月10日的维也纳精神分析学会上就提出了"自恋"这个术语。 它第一次以书面呈现是在1910年《性学三论》（*Three Essays on the Theory of Sexuality*）第二版新加入的注解中，关于同性恋，弗洛伊德提到"后来成为性倒错的人，在他们童年的最早期，经历过一段非常强烈但短暂地固着于一位女性（通常是他们的母亲）的阶段，而……这段时期过后，他们认同自己是一位女性，并把自己当作他们的性客体。 也就是说，以自恋为出发点，他们会寻找一位与他们相似的年轻男性，爱他，如同过去他们的母亲爱他们一样"。

类似观点在他的达·芬奇研究（Freud，1910）和史瑞伯案例（Freud，1911）中也可以找到。 然而，在这里和在《图腾与禁忌》（*Totem and Ta-boo*）（Freud，1912—1913）中一样，他认为自恋衍生于一个不同的来源：他认为带有性成分的本能（sexual component instinct）在生命早期就存在，且当时尚未存在客体。 他称这个阶段为自体性爱。 弗洛伊德此刻认为，个体在其发展中"起初拿他自己的身体作为爱恋客体，后来才发展到选择异于

---

❶ 海因茨·亨斯勒，图宾根大学精神分析、心理治疗和身心医学系主任，精神分析教授；德国精神分析协会培训和督导分析师，德国精神分析协会前任主席。

他自己的某个人作为他的客体"。 自体因而成为第一个客体。 他称这个阶段为自恋（他后来舍弃了自体性爱阶段这个概念）。 最终，他在 1914 年提出了作为发展的初始阶段的自恋。 他（Freud，1914：76-77）承认"我们必须假设一个相当于自我的单一体不可能从一开始就存在于个体中，自我必须被发展出来。 然而，自体性爱的本能打从一开始就存在，因此，为了产生自恋，必定有某种东西——一种新的精神活动——被加到了自体性爱上"。 但是，这篇文章中并未进一步提到自体性爱，而自恋则被看成是原始的。

巴林特（Balint，1960）指出，即使在 1914 年之后，弗洛伊德依然容许自恋发展史的不同版本并存。 我们于是困惑于到底何者才是最早的：客体关系、自体性爱或是自恋？ 或是，容许这些共存而不加澄清有更深层的意义？

我的观点是，弗洛伊德在这一点上的迟疑绝非偶然，并且与自恋现象有密切关系。 与弗洛伊德将自恋与自体爱恋画上等号相反，我将尝试展现一个存在于所有自恋现象中的客体关系结构，即使是一种原始类型。 这并不是一种全新的观点，或许其中有新的部分，而这恰恰证明了这个观点不可避免地来自于弗洛伊德自己在《论自恋：一篇导论》 中的论述。

自恋与自体爱恋

1914 年，当弗洛伊德写下这篇文章时，他的兴趣主要指向了本能理论。 对元心理学做出重大贡献的著作——《潜意识》（*The Unconscious*）、《本能及其变迁》（*Instincts and Their Vicissitudes*）、《压抑》（*Repression*）——在 1915 年才出现。 此时，本能理论中特别让弗洛伊德感兴趣的是已然经历了一次变迁的力比多的概念。 相比他在《性学三论》（*Three Essays*）中的观点，他不再视力比多为分阶段产生且必须被释放的兴奋，而视之为能量的大存储库，长期存在、数量恒定，且必须被分配出去。 因而在这篇文章的第一段中，弗洛伊德尝试以力比多经济学的观点来解释自恋。

精神病理学现象，比如自恋性性倒错、同性恋、妄想痴呆的自大狂、疑病症，以及"自恋态度的个别特征……见于许多罹患其他疾患的人"；日常生活现象，比如"思想全能"、"文字的魔幻力量"、魔幻技巧、身体疼痛或不适（如牙痛）或睡眠中的人类行为；尤其还有客体选择的一个特殊型态——所有这些都让他假设"一种可被称为自恋的力比多配置……可能在人类正常的性发展过程中占有一席之地"。

因此，他的"最重大的理由"是基于发现了一种"我们未曾预期会发现"的客体选择类型。弗洛伊德发现，"尤其是力比多发展遭受某些障碍的个体，比如性倒错和同性恋"，在选择未来的爱恋客体时并非以母亲而是以他们自己本身为模型："显然他们在寻求他们自己作为爱恋客体。"弗洛伊德称第一类的客体选择为依赖型，而第二类为自恋型；他假定"两种客体选择类型对每个个体都是可能的，即使个体可能偏爱其中的一种"。

他接下来详述了两种客体选择类型在男性和女性中的分布，将自恋女性、儿童、猫咪、大型猛兽、重罪犯以及幽默大师的魅力归因于他们自恋性的自满和难以接近的特质。"似乎我们在嫉妒他们能够维持一种幸福美满的心境——一种我们自己早已舍弃的无懈可击的力比多状态。"

弗洛伊德主要致力于从力比多经济学的观点来描述自恋，用力比多的发出和撤回、投注、耗竭、集中、堆积、释放、持续等为隐喻。他提到继发性自恋，力比多从外部世界的人或物撤回，并转而导向自我。但是，最终造成的自大狂"并非全新的创造；相反的，就我们所知，它是过去早已存在的某种状态经过放大和清晰化的表现"——这种状态就是原始自恋。因此，继发性自恋"被强加于受到各种不同的影响阻碍的原始自恋之上……于是我们形成一种概念：力比多最初投注于自我，其中的一部分后来被分配到客体，但（对自我的力比多投注）基本上是持续的，而它和客体投注之间的关系就像阿米巴原虫的躯体与它伸出的伪足之间的关系"。

自恋与关系

弗洛伊德很快就面临了以力比多经济学观点论述自恋现象的局限性。即使未经精确考量，他还是逐渐转向了那些指代源自经验性关系世界（experiential world of relationship）的情绪状态和幻想的概念，特别是在文章的第二与第三部分中。 在第一段中，他已经被迫诉诸某些观点，比如自大狂、思想全能、文字的魔幻力量、姿态的魔幻力量、世界末日幻想等。 所有这些概念暗示着与一个客体的关系。 自大狂建立在一种比较的前提之上：我必须觉得自己比其他人伟大。 思想全能所固有的是对客体或周遭环境造成影响的可能性，这也同样适用于文字和姿态的魔幻力量。 弗洛伊德将世界末日幻想解释为客体完全丧失的经验。

然而，我认为弗洛伊德描述的自恋现象并未从自体爱恋的角度被完整解释，我将引述弗洛伊德对原始自恋的解释来证实我的论点，这是其自恋理论的基础概念，所有的进一步考量都基于对它的理解。

作为古老关系型态的原始自恋

弗洛伊德着手证明"对自我的原始的力比多投注"的存在。 作为证据，他引用了充满爱意的父母对其"婴儿陛下"的态度的观察。 他认为："父母的爱，如此令人动容，本质上却是如此幼稚，其实只不过是父母自恋的重生罢了，当它被转变成客体爱恋时，明明白白地显露出它之前的本质。" 这个解释是基于父母认同"婴儿陛下"的假设，因而再一次体验了父母的自大而明确的自体爱恋阶段。

这个解释正确吗？ 我相信只是部分如此罢了。 通过父母的努力，确实能为婴儿营造出一个使其感觉非常好的关系集群（relationship constellation）。 然而，他们认同的不仅是婴儿，还有整个的互动，他们自己也是其中的一部分。

弗洛伊德以精准的词汇来描述这个过程：父母不仅以充满爱意的照顾与保护包围着孩子，也将他们自己的一部分了不起的独特的梦想寄托在孩子身上。 他们"强迫性地将一切完美归于孩子——其实通过审慎的观察会发现并非如此——并且掩饰和忘记孩子所有的缺点"。

事实上，父母的殷切期待其实有夸大的成分：疾病、死亡、克己、自然与社会的法则等都不会影响孩子，仿佛孩子"将再一次真正成为造物的中心"。 然而，造物的中心必须由某些东西时刻围绕，倘若它真的要能体验到自己确实是中心的话。 事实上，父母的努力是在创造一种关系，在这种关系里法律不再适用，边界消融，主客体相互渗透，融合的幸福与永恒的和谐召唤着人们。 这才是父母所认同的。

偏题：原始认同的关系形式

如果没有客体关系，弗洛伊德所说的原始自恋是难以想象的。 这里的客体关系当然是相对未分化的，但却是每个人都极度渴望的。"从力比多角度出发，人再度显示出对曾经享有过的满足感的无法放弃"；的确，"自我的发展由脱离原始自恋和随即升起的恢复这种状态的旺盛企图所带来"。

国际精神分析文献包含一篇几乎不为人所知的文章，作者是卢·安德烈亚斯·萨洛米（Lou Andreas-Salomé，1921）❶，她是尼采（Nietzsche）与里尔克（Rilke）的朋友，从 1921 年开始也是弗洛伊德的学生，她在这篇文章中重点强调了自恋兼具自体导向（self-directed）与客体导向（object-directed）的事实。 她也注意到自恋"不仅是一个发展过程的原始出发点，而且也作为一种基本的连续性保留在后来所有的力比多客体投注中"（Lou Andreas-Salomé，19602:3）。 她写道"自恋的双重倾向……一面指向自我肯定，另一面则指向放任于漫无边际的被动状态中"。 她将原始自恋关系描述为"被动地并入尚未分化的单一体"。 这是"大一统"（one-and-all）意义下主体对客体的关系，正如她所说，是普遍参与的（universal participation）原初经验。

在完全不知道卢·安德烈亚斯·萨洛米的文章的情况下，巴林特（比较 1937 年与 1960 年的文章）也采用了相同的观点。 他以"和谐的融合"（harmonic fusion）、"亲密的渗透"（intimate penetration）、"混合"（mix-up）这样的词汇来描述这类关系的形式，并且用鱼鳃中空气与水的形象来比喻自体与客体的合并 ［相较于他对冒险主义（philobatism）的解释］。

---

❶ 发表在 1962 年的《精神分析季刊》（*Psychoanalytic Quarterly*）上。

巴林特以物质和无限延伸的观点，用羊水模型（model of amniotic fluid）来描述最原始型态的原始客体。 这些友善地混合在一起的物质只是渐进地转变为具有坚实轮廓和清楚边界的客体。 这就是为何原始客体也会以水、土、空气及（较罕见的）火来象征的原因。 所有力比多努力的终极目标是恢复原初的和谐，也同样适用于性高潮。 共有的性高潮不只是一种欢愉的高峰，也是一种相互依存的极致，可以比拟为神秘结合（unio mystica）。 许多人也以融合、合并和边界消融等来形容共有的性高潮的体验。

在宗教语汇中也可以发现数不胜数的这类意象。 我们只消想想罗曼·罗兰（Romain Rolland）所说的"海洋似的感觉"（oceanic feeling）——"一种无止尽、无边际的感觉"（Freud，1930:64，72）。 宗教经验大量使用退行到原始自恋状态的现象。 犹太教、基督教和伊斯兰教诞生于沙漠中，而佛教源自于冥想体验，这都不是偶然的。 我们谈到"把自己浸入"（submerging oneself）祈祷中，这并非毫无来由。 基督教的天堂是一种永无止境的幸福的狂喜经验，但却存在于一种信徒与天使一起歌颂上帝光辉的客体关系中。

安德烈亚斯·萨洛米（Andreas-Salomé，1921）认为这个原始自恋经验也可适用于艺术领域。 在她的观点中，诗人一定能进入某种经验世界，在其中主体与客体尚未完全分离，而认同占据主导。 艺术家退行"回到无所不包又不可或缺的状态……这也是社会性的艺术欣赏唯一的立基点"。 艺术家需要退行回最原始的婴儿状态，目的是为了那个状态中的创造力。 诗人从早已存在于他心中的题材出发进行创作，不过是掀开一层纱罢了。 基于这个原因，一个成功的艺术创作并非一个孤立的主体自恋地在一个无客体空间下的工作，而是艺术家凭借其创作行为，使得他人能够没有焦虑地认同他的经验（或是我称之为的"客体经验"）的一种成就。

除了宗教和艺术之外，文化成就的另一个主要领域就属科学了，通常会以极端理性主义的角度被理解。 然而，如果不谈之前，至少从库恩（Kuhn，1962）之后，我们已经意识到，与大部分科学理论学家的假定相反，科学的发展并非是连续的，而是跳跃式的。 库恩提到了"范式转变"（changes of paradigm），这些是进入同一个对象或现象的崭新概念。 范式转变的发生是因为观察到旧范式无法涵盖的现象。 然而，创造性行为是基于一个新的理论参考架构的、对相同现象突然闪现的全新的理解。 范式转变的例子有，弗洛伊德舍弃地形学模型而选择结构模型，而在他之后，又转变为客体关系模型。 其他的例子还有爱因斯坦发现相对论、哥白尼的革命性理论，以及达尔文的进化论观点。 我的看法是，这样的创造性行为是基于对研究对象的深刻了解，这种了解的熟悉程度甚至可能具有"原始自恋关系"的性质。

1921 年，弗洛伊德形容"共情"（empathy）为一种认同形式，但是谨慎地补充道："我们远远没有透彻了解认同这个问题。" 我怀疑这个提醒是否适当。 我们在每天的分析工作中所做的——共情我们的病人，以概念性和理论性的词汇做出反馈，两者交替进行——在我的观点里是趋近于原始认同的。 毕竟，我们也在谈"试验性认同"（trial identification），这不是无缘无故的。

在《群体心理学与自我分析》（*Group Psychology and the Analysis of the Ego*）（Freud，1921）中，弗洛伊德回到一种（原始）自恋的关系型态，这与团体中的个体所产生的一体感有联系。 此刻他将客体选择与认同区分开，将拥有客体的愿望与想要像这个客体的愿望区分开。 关于认同，他也在原始与继发型态之间做了区分。 他将继发性认同归因于令人失望的客体内射。 另一方面，原始认同（这个术语第一次出现于 1923 年的文章）是"与另一个人情绪连结的最早表现"（Freud，1921:105）。 他在 1923 年的论述中认为原始认同"是一种直接而即时的认同，比任何客体投注都更早发生"。 随后的追溯则涉及退行至早于客体选择的一个阶段。

原始认同的概念在弗洛伊德的后继者中不再含糊不清，却也饱受争议（See Etchegoyen，1985）。 不过，大部分学者视它为一种共生关系或是发生于主体与客体清楚分化之前的自体与非自体的融合。 从这个意义上，我认为最古老的原始自恋关系就是一种原始的认同关系。

具有理论重要性的最后一点是弗洛伊德将客体选择和认同做了区分。据此，认同的愿望是一种原始的愿望，不是源自于本能。 然而，这意味着我们必须区分这两种快感：本能满足的纵欲快感和与认同客体融合的快感，后者的特征是安全感与满足感。 桑德勒曾多次强调这一点（比如：Sandler，1961-62&1982；Joffe & Sandler，1967）。

超越原始自恋的自恋

假如以下陈述是对的：原始自恋存在于一个只有模糊轮廓的自体与一个被感知为同样轮廓模糊的原始客体之间的紧密关系中，伴随着融合的倾向和与之相连的快乐与和谐。 假使以下陈述也是对的：在快乐时刻，为了服务于自我，我们可以退行性地重新体验被我们视为理想的关系形式，为了在超越原始自恋的阶段保持自恋平衡，我们为自己创造了精神群集（psychic constellation），那么从中重新发现这种质地的关系型态，必定也是有可能的。

让我们用弗洛伊德提到的两种自恋群集来验证这个命题：我们的理想形成（ideal formation）和自恋性客体关系。

自我理想与理想自我

根据弗洛伊德的说法，我们很努力地通过"将力比多置换到一个外部所强加的自我理想……由实现这个理想而获得满足感" 来重新获得原始自恋，或是，保证以后的生命仍具有原始自恋经验的特质（Freud，1914：100）。除了这个自我理想之外，他也提出了未来成为超我的良知，"一个特殊的精神部门，履行的职责是监督从自我理想获得自恋满足的确实性，还根据这个既定目标持续地监督并用理想来衡量真实自我"（Freud，1914：95）。

弗洛伊德描述理想形成时的精确性略显不足，看看下面这一段：

理想自我现在成为自我爱恋的目标，在儿童期这是让真实自我享受的一个目标。个体的自恋被替换并现身于这个新的理想自我，而这个理想自我正如同婴儿期自我，觉得自己拥有所有宝贵的完美特质。从力比多角度出发，人也再度显示出对曾经享有过的满足感的无法放弃。人总是不愿放弃儿童期的自恋性完美……当他无法再保有那份完美，他试图在一种自我理想的新形式中恢复那份感觉。眼前被他投射为他的理想的形象，即为他在儿童期所失去的自恋的替代者，当时他就是他自己的理想。

(Freud，1914:94)

就这样，弗洛伊德最先提到了"理想自我"，然后又提到了"一种自我理想的新形式"和"他的理想"。

在某个场合弗洛伊德提到人"把（理想）投射在自己面前"，但是后来又说那是"外部所强加"。这些不精确揭示了两种不同的理想形成，由于自恋的关系结构导致了它们彼此紧密捆绑在一起，就这样被弗洛伊德给弄混淆了。

我们的确在弗洛伊德1914年的文章中的不同部分发现了这个区分。比如，他（Freud，1914:93）写道："对正常成人的观察显示，他们之前的自大狂已经减弱，据此推测其婴儿自恋的心理特征也已消逝。""一个人所拥有或实现的一切，被其经验所证实的所有原始全能感的残留，都能帮助他提升其自尊。"弗洛伊德明确地提到了确认自恋的三个来源："自尊的其中一部分是原始性的——这是婴儿期自恋的残留，另一部分则源自于被经验证实的全能状态（自我理想的实现），而第三部分则源自于客体力比多的满足。"

理论上我们或许可以假设，理想自我或理想自体［请对照"纯粹的享乐自我"（Freud，1915b:136）］的概念相当于自我理想。"理想自体"的表征与自我理想是如此紧密地捆绑在一起，因而常常会被忽略。努伯格（Nunberg，1931:151）提到过理想自我（"尚未组织化的自我，感觉与本我仍结合在一起"）。雅各布森则提到过一个"自体的希望中的概念"（wishful concept of the self）。据我所知，理想自体的概念是由桑德勒、胡德及梅尔斯（Sandler & Holder & Meers，1963）所提出并全面论证的。科恩伯格也熟悉这个概念（如1975年的著作），汉利（Hanly，1984）再次指出了区分自我理想与理想自体的临床意义。自我理想将我们欲达成的完美目标置于眼前，而理想自体则代表着我们已经（或我们认为已经）达到的理想状态。理想自体并非只是被自恋投注的婴儿自体的衍生物，因此它

（正如汉利特别强调的）只是一个幻象般的构造（illusory formation），同时它也是我们为已经达成的理想和目标感到骄傲的载体。我同意汉利的想法，理想自体具有一种抚慰功能或"缓冲功能"（Henseler，1974：79ff.）。假如一个人无法达到他的自我理想，以至于他的超我折磨着自己而他人谴责着他，他的理想自体将会使他免于在羞耻或内疚感的重负下崩溃。理想自体以这样的方式安抚超我：我承认我失败了，但这还不至于让我完全成为羞耻和内疚的受害者。

与弗洛伊德不同，格伦伯格（Grünberger，1976&.1984）认为原始自恋源自产前共同感觉麻木（prenatal coanaesthesia）和产后母婴的双重联合（dual union），他称之为"单孢体"（monad）。这个单孢体终生都是儿童乃至成人精神结构的一部分。我认为，格伦伯格的单孢体至少部分与理想自体是一致的。他提到单孢体时用的词汇与汉利描述理想自体时是相同的，两者都是自恋的"守护天使"。

自恋性客体关系

所有确定的基于客体的关系，比如"一个人现在是什么样子，过去是什么样子，他想要成为什么样子"或者"曾经作为他自己的一部分的样子"（Freud，1914：90），都会激发并维持自恋式兴奋的感觉。然而，在自恋性客体选择中，人们"很明显是在寻求他们自己作为爱恋客体"这种说法是对的吗？还有，"严格说来，（自恋的）女性只爱她们自己"也是对的？那些女性的魅力，连同孩子、猫咪、大型猛兽等对我们的吸引力，真的是出于我们对他们"自满且难以接近的特质"的嫉妒吗？

弗洛伊德在同一段落中提出了一个不同的想法（Freud，1914：89）："（做出自恋型客体选择的）女性的需求并不是去爱，而是被爱。"换言之，她们并不想要被嫉妒，而是想要被爱！当然，她们所散发的魅力可以被更准确地解释为从潜意识中散发出来的诱惑，是为了得到他人的爱，更精确地说是，让他人欣赏她们，与她们感同身受，并在一种愿望可以以原初状态（*in statu nascendi*）真正可以或假定可以实现的状态中认同她们，那样的话匮乏和嫉妒就都变得多余了。

自恋性客体关系同时指向客体与自体这一点，在弗洛伊德1914年的文章中通过对恋爱现象令人困惑的描述再次得到阐述。从力比多经济学的角度出发，弗洛伊德将恋爱视为客体投注的极端情形。自我是耗竭的，因为此刻所有力比多投注于客体（他将此现象比作阿米巴原虫的伪足）。在比较男性与女性时，他认为与恋爱等同的理想化和"性欲高估现象"，为他证实了男性的爱恋符合依赖型态，因而也几乎完全是客体导向的（object-directed）。然而，令人意外的是，弗洛伊德很快补充道：性欲高估现象毫无疑问源自于儿童期的原初自恋，"因而与对性客体的自恋移情是一致的"。事实上，"高估现象"被当成一种"自恋印记"，而当一个人陷入爱情时，对爱恋客体的高估确实令人想起了神经症性强迫。

为了解释恋爱的特征，弗洛伊德提出了自我力比多与客体力比多之间的区别，似乎它们是两种不同型态的力比多，但这却与之前提到的阿米巴原虫模式不一致。他解释道："恋爱是因自我力比多倾注于客体而致……它将性客体提升为一个性理想。""在这种情况下，一个人在恋爱时的客体选择和自恋型态是一致的，爱恋的人会是曾经是但已不再是的样子，或是拥有其从未曾拥有过的优点的人。"因此，客体爱恋的极端情形已经转变成一种自恋性的客体关系。然而，难道这就意味着恋爱不过就是自体爱恋吗？

恋爱主题，确切地说，通常是自恋性客体关系的主题，在《群体心理学与自我分析》（*Group Psychology and the Analysis of the Ego*）（Freud，1921）中再度出现。从许多层面来看，这篇文章应被视为1914年自恋论文的延续，文末还提到了群体心理学现象。弗洛伊德将这篇文章的核心主题设定为"团体的力比多构造方案"（formula for the libidinal constitution of groups），如下："一个初始团体（primary goup）……是一群人将同一个客体放在他们的自我理想的位置，因而在他们的自我中彼此认同。"换言之，团体中的个体爱上了这个理想化客体，并以一种夸大的合一感彼此认同。受暗示性、催眠状态、臣服的愿望——他将所有这些归因于恋爱：认同带来了力量与相互依存的感觉，甚至是由相互诱发的愉悦体验而出现丧失个体边界的感觉。

为了区分恋爱和认同，弗洛伊德再度将恋爱解释为自恋性客体关系的一种型式，因为"客体此时具有某种自身未能达成的自我理想的替代物的功能"。然而，认同也是一种自恋性客体关系。既然这样，"自我用客体的特性丰富了它自己"。认同与恋爱的区别，其实取决于"客体是取代了自我还是自我理想"。

然而数页之后，他又表达了对这种区别的意义的质疑："当我们承认暗示不仅仅是由领导者在施加，也由每个个体施加于其他个体时，对我们而言，暗示的影响力变成了一个难解之谜；我们一定会为自己曾不公平地强调与领导者的关系，或过多地将其他相互暗示的因素置于背景中而责备自己"（Freud，117-18；也请参阅 Anzieu，1971）；因为，"在许多个体中，自我与自我理想间的分离做得并不怎么彻底，两者依然经常是一回事；自我时常会为保留早期的自恋性而沾沾自喜。"

这个谜题的答案很可能是，在理想化与认同中，目标或至少是倾向，在于寻求自体与客体的融合（请参阅 Chasseguet-Smirgel，1975）。科胡特（Kohut，1971）后来则将过去被他称为"理想化父母影像"的"夸大自体"和"自体客体"，描述为原始自恋的继承者，并且强调了它们对理解特殊的移情型态的重要性：镜映移情与理想化移情。尽管科胡特指出了"客体关系的存在就排除了自恋这一常见假设"的谬误，他还是认为自恋客体要么是"用来侍奉自体"，要么是"被体验成自体的一部分"（Kohut，1971：XIV）。根据科胡特的说法，客体终究还是为了自体爱恋服务的，而我的论点，特别是基于（原始）自恋性客体关系的伟大创造性成就，则更倾向于强调这些关系的现实取向（reality orientation）。下面会进行更清晰的论述。

在对科胡特的自体心理学的详尽而中肯的分析中，沃尔（Wahl，1985）得出这样的结论："科胡特的观点可以浓缩为自体的单一意义的（univocal）自体-客体经验"，这与"从根本上忽视了三人关系的维度（triadic dimension）"有关。"自体心理学的症结"在于"真实的他者（other）只作为一种自体-客体现象出现，但是我无法把人作为他者来建立具体而真实的'双重转换的'（transdual）关系"。"我可以与之融合并理想化它而又不被它毁灭的反射性的（reflecting）（自体）客体……必须同时是那个与我不同的，但又可以在真实感官层面与我接触并主动与我建立关系的'他者' 客体"；我只有通过抵抗接近我自己的他者才能体验到我自己（同一性）。 洛赫（Loch，1972:79ff.）也表达了类似观点。

在可能是他第一篇关于自恋的文章中，除了自恋的其他变形外，科胡特（Kohut，1966）还提到了幽默。 不幸的是，他给予的这个变形的概念仍然模糊不清；在后来的著作中他也没再回到这个主题。 我认为他一定早就觉察到，为了维持和滋养自恋并不至于陷入病态，一个和善的临界距离的"第三维度"是需要的，幽默正是以典型的方式提供了这个距离。

现实检验，作为在客体中"他者" 的感知觉，是如何在自恋性客体关系中发生的呢？对我来说，这是一个在认知理论中尚未解决的问题。 不过，下面是我的建议：假如我爱恋或是欣赏着某个人，而这个人事实是我自己现在的样子，或我过去的样子，或我自己想要成为的样子，或曾经是我自己的某一部分，这是以我首先能感知到这些特征为先决条件的。 他们起初是以"他者"形象展现在我面前。 之后我才能理想化或认同这个客体。 然而，在自恋性客体关系里，"他者"必须被体验为绝对友善。 它释放着一种吸引力，引诱我与客体形成一种可能是紧密且神入的关系，这将促进融合且包含了原始认同。 正是这种令人着迷的客体经验创造了宗教的神话、艺术家的作品，使富有创造力的科学家灵感乍现。 但是，一旦"他者"引发憎恨或是嫉妒，自恋性关系旋即破裂，并达到了前述那种感知形式的极限。

自恋概念与纳齐苏斯神话

假如将自恋等同于自体爱恋构成了一种简化，又倘若自恋事实上意味着一种古老的互动形式，我们还有权援引纳齐苏斯（Narcissus）的典故吗？或者，我们不是应该听从巴林特（Balint）的建议而从此改用"原始爱恋"（primary love）或某些类似用语吗？我们可以这么做，但不是必须。 毕竟，主张纳齐苏斯是因爱上他自己而导致了毁灭，就已经简化了那个神话。 他确实爱上了自己的倒影，而他起初并未认出那就是他自己。 直到后来他意识到这个倒影并不能独立于他而存在，只是个幻象时，他才绝望透顶并且

[在奥维德（Ovid）的版本中] 自杀（请同时参阅 Wahl，1985）。

因此，在纳齐苏斯神话中，重要的并非自体爱恋，而是对于悲剧性地被当成真实客体的镜像客体的爱恋。 此外，这个神话中的纳齐苏斯与其倒影的关系跟荒唐的利己主义无甚关联，倒是呈现出一种厄运，作为来自神的惩罚。 这个惩罚针对的是没有爱恋真实客体的能力。 这种无能伴随着焦虑：纳齐苏斯确实仰慕女神艾蔻（Echo），但并不渴望她的身体。 艾蔻会帮助他找到森林的出口。 纳齐苏斯很高兴见到她，但当她想拥抱他时，他却因极度恐惧而畏缩不前。

根据这个神话，对于身体亲密接触的恐惧明显与纳齐苏斯的生命早期有关。 他是位极度俊美的独生子，是莱里奥普（Leiriope）被河神赛菲索斯（Cephisus）强暴的产物。 纳齐苏斯的心智发展过程缺少了父亲与手足。我们只知道莱里奥普非常担心纳齐苏斯，因而求教于先知提瑞西亚斯（Tiresias）。 他的倒影又是什么呢？ 他的倒影出现在泉水中，而泉水的女神正是他的母亲莱里奥普！

我们现在清楚地看到，由焦虑引发的从俄狄浦斯三角关系的退缩，通过强化现实感，将可以确保与原始客体之间的关系，作为一种生命的妥协。我们因而得以保留自恋的概念；的确，纳齐苏斯神话充分证实了我们的解释。

原始自恋的神话

然而，从发展史的角度看，原始自恋的真实性是什么呢？这个和谐的关系形式是否真的存在？还是原始自恋理论只是"一个关于起源的神话，而被我们所有人高度理想化了"（Etchegoyen，1985:5）？弗洛伊德是否因为感觉到了自恋现象既是自体导向的，同时又是客体导向的，而允许自恋的地位在不同版本的发展史中并存呢？

毫无疑问，原始自恋经验的确存在。 但是，即使"原始"这个词汇可以用于自恋经验的最早期形式，但却并不意味着在时序上是关系的最早期形态，虽然弗洛伊德在 1914 年是这样想的。 但是，弗洛伊德第一次提到原始自恋时已经有所保留。 他承认"相当于自我的单一体" 的确并不是"从一开始就存在于个体中"，一种"新的精神活动"必须首先"引发自恋"。

我们对于这个活动一无所知。 然而，从逻辑上我们无法想象自我（或是自体）会在任何客体关系之前形成。 相反，只有与客体的不愉快经验才可以引发儿童形成初步的、尚且还模糊的自体表征。 同样，"原始认同"也不大可能是"与他人情绪连结的最早表现"（Freud，1921：105）。 毕竟，认同只能在一个已经存在的自体和已经存在的客体之间发生。 与他人的情绪连结的最早表现必定是经由挫折所产生的攻击，除非攻击性关系不被视为一种"情绪连结"。 再一次，弗洛伊德在《本能及其变迁》 （*Instincts and Their Vicissitudes*）（Freud，1915b：139）一文中提到："恨，作为一种与客体的关系，比爱的历史还要久远。"

这开启了一条通往具有深远意义的理论问题的道路。 这些问题关系到婴儿攻击性的重要性，以及攻击对于整个自恋理论的重要性。 当然，这是针对科胡特的自体心理学的主要批判之一（比如，请参阅 Kernberg，1974；Levine，1979）。

许多解答已经给出。 巴林特坚持原先的"和谐的混乱" （harmonious mix-up）。 我怀疑巴林特是否混淆了客体关系和我认为的原初精神生理状态，那是低刺激（low excitation）与高幸福（predominant well-being）的状态，此状态的记忆痕迹（memory traces）日后可能会被触发。

梅兰妮·克莱茵的观点完全不同：对她而言，原始自恋与口欲期施虐一致，即吞并和毁灭客体（Etchegoyen，1985）。 她显然认同了弗洛伊德的论点："事实上，认同从最开始就是矛盾的……它表现得像是力比多组织最开始的口欲期的一个衍生物，这时我们殷切期待与赞赏的客体通过吞食而被同化，同时也这样被毁灭"（Freud，1921：105）。 弗洛伊德后来舍弃了这个观点（Widlöcher，1985）。 取代了吸收和毁灭，认同被用来表示融合。

然而，让我们再回到弗洛伊德。 当描述到父母的自恋在对待其孩子的态度中被再度唤醒时，他强调的其中一点就是这种状态的不切实际的特性。

他提到了高估现象、审慎观察的舍弃、无法认清现实、社会文化规则的暂缓、法律的废除及用梦境取代现实——换言之，就是相当程度地否认现实。对我而言，弗洛伊德显然是在描述父母如何努力促成孩子和他们自己体验（或重新体验）原始自恋，而这的确需要大量地否认现实。 不过，这段对于否认现实如此丰富、几乎戏剧性的描述，会不会隐含着婴儿也必须否认现实以便让自己体验原始自恋的暗示？假使我们关于原始的、令人挫折的客体经验的思考是正确的，就弗洛伊德的观点而言，就只可能存在一种继发性自恋，一种否认，退行性地陷入一种早于任何客体经验的精神生理状态中，而这后来才被弗洛伊德和巴林特所生动描绘。

但是这将意味着原始自恋与巴林特的原始爱恋并非原初经验，而是继发形成的。 天堂最初并未以这个形式存在，而是后来建构而成的，组成元素是精神生理状态的记忆痕迹、令人满足的客体经验及渴望快乐与和谐的幻想——这些可被视为对于令人挫败的现实的反向形成。 因此，原始自恋及后来发展出来的自恋群集是人类的一种杰出成就，是后来的发明，让我们从残酷的现实全面退缩回一个"中间地带"（Winnicott，1971），在其中现实与幻想仍然能够以一种令人愉快的方式彼此调和。 原始自恋于是成为一个神话，它最恰当的意义是：虽然历史上未曾真的发生过，但它仍向我们诉说了一些事实。

临床后果

如果我们这样的想法是对的：自恋群集等同于一个普遍性的从他人的异己性中退缩的机会，从客体的"第三维度"以及客体对边界的设定和客体的感官现实中退缩的机会，当异己性（otherness）被体验为具有威胁时，退到一种麻醉性的双重联盟（intoxicating dual union），那么在所有自恋形式的关系中，攻击性那种惊人的缺乏就变得可以理解了。

当他者的异己性被体验为具有威胁性，无论认同还是理想化都无法将他纳入时，便产生了恨意或嫉妒。 弗洛伊德（Freud，1921）说明了团体——比如宗教社群，对于外人的残酷和无法容忍。 他不会知道，这样的残酷和无法容忍可能会达到大屠杀那种程度。

因此，在接触他人的第三维度时，处理指向第三方的具有破坏性的憎恨和嫉妒的方法之一，就是退缩进一个双重联盟。这表示对于第三方的完全贬低，即使没有在意识上体验到。另一种可能性是，与第三方之间令人意外且有趣的面质，带来的结果是异己性和他人的独立性所设定的界限被建设性地运用。憎恨于是转变成尊敬，而嫉妒变成对他人的赞赏（当然，并非全无矛盾），这同时也使一个人意识到本身的个体性成为可能。基于现实的带着力比多和攻击性（而非破坏性）的世俗关系得以产生。

为了促成这种状态的发生，有利于幼儿发展的条件不可或缺。纳齐苏斯其实需要第三方，即父亲，来协助他逃离与过度焦虑母亲的原始自恋性共生。这也可以使他将力比多（以及攻击）的兴趣转向其他客体，起初是他的父亲，后来则是可爱的女神艾蔻。然而，父亲是缺失的，或仅以一个具威胁性的强暴者的形象存在于幻想中，兄弟姐妹也同样不存在。因此，与母亲的自恋性镜映关系不再能够继续被灵活运用并为自我服务，而是变成了一种僵化的固着。他始终无法走入第三维度。我认为此处就是健康自恋与病理性自恋的分野。

我个人对于自恋现象与自恋障碍的兴趣是在 1968 年产生的，那时我必须经常治疗企图自杀的病人。我以为我将遇到的是一些将攻击性冲突转向自身的人。客观地说，事实上是这样，但这与我从病人那里听到的差异颇大。攻击跟它毫不相关。

一位曾经五次自杀未遂的女性病人，在她的第一和第二次会谈中，告诉我关于她与其艺术家男友的生活。他们的生活充满着各种问题，却也魅力无穷。为了男友，她如蜡烛般燃烧自己，而他也如此待她。他俩彼此紧密地融合在一起。她确信自己可以治愈男友的酒瘾，也觉得自己具有绘画与写作的天赋，可以借此向人类传递某些无法被人理解的讯息。这样的生活对于像我这样的普通人来说必定是难以理解的。这种丰沛而多彩的人生是如此的激情四射，以至于死亡不再是一种损失，而是一种极致的表现。

男友一席薄情的评论就会驱使她试图自杀，但这种情况并未显得特别令人可怕。"当我想到自杀时，我从未想过就此死去，也不觉得所有事情会就此完结。 我想的反而是濒死那一刻会有多么美妙！ 对我而言，死亡并非结束，而是个开始。 我的全部生命就在于那一刻，在自杀的瞬间，我是真实的。"

另外一次，这个病人告诉我，当她感到孤独时，她会坐在窗子上。"这样我的身体就一半在窗内一半在窗外。 我抬头望着屋顶，越过天际，直入云霄。 我仿佛去到了那里，蒸发、 融化于天际。 我的孤独感变得强烈，随即，一种无名的恐惧征服了我。 我匆忙冲下楼梯，横冲直撞全身颤抖，大声呼喊着'妈妈'，哭得不成样子。"

作为一项研究计划的一部分，我询问了 50 位未经挑选的、非精神病性的自杀未遂的病人，"在你自杀之前，你觉得接下来会发生什么？"结果 25 位病人完全没什么特别的想法，他们只是想逃离他们当时的处境，觉得选择死可能会好一些。 其余一半的病人的确有某种特别的先入之见，但他们想的与他们的实际知识或对死亡和濒死状态的哲学观点没有什么关系。 相反，他们的想法里隐含的是有关长眠、放松、安全、救赎、和谐、甚至胜利的状态（Henseler，1974）。

于是我了解到，自杀危机（几乎）总是出现在这样的情况下：当与原始客体融合的幻想在自愿选择的死亡中见诸行动时，对自恋客体的失望消除了。 对令人失望的客体的恨维持在潜意识中，而真实的自我毁灭（self-destruction）被重新解释为一种自恋的完美典范（narcissistic apotheosis）。 这个过程与弗洛伊德（Freud，1916）描述的抑郁机制并不相同，那种情形下，牵涉的是对令人失望的客体的部分认同，因为至少有一部分自体，即超我，持续地对坏的内射物加以斥责。 然而，在我们的案例中，关系到的是对一个纯粹的好客体的完全的或原始的认同！

最特别的是，大约七成曾经自杀并被救的人不再有自杀行为。 他们中的许多人坦言了他们幻想的破灭。 他们努力追寻的"死亡" 毕竟没有那么神奇。 他们常常会为自己曾经屈服于那种幻觉而感到羞耻。 其余的人却依然固着于用自杀来解决他们的冲突。 这类病人引起了我特别的兴趣。 过去二十年的精神分析工作中，我持续地与至少一个这样有长期自杀风险的病人工作。

此外，我一直犹豫要不要将这些个案诊断为自恋型人格障碍。他们确实具有自恋障碍，在某些危机情境中会变得尤其严重，但他们同时也表现出不同类型的冲突和人格特征（Henseler & Reimer，1981；Henseler，1983）。

我们经常可以在这些病人中发现他们逃避憎恨和嫉妒，因为他们认为这些具毁灭性，转而偏爱自恋客体关系，夸大的理想形成，具有退行到原始自恋型态的经验的倾向。可以预期的是，这些模式也会在移情中发展。必须特别谨慎处理的是，这类病人的理想化移情所带有的欢欣；他们也相对容易失望，并且转换成具有威胁性的负向移情。因为我了解这点，我会时时提防着它，并及早解释移情中的失望。我甚至事先预言这些失望，并要求病人在失望出现时不要逃离，而是将它们变成分析的一个主题。

当然，正确的分析设置足以作为一种预防措施，以避免被诱惑而坠入和谐的双重联盟。再者，即使我从一开始就扮演一个善意而友好的客体，我也清楚表明了我的第三维度。作为治疗协议明确的一部分，我总是言明：如果确实有意要自杀，我无法阻止你，我并不能挽救你的生命。我所能提供给你的只有一个机会，和我一起去思考你为何坚持认为你无法再活下去。

这听上去可能有些严厉。然而，在我的经验中，这么做却能使病人平静。病人感觉到我并不恐惧，我也避免了被勒索威胁的可能。如此，每当病人出现自恋性退却（narcissistic retreat），针对负向移情进行分析就变得可能。自恋障碍也可以通过更自然地处理攻击而减轻。对我而言，这最强有力地证明了，原始自恋作为一种不具攻击性的替代性关系的继发性本质。

参 考 文 献

Andreas-Salomé, L. (1921). The dual orientation of narcissism. *Psychoanal. Q.*, 31:1.

Anzieu, D. (1971). L'illusion groupalé. *Nouvelle Revue de Psychanalyse*, 4:73–93.

Balint, M. (1937). Early developmental states of the ego: Primary object-love. In M. Balint, *Primary Love and Psycho-analytic Technique*. London: Hogarth Press, 1952.

———. (1960). Primary narcissism and primary love. In *The Basic Fault*. London: Tavistock, 1968.

Chasseguet-Smirgel, J. (1975). *The Ego Ideal*. London: Free Association Books, 1985.

Etchegoyen, R. H. (1985). Identification and its vicissitudes. *Int. J. Psycho-Anal.*, 66:3–18.

Freud, S. (1905). *Three Essays on the Theory of Sexuality.* S.E. 7:25.

———. (1910). *Leonardo da Vinci and a Memory of His Childhood.* S.E. 9:252.

———. (1911). Psycho-analytic notes on an autobiographical account of a case of paranoia (dementia paranoides). *S.E.* 12:3.

———. (1912–13). *Totem and Taboo.* S.E. 13:1.

———. (1914). On narcissism: An introduction. *S.E.* 14:69.

———. (1915a). Repression. *S.E.* 14:143.

———. (1915b). Instincts and their vicissitudes. *S.E.* 14:111.

———. (1915c). The unconscious. *S.E.* 14:161.

———. (1916). Mourning and melancholia. *S.E.* 14:239.

———. (1921). *Group Psychology and the Analysis of the Ego.* S.E. 18:69.

———. (1923). *The Ego and the Id.* S.E. 19:3.

———. (1930). *Civilization and Its Discontents.* S.E. 21:59.

Grünberger, B. (1976). *Vom Narzissmus zum Objekt.* Frankfurt: Suhrkamp.

———. (1984). De la pureté. *Revue franç. de psychanalyse*, 48(3):795–812.

Hanly, C. (1984). Ego ideal and ideal ego. *Int. J. Psycho-Anal.*, 65:253–61.

Henseler, H. (1974). *Narzisstische Krisen: Zur Psychodynamik des Selbstmords.* Reinbek: Rowohlt; Opladen: Westdeutscher Verlag, 2d ed., 1984.

———. (1983). Moby Dick—Überlegungen zur narzisstischen Wut. Jb. Psycho-anal., Vol. 15.

Henseler, H., and Reimer, C. (1981). *Selbstnirdgefährdung.* Stuttgart: Frohmann-Holzboog.

Jacobson, E. (1954). *The Self and the Object World.* New York: International Universities Press.

Joffe, W. G., and Sandler, J. (1967). Some conceptual problems involved in the consideration of disorders of narcissism. *J. Child Psychother.*, 2(1):56–66.

Kernberg, O. (1974). Further contributions to the treatment of narcissistic personalities. *Int. J. Psycho-Anal.*, 55:215–40.

———. (1975). *Borderline Conditions and Pathological Narcissism.* New York Jason Aronson.

Kohut, H. (1966). Forms and transformations of narcissism. In *Self Psychology and the Humanities.* New York: W. W. Norton, 1985.

———. (1971). *The Analysis of the Self.* New York: International Universities Press.

Kuhn, T. (1962). *The Structure of Scientific Revolutions.* Chicago: University of Chicago Press.

Levine, F. J. (1979). On the clinical application of Heinz Kohut's psychology of the self. *J. Phil. Assn. for Psychoanal.*, 4:6–15.

Loch, W. (1972). *Zur Theorie, Technik und Therapie der Psychoanalyse.* Frankfurt: Fischer.

Nunberg, H. (1931). *Allgemeine Neurosenlehre.* 2nd ed. Berne and Stuttgart: Huber, 1959.

Sandler, J. (1961–62). Sicherheitsgefühl und Wahrnehmungsvorgang. *Psyche,*

15:124–31.

———. (1982). Unconscious wishes and human relationships. *Contemp. Psychoanal.*, 17(2):180–96.

Sandler, J., Holder, A., and Meers, D. (1963). The ego ideal and the ideal self. In *Psychoanal. Study Child*, 18:139–58.

Wahl, H. (1985). *Narzissmus?* Stuttgart: Kohlhammer.

Widlöcher, D. (1985). The wish for identification and structural effects in the work of Freud. *Int. J. Psycho-Anal.*, 66:31–46.

Winnicott, D. W. (1971). *Playing and Reality*. London: Tavistock.

自恋与分析情境

贝拉·格伦伯格（Béla Grünberger）❶

　　这篇文章并无意完整地评论弗洛伊德《论自恋》这篇论文。因为整体的评论需要将《论自恋》放在他全部著作的整体脉络中进行讨论，并关注那些提到"自恋"这个词的，或是弗洛伊德实际上开始概念化这个术语的那些早期著作❷。我们必须注意弗洛伊德对于自恋（同性恋、妄想症等）的兴趣来源于他和精神病患工作的临床经验。这是理解弗洛伊德为何必须将自恋引入精神分析理论，以及他是如何做到的主要关键。这篇1914年的文章也必须与同一年发表的另一篇文章《精神分析运动史》（*On the History of the Psycho-Analytic Movement*）一起检视——弗洛伊德在这篇文章中讨论到荣格和阿德勒的异己之见。在《论自恋》一文中，弗洛伊德直接提到了这两位学者，但是事实上可以在整篇文章中感受到他与他们的争论。如同他的许多著作，这篇文章也是他与"异见者"冲突对质后的成果，是这些人促使弗洛伊德深化和提炼他的观点，间接地丰富了精神分析的内涵❸。

　　最后，我们也应该指出1914年的自恋文章所呈现的突破性进展，同时指出这个突破在某种程度上的"不稳定"，因为弗洛伊德不久之后就修改了他的观点，而将自恋置于客体的脉络中。因此，在《哀悼与忧郁》（*Mourning and Melancholiu*）（Freud，1917）一文中，我们看到了1914年

---

❶　贝拉·格伦伯格，巴黎精神分析协会成员。

❷　列奥纳多（即达·芬奇）案例，伴随着第二版《性学三论》（1915）的一个注脚，史瑞伯案例（1911），以及《图腾和禁忌》（1912-1913）都应该被考虑。

❸　同样的，如果不同时阅读奥托·兰克的《创伤的诞生》（*Trauma of Birth*），那么《压抑、症状与焦虑》这篇文章也很难读懂。

提出的概念，此时主要从对一个丧失的内化客体的自恋认同的角度来呈现。弗洛伊德认为，在抑郁中，自我针对认同丧失客体的那部分自己发怒，并将它当作客体来攻击。通常认为，攻击自己的另一部分、"严苛地批判它，仿佛把它当成客体"（Freud，1917）的那部分自我预示了超我的出现。弗洛伊德也在1917年特别提到："这个从自我分裂出来的批判部门，会不会也在其他情境中展现它的独立性？我们的这个怀疑将可由进一步的观察而证实。"

弗洛伊德在1914年提出自恋的同时也提出了自我理想，这也被人称为超我的前身，即便有些草率。事实上，这与1923年《自我与本我》（*The Ego and the Id*）一书中提出的超我观点产生了混淆，书中弗洛伊德将"超我"、"自我理想"及"理想自我"这些词汇混为一谈。1914年时，自我理想不过就是自恋的后继者：

从力比多角度出发，人也再度显示出对曾经享有过的满足感的无法放弃。人总是不愿放弃儿童期的自恋性完美；随着成长，人开始受到来自他人的训诫和严厉的自我批判的影响而无法再保有那份完美，他试图在一种自我理想的新形式中恢复那份感觉。眼前被他投射为他的理想的形象，即为他在儿童期所失去的自恋的替代者，当时他就是他自己的理想。

后来，弗洛伊德又说：

如果说人的内心有一个特别的精神部门，履行的职责是监督从自我理想获得自恋满足的确实性，还根据这个既定目标持续地监督并用理想来衡量真实自我，我们并不会感到意外吧。如果这个部门确实存在，我们或许不能说是发现（discovery），而只是识别（recognize）出了它；因为我们可能会想到，我们所说的"良知"也需要具备这些特性。

因此，1914年的文章中的自我理想并未预告道德部门的出现就很清楚了。它是丰盛、完美、绝对和无限的泉源，由于丧失自恋而被阉割的主体难以抗拒地被牵引了过去。曾经从乐园（paradise）中被逐出的他企图到达天堂（heaven）（投射"在他前面"的乐园）。预示了超我的良知观察着自我并用理想来衡量自我，但它并不是那个理想。虽然这在临床上是准确的，但令这个议题很快面临混淆的是客体成分与纯粹自恋成分的混合。为了探索的目的将这些成分各自分离是值得的。弗洛伊德越接近其最终的地形学理论（译注：即结构模型）的提出，这个混淆就越大。作用于主体的无能和虚弱感构成了一种自恋创伤——一种对其理想的攻击。以内疚感来替代无能感或许会更容易些。"我是世界上罪孽最深重的人"可能是为了掩饰令人难以忍受的"一无是处"的感觉。设下边界和禁令的良知也可能是在挽救自恋和自尊感。抑郁症病人并不是死于"过量的"超我，而是死于"过量的"理想——而这种自大狂式的理想有可能化身为一个毫不留情的超我，作为抵挡一种毁灭性不足的最终手段。稍后我将再度回到这个议题。

我倾向于尝试将自恋及其变迁与本能冲突分开做研究。在我对弗洛伊德的评论中，我将主要尝试指出自恋概念对理解分析情境本身的重要性。我在1956年发表的对自恋的研究正是基于分析情境和它所引发的过程。在那个著述中，我试着将有关客体和本能移情的成分，与自恋的成分区分开来，也试图表明分析情境会引发自恋退行，进而引发特殊的知觉和感受：兴高采烈、"分析结束综合征"（end-of-session syndrome）（如同费伦奇于1914年所描述的眩晕感和定向感丧失，我认为这与分析时段里自恋退行被助长，而分析结束时病人又被从中逐出有关），以及对于分析和分析师的一种特殊投注，借此他们经常取代病人对于宗教与意识型态的关注，这些关注突然在半途降低，以至于自我理想被投射到了分析师身上。这些与自恋退行有关的现象是治疗中的基本元素，形成了有些学者所说的治疗联盟（therapeutic alliance）的一部分。在分析一开始，当一位女性病人说了一个梦，这个梦表达了其客体冲突的本质和她在建立性别认同时这些冲突所带来的问题，她听到一个声音告诉她："没事的，你将会听到一位高等数学老师的课"，我们真的要相信这种对分析师的认同构成了一种对抗破坏性本能的防御，且源自于理想化的好客体和迫害性的坏客体之间的分裂吗？它岂不更像是在幻想中重新建构出来的一个由分析情境所带来的特殊的自恋状态吗？

在我关于自恋的著作中，我已经强调自恋源自于出生前。 然而，弗洛伊德在他 1914 年的论文中并没有把胎儿状态（fetal state）作为其绝对自恋的源头和模式。 的确，直到 1921 年他才在《群体心理学与自我分析》（*Group Psychology and the Analysis of the Ego*）中写道："因此，当呱呱落地时，我们已经从绝对自给自足的自恋状态，进展到感知一个变化中的外在世界，并开始发现客体。" 在子宫内的生活，（主观的）自给自足的状态是得到满足的。 结果，自体处于主观全能的状态，此刻时间与空间都不存在，因为时空的存在源自需求的出现与其满足之间存在落差。 对这个状态的记忆以潜意识遗迹的形式存在于我们心中，而又以神的概念 ［在变成天父（或母亲）以前，神是全能的胎儿］ 重现于各种神祕主义系统中，"海洋似的感觉"中，构思艺术创作或沉浸于音乐世界时所获得的喜悦中，对失乐的天堂（Paradise Lost）、黄金时代（Golden Age）等念头的笃信中❶。 现在，投射在分析师身上的失去了的主观全能感趋于重新创造出一个胎儿状态，在其中，由于有它的宿主，即母亲，对胎儿是绝对满足的，胎儿没有需求，也不会有"问题"（高等数学老师可以解决所有问题）。

我倾向于将这些投射到分析师身上的失去了的全能感与严格意义上的移情做一个区分。 分析情境中的自恋退行及其带来的自我理想的投射实际上是非常普遍的。 这并非真正的移情，虽然正如弗洛伊德（Freud，1926）指出的 ［《压抑、症状与焦虑》（*Inhibitions，Symptoms and Anxiety*），(1926)，在费伦奇 1913 年发表的《现实感发展之阶段》（*Stages in the Development of the Sense of Reality*）之后］，母亲在产后扮演的角色替代了失去的子宫："真实情况是，孩子作为一个胎儿的生物性情境，被一种指向母亲的精神性客体关系所取代。" 这种被我称为"单孢体"的重建正是在分析情境中所出现的。 这些形成了一个背景，基于过往的严格意义上的移情和客体冲突的成分，在此背景下被题写。

正如我们所知，幸运的话，围绕在初生婴儿周遭的人们会极力重构失去

---

❶ 此处我只考虑借由神话故事进行的再创造，而这个创造中出生以前的那种完整和幸福的感觉或多或少是普遍性的和正常的，在子宫内的状态有可能是存在麻烦的，但总有一些时刻是趋向于绝对的完美的，就像那种毫无症状的存在。

的子宫；此外，精神装置也会尽力通过幻觉来获得满足感。 然而，婴儿最终依然不可能继续这种状态。 有赖于婴儿的照料者的态度，这种转变的发生可能相对缓慢或突然；在后一种情形中的孩子会陷入一种被抛弃的状态，这与婴儿真实且根本的无能相关，这种困境源于婴儿出生在一个未完成状态（unfinished state）（弗洛伊德称为他的无助状态）下。 人类婴儿是落难的天神，在那些试图维持出生前状态的替代方法无法奏效的时刻，不得不面对人类自身条件所固有的自恋创伤。 分析情境首先被体验为，提供给病人一个恢复其胎儿期全能感的机会并借此修复根本性的创伤情境。 为了开始将这样的构想转译为现实，病人必须能够将他对全能感的渴望投射到与自己融合的分析师身上，因此，分析情境如果是自恋式的，实际上已包含了另一面向，即客体关系。 病人退行回子宫内情境，但同时也准备好与分析师建立一个"单孢体"关系以代替出生之后的胎儿状态。 正如弗洛伊德在 1914 年的文章中所言，人类无法舍弃曾经享有过的满足感。 他早已在《创造性作家与白日梦》（*Creative Writers and Daydreaming*）（Freud，1908）中写道："事实上，我们无法舍弃任何事物，我们只是用一个事物交换另一个。"

为了在分析中与分析师一起重建他失去的全能感，病人必须能够从一个绝对的、自给自足的且事实上是偏执的自恋状态中露出头来。 值得注意的是，治疗的配套设置鼓励了这种倾向。 这种退行由基本规则所引发，事实上病人可以说任何事情，而分析师的位置则在被分析者的视野之外。 病人在躺椅上的位置和活动性受限使得分析情境神似梦境❶。 分析的规律性和固定性由分析师来确保，分析师正是设置、也因而是自恋性退行的守护者，他容许病人沉浸于自恋退行之中，同时也让病人从其中露出头来。 对我而言，作为分析情境的特征，自恋退行远远超过了移情。 我的意思是，移情——此处我忠实地追随弗洛伊德——是一种普遍的现象：人们对他们的心脏外科医师会产生移情，对送牛奶的服务生、公寓管理员一样也会产生移情。 确实，分析情境俨然建构一个实验室，在此各种移情的显现被以特许的、仿佛无菌的方式观察着（凭借分析师的中立，即他们"不回答"而只作解释）。 但是，分析的配套设置启动了精神的自恋层面，远远超过其他任

---

❶　此观点由伯特伦·卢因（Bertram Lewin）第一次提出，其他人后来进一步发展了这一观点。

何事物。 我们必须补充说明，如果有了自恋性退行作为背景，并且希望在分析和分析师身上重新获得失去的全能感并修复自恋创伤，那么分析必须通过解释基于过往的、严格意义上的移情而逐渐让病人能够着手处理其客体冲突，并整合其本能层面。

有一些症状会在分析中迅速消失，甚至在尚未对其隐含的冲突做出解释之前。 这样的好转与分析情境有关，而非来自真正的分析本身。 这可能就是盛行于精神分析早期的在短期分析中的操作因素。 飞向好转（flight into recovery）是分析起始阶段的自恋欢欣（narcissistic elation）所促成的，病人（潜意识中）拒绝通过对基于过往的移情的分析以客体方式（object solution）取代那种自恋欢欣。 分析情境所独有的特定的自恋退行启动了分析过程，也为治疗提供了原动力。 移情，就其本身而言是被嫁接到这个过程中的，而这个过程又独立于移情，可以说是自主的。 在我看来，必须避免将发生于分析师与被分析者之间的所有事件，以及分析情境所引发的一切，都包括在"移情" 当中。 如果出生前的生命状态是分析情境中自恋退行的模板，那么这就与复制病人偶发的个人经验的、基于过往的移情有所不同了。

事实上，我发现有必要引出自恋和本能之间的辩证概念了，基于新生儿必须面临生活规则的变换这一事实。 虽然在子宫中婴儿的需求能自动获得满足，并且他的某些生理功能是不存在的（如呼吸）、闲置的（如肌肉组织）或多少处于潜伏状态的（如感觉系统），但是此刻，他必须突然面对他的本能，并成为其形体存在（corporeity）的所有人。 凭借自恋的价值维度，分析理当可以让生命本能和作为其源头的身体整合起来，不再让本能和其支撑物继续被体验为与自恋对抗，即自我矛盾（ego-dystonic）。

弗洛伊德在他 1914 年的文章中说道：

自尊之于性爱的关系——也就是自尊之于力比多客体投注的关系——可以简要地用下面的方式表达。根据性爱投注是否属于自我和谐或是相反已经遭到压抑，这两种情况必须加以区分。在前一种情形（此刻对力比多的使用是自我和谐的）中，爱恋如同自我的其他活动一样接受评估……当力比多被压抑时，性爱投注令人感觉到自我被严重耗尽，爱的满足变得不可能，而要重新充实自我只能通过从其客体撤回力比多才能达成。

（Freud，1914:99-100）

再者：

自尊的其中一部分是原始性的——这是婴儿期自恋的残留，另一部分则源自于被经验证实的全能状态（自我理想的实现），而第三部分则源自于客体力比多的满足感。

（Freud，1914:100）

我想要强调的是，自恋与本能之间最初的对立出现在我刚刚所说的，早于客体冲突、俄狄浦斯情结、超我等的阶段。当然，在神经症案例中，这种重要的对立不但不太显著，而且还被各种发展非常成熟的冲突所遮蔽，这些冲突将它掩盖，甚至变形到无形且无法辨认的地步。但这并不适用于较严重的病态，特别是忧郁症。注意，弗洛伊德在1914年的文章中提到下列病理性障碍和自恋有关：性倒错、同性恋、妄想痴呆、疑病症及偏执狂；不过，他并未提到忧郁症，对于这一点，我已经指出，他不久之后就写下了一篇以客体观点（自恋认同）来讨论自恋的论文。正是在和忧郁症相关的方面，我们得以最清楚地看到在自恋和本能成熟之间缺乏协调的结果。当然，在《哀悼与忧郁》（*Mourning and Melancholia*）一文中，用客体的术语对自恋所做的陈述因以下几个想法而委婉了许多，比如失去的客体是自恋性客体、牵涉到的可能是一个抽象概念以及这个丧失是自我的丧失。弗洛伊德甚至怀疑是否"自我的与客体无关的丧失……可能不足以造成忧郁症。"

事实上，我的看法 ［请参阅《忧郁症病人的自杀》（*The Suicide of the Melancholic*）一文，1966b］是忧郁症包含了从主体的整个自我、身体及本能生命中撤离出自我。整个的自我经历了理想化和完全相反的过程。它被污秽化，并认同这是必须被扫除掉的污垢。我们经常发现就在他们自杀前不久，自杀者似乎觉得有所改善，重获某种张力和能量——变化是如此明显，以至于当自杀真的发生时，周围的人往往会大吃一惊（我并非指住院病人）。这是因为他们已经下定决心，对他们来说是个巨大的释然：他们的身体性自我［"破烂的衣服"（rags and tatters）——*guenille*（Molière）］即将消失，而他们从"臭皮囊"（bag of guts）［*enclos de* tripes（Céline）］释放出来的自恋将会获得胜利。主体终于变得完全、绝对、外在和无限，他回到了出生前所体验到的状态；他不再作为排泄物，而是再一次成为上帝（Grünberger，1987）。因此，我想再一次强调，人的非理性和神秘的程度——作为最好和最坏的源头，可以从出生前的自给自足和幸福的程度中显现。

在我看来，身心二元论（body-mind duality）信仰的根源来自于婴儿在进入本能的生活规律时已将他的身体据为己有。此时，母亲及周遭的人必须帮助他自恋性地投注于其新的存在模式和本能。由于无法将自恋逐渐转移进入本能生命中，因为后者非常容易在某一个时间点被粗暴地拒绝，就像在忧郁症中的情形那样，主体为了重获他那"纯净"、荣耀和不朽的充实的灵魂，牺牲了他那卑劣的（令人不满的、损毁的、"肮脏的"）身体。

弗洛伊德及后来的许多分析师将客体状态与宗教现象做了对比，正如弗洛伊德在《哀悼与忧郁》（*Mourning and Melancholia*）一文中以客体术语来陈述自恋。因而，对于弗洛伊德来说，上帝本质上是一个父亲的投射，有能力保护我们免于厄运［《一个幻象之未来》（*The Future of an Illusion*），1927］；"海洋似的感觉"是一种宗教需求的表现，其实就是对于父亲的渴望［《文明及其不满》（*Civilization and Its Discontents*），1930］。弗洛伊德惧怕神秘主义，因此很担心精神分析会不会被它吞噬。但是，我们很清楚地知道无法通过飞跃或否认而真正回避问题。尽管上帝的部分概念可被视为源自于父亲情结（特别在弗洛伊德祖先信奉的犹太教），但还有另一个重要来源，那就是失去的胎儿全能感状态。

下面的引文来自帕斯卡（Pascal）的《深思录》（*Pensées*），特别放在我论自恋书中的卷首作为题辞：

那么，这种欲望和无能对我们有什么启示呢？人们曾经拥有过一种真正的幸福，而此刻遗留给他的仅仅是符号和空洞的痕迹，人们会徒劳地尝试通过周遭的环境将空洞填满，从不存在的事物中寻找他未能在当下得到的帮助吗？然而，这些都是不够的，因为永无止境的深渊只可能被一个无限而永恒的客体所填满，也就是说，只有上帝本身。

对于出生前的生活留给我们的影响的重要性的假设，不仅至少部分解释了人们对绝对事物的渴望——这是人类最明确的特征之一，或许也是人类与较低等动物最根本的差别——而且对了解精神病理学也有着重大的影响。

毕竟，即便弗洛伊德后来摒弃了他在 1914 年为移情神经症和自恋神经症所做的区分，这个区分在历史上和临床上依然颇有意味。但它可以帮助我们理解自恋如何构成了治疗的重要阻碍，而在其他情形下却为治疗提供原动力。如果接受我的观点，即让孩子在他的自恋和本能间完成一种合成（这只是理想，永远无法完全达到；自恋和本能倾向之间只可能达到相对的平衡）是绝对重要的，那么我们必须强调这样的合成只可能借助于他周围的人才行，主要是母亲。被爱与被理解（但真正的爱包含了理解）等同于（部分地）回复到最初的自恋状态，而我认为这与胎儿状态是同义词，抑或是，等同于部分重拾与这一状态相联系的价值感❶。在孩子周围人的帮助下获得的任何自恋复原，为以后新的人物出现时的他提供了希望的基础。因此，在被视为满足本能的保证之前，分析师在病人的精神场域中是作为一种自恋复原的希望出现的。正因为病人在他最初的一些客体身上曾经体验到甚至瞥见过自恋复原的可能性，即使很不完整，他才有能力把分析师作为一种希望来接受。

当婴儿周围的人在帮助婴儿恢复、即使是部分恢复所失去的完整感这一任务上一再地失败，个体会开始犹豫，有时甚至会拒绝投注于分析师代表的新形象。他的攻击性常常等同于对这个入侵者的一个简单拒绝，在他找到了一个自行包扎其伤口的方法之后，入侵者会从他的自我中撤回力比多。目前经常被研究的就是这种继发的自恋形式，因为这种情形已经越来越常见

---

❶ 显然，这个有可能会被认为感觉的价值被回顾性地投射了，这与生产后的自恋创伤相关联的情感正相反。

（特别是科恩伯格所提到的自恋型与边缘型人格）。 我完全不想否定这种病态或关于其著作的重要性。 但是我觉得有必要强调，自恋所涉及的既有移情神经症（再次使用弗洛伊德的术语），也有自恋型人格障碍（我们现在知道这并非"自恋神经症" 所独有，在 1914 年其含义就是精神病）。 我已经说过，在第一种情形中，它可以有助于治疗，是分析过程的基础，并且替基于历史的移情的出现及客体与本能冲突的解决铺平了道路；但在第二种情形中它却是个阻碍，有时还是致命性的，无论如何都需要调整治疗技巧。

我在 1966 年写过一篇专论，名称是《俄狄浦斯情结与自恋》（*L'Oedipe et le narcissisme*）（*The Oedipus Complex and Narcissism*，1966a），其中我详细论述了我之前所描述的自恋和本能面向之间的对立，这种对立倾向于导致一种辩证的情境。 此处，我也强调弗洛伊德曾强调过的婴儿期无助。 我认为即使人们出生时是无助的，但在胎儿时期却并非如此：

因此，在出生时，人一方面是自恋遗产的持有人，但其与胎儿生活相关的支持已经被撕裂；另一方面，人又是尚未具有功能的性装置（sexual apparatus）的拥有者，尽管有确定无误的迹象显示性张力（sexual tension）很早就试图启动这个装置。因此，婴儿是被两个世界都抛弃的人……他拼命地依附在母亲身上，或者说依附在母亲对他来说所代表的意义上：既可能是延长其出生前的自恋状态，也可能将它整合进一个具有本能基础的新领域。

儿童将会被诱导以外在的禁令来取代自恋创伤（源自于其本身固有的无能），禁令对其自恋的伤害程度要小得多。 人类对于乱伦的禁忌，至少有一部分是因为俄狄浦斯愿望的出现与具备满足这个愿望的能力之间存在着时间差。 道德部分源自于人类的无能与不成熟。 这就是为何当出现自恋实现（narcissistic fulfillment）的曙光时，道德轻易就被弃之不顾的原因之一。自恋创伤引发了道德；抹去创伤或是承诺抹去创伤，都足以让道德消失殆尽。

这带领我们回到弗洛伊德 1914 年的论文。 他在这篇论文的结尾点出："自我理想打开一个理解群体心理学的重要渠道……最初这种罪恶感是害怕受到父母亲的惩罚，或者，更准确地说，害怕失去他们的爱；后来，父母亲被为数不定的其他人所取代。" 另一部分的道德（尚不至于是全部）来自于儿童及后来的成人，与母亲及后来的其他人一起，重新创造一个"环境"以取代原有子宫的需要。 为了让这个"环境"实现提供自恋食粮（narcissistic food）的功能，儿童及后来的成人必须赢得它的支持，即设法让它爱他。 这就是为何儿童或成人会不计成本地期望被这个"环境"所爱，包括道德环境，而这源于人类的另一个面向，即精神的本能与客体面向❶。

我想要说最后一点。 在 1914 年的论文中，弗洛伊德提到了自恋生物的魅力：孩子、猫、大型猛兽、重罪犯、幽默大师及最后非常自满的自恋女性（这一类型的女性确实存在，不过也存在着"诱惑者"，猎艳高手们的自恋程度也毫不逊色）。 尽管如此，考虑到弗洛伊德总是把女性看成是以欠缺（lack）和嫉妒（envy）著称的人，在此他将她们的魅力与其自满相联系是十分令人意外的。 也许是因为，他认为男性的客体选择是以表现"完整的客体爱恋"、 确认依恋类型为特征的，后者的模型就是给孩子哺乳的母亲。那么，他岂不是将通过与替代子宫环境的母亲融合而恢复的胎儿期自给自足状态投射到了女性身上（作为哺乳母亲的替代者）吗？因此，如我们所知，最高级的爱恋形式也包含了镇痛功效（就好比催情药或万能药），足以疗愈我们"落入这个世界" 时所伴随的伤痛。

参 考 文 献

Ferenczi, S. (1913). Stages in the development of the sense of reality. In *First Contributions to Psycho-Analysis*. London: Hogarth Press, 1952.

———. (1914). Sensations of giddiness at the end of the psycho-analytic session. In *First Contributions to Psycho-Analysis*. London: Hogarth Press, 1952.

Freud, S. (1905). *Three Essays on the Theory of Sexuality. S.E.* 7.

———. (1908). Creative writers and day-dreaming. *S.E.* 9.

———. (1910). *Leonardo da Vinci and a Memory of His Childhood. S.E.* 1.

———. (1911). Psycho-analytic notes on an autobiographical account of a case of paranoia (dementia paranoides). *S.E.* 12.

———. (1912–13). *Totem and Taboo. S.E.* 13.

---

❶ 然而，这超越了这篇论文的范畴。我尤其希望在道德层面扮演重要角色的自恋/本能的辩证关系呈现出来。

————. (1914). On narcissism: An introduction. *S.E.* 14.

————. (1917). Mourning and melancholia. *S.E.* 14.

————. (1921). *Group Psychology and the Analysis of the Ego. S.E.* 18.

————. (1923). *The Ego and the Id. S.E.* 19.

————. (1926). *Inhibitions, Symptoms and Anxiety. S.E.* 20.

————. (1927). *The Future of an Illusion. S.E.* 21.

————. (1930). *Civilization and Its Discontents. S.E.* 21.

Grünberger, B. (1956). The analytic situation and the process of healing. In *Narcissism*. New York: International Universities Press, 1979.

————. (1966a). The Oedipus Complex and Narcissism. In *Narcissim*, New York: International Universities Press, 1979.

————. (1966b). The suicide of the melancholic. In *Narcissism*, New York: International Universities Press, 1979.

————. (1984). La monade. Manuscript.

————. (1987). Don Quijote — Narziss — sein Kampt und sein Scheitern. In *Forum der Psychoanalyse*, 3(1):1–15 (Berlin: Springer Verlag).

Rank, O. (1929). *The Trauma of Birth*. London: K. Paul, Trench, Trubner. (First published in 1924 in German.)

专业名词英中文对照表

affective investment	情感投资
alloerotism	异体性爱
auto-erotism	自体性爱（或自体性欲）
bipolar self	双极自体
castration copmplex	阉割情结
container/contained	容器/内容物
death instinct	死本能
decathexis	去投注
delusional body disorder	妄想性躯体障碍
delusional object relation	妄想性客体关系
delusion of being noticed	被注视妄想
depressive hypochondriasis	抑郁性疑病症
depressive position	抑郁心位
ego interest	自我兴趣
ego-libido	自我力比多
enactment	重演
erotogenicity	性感应性
exhibitionistic drive impulse	暴露癖驱力冲动或表现癖驱力冲动
healthy narcissism	健康自恋
hypercathexis	过度投注
idealizing transference	理想化移情
instinctual gratification	本能满足
introspection	内省
libidinal instinct	力比多本能
life instinct	生本能
manic depressive psychosis	躁郁精神病
mass psychology	大众心理
mental agency	心智部门或精神部门
mental apparatus/psychic apparatus	精神装置或心智装置

mirror transference	镜映移情
narcissistic gratification	自恋满足
narcissistic hemorrhage	自恋性失血
narcissistic interest	自恋兴趣
narcissistic love	自恋之爱
narcissistic neurosis	自恋神经症
narcissistic object choice	自恋型客体选择
narcissism of death	死亡自恋
narcissism of life	生命自恋
narcissistic rage	自恋暴怒
narcissistic resistance	自恋性阻抗
narcissistic withdrawal	自恋性退缩
narcissistic wound	自恋受损或自恋损伤
negative therapeutic reaction	负性治疗反应
obiect-libido	客体力比多
object-loss	客体丧失
omnipotence of thoughts	思想全能
paranoid/schizoid position	偏执-分裂位
paraphrenia	妄想痴呆/妄想症
pathological narcissism	病理性自恋或病态自恋
perverse narcissism	倒错自恋
primary identification	原始认同
primary masochism	原始受虐
primary narcissism	原始自恋
psychoneurosis	心理神经症
psychotic introjection	精神病性内射
scopophilia	窥视欲
scopophilic instinct	窥视欲本能
secondary narcissism	继发性自恋
self-image	自体影像

self-observing function	自我观察功能或自我觉察功能
self-preoccupation	自我关注
self-preservation	自我保存
self-representation	自体表征
self-selfobject matrix	自体-自体客体基质
sexual deviation	性偏差或性倒错、性变态
social instinct	社会本能
structural defense organization	结构性防御组织
super proper	超我本体
theory of ego autonomy	自我自主性理论
therapeutic alliance	治疗联盟
unconscious	无意识/潜意识